U0296474

"飞机结冰致灾与防护丛书"编委会

飞机结冰致灾与防护丛书

飞机结冰状态动力学特性
与飞行安全

徐浩军　张　恒　朱正龙　魏　扬　李　杰　著

科学出版社

北京

内 容 简 介

　　飞机结冰严重威胁飞机的飞行安全。本书以典型大型民用客机为研究对象,系统介绍了研究飞机结冰动力学特性与飞行安全的相关理论与数值模拟及试验方法。内容包括:飞机翼面结冰的复杂失速分离流场及空气动力学特性、飞行动力学特性及空气动力学与飞行动力学非线性耦合特性,结冰条件下人机闭环系统的建模与仿真方法,基于极值理论的结冰飞行风险量化评估方法。构建了结冰分布式飞行仿真系统和风洞虚拟飞行试验系统,开展了大量模拟结冰飞行仿真试验和虚拟飞行试验,为开展飞机结冰致灾机理研究提供了理论支撑。

　　本书既可作为高等院校相关专业研究生的教材和参考书,也可供从事飞机结冰与防除冰、飞行安全等相关研究领域的工程技术人员参考。

图书在版编目(CIP)数据

飞机结冰状态动力学特性与飞行安全 / 徐浩军等著. 北京 : 科学出版社, 2024. 7. -- (飞机结冰致灾与防护丛书). -- ISBN 978-7-03-078930-3

Ⅰ. V212.12

中国国家版本馆 CIP 数据核字第 2024281VJ5 号

责任编辑:赵敬伟　郭学雯 / 责任校对:彭珍珍
责任印制:张　伟 / 封面设计:无极书装

科 学 出 版 社 出版

北京东黄城根北街 16 号
邮政编码:100717
http://www.sciencep.com

北京中石油彩色印刷有限责任公司印刷
科学出版社发行　各地新华书店经销
*

2024 年 7 月第 一 版　开本:720×1000　1/16
2024 年 7 月第一次印刷　印张:22 1/2
字数:453 000

定价:**168.00 元**
(如有印装质量问题,我社负责调换)

丛 书 序

在航空已经成为人类社会主要交通运输工具的现代社会，因飞机结冰使气动和飞行性能下降，乃至导致重大飞行罹难事故，这种情况引起了航空工程界和国际社会的严重关切。据美国国家运输安全委员会 (NTSB) 统计，全球 1990~2019 年间因结冰导致的飞行事故高达 2000 余起，死亡 1800 余人。2000 年以来，我国也发生了多起因结冰导致的飞行事故。为此，世界各航空大国十分重视飞机结冰问题的研究。美国国家航空航天局 (NASA) 将飞机结冰相关研究列入民用航空技术领域未来十年优先技术发展计划，欧盟也将飞机结冰及防护纳入欧洲航空未来 20 年的科研重点。随着我国航空事业的快速发展，开展飞机结冰及其防护的研究迫在眉睫。

回顾历史，早在 20 世纪 20 年代，人们首次观察到飞机飞行中的结冰现象。1944 年，NASA 刘易斯研究中心 (现格林研究中心) 建成结冰研究风洞 (IRT，2.7m×1.8m)，成为当时结冰与防除冰研究的核心设备。20 世纪 50 年代以来，以美国为代表的航空大国，通过结冰风洞实验、数值模拟、飞行试验等多种手段，研究飞机结冰对气动特性和飞行性能的影响，探索了多种飞机防除冰技术，建立了较为完善的航空器适航防冰条款，从而减少了结冰引起的飞行事故。

尽管如此，飞机结冰导致的飞行灾难仍时有发生。发生这一现象的原因是飞机结冰受大气温度、湿度，飞行高度、速度，蒙皮材料等诸多因素影响，是涉及大气物理、热力学、传热传质学、空气动力学、飞行力学等多学科交叉、多物理过程耦合的复杂现象。迄今人们对结冰宏观过程、微观机理、冰霜形态、影响因素等问题未能深入认识、准确把握，所提出的结冰防护措施不一定能全面覆盖结冰致灾的实际范围，从而带来安全隐患；另一方面，在某些情况下防护范围冗余过大也会影响飞机的飞行性能和经济效益。

国内最早的飞机结冰研究始于 20 世纪 70~80 年代，主要基于计算获得的冰形，初步研究结冰对飞机气动特性的影响。为了从科学角度深刻揭示飞机致灾的本质，掌握飞机结冰防护的可靠应对方法，从 2006 年起，作为国家重大科技基础设施的国内首座大型结冰风洞 (3m×2m) 历时 9 年在中国空气动力研究与发展中心建成，国内数十个研究机构和高等院校也相继建设了一批小型研究型结冰风洞，相继开展了大量飞机结冰的试验研究。2015 年，在国家重大科技专项 "大型飞机工程" 的支持下，科技部批准国家重点基础研究计划 ("973" 计划) 项目 "飞机结冰致灾与防护关键基础问题研究" 立项,研究内容包括:非平衡相变结冰和复杂冰结构的形成、演化与冰特性;结冰条件下空气动力学和飞行力学特性及对飞行安全影响机理;基于结冰临界与能量控制的热防冰理论和方法;热/力传递及其耦合作用下的除冰机理与方法;大飞机结冰多重安全边界保护和操纵应对方法等,经过近五年的攻关,取得了若干创新成果。近年来,国内结冰与防除冰的研究领域已涵盖航空飞行器、地面交通工具、风能利用、输电导线等交通能源工业诸多领域。

　　为了进一步传播和拓展飞机结冰问题的现有研究成果,促进研究人员间的学术交流,中国空气动力研究与发展中心近期组成了 "飞机结冰致灾与防护丛书" 编辑委员会,制定了丛书出版计划,拟在近年内出版《飞机结冰机理》《飞机结冰试验的相似准则》《飞机结冰试验技术》等专著。这将是国内首套系统总结飞机结冰领域理论、计算、试验和设计方法的专业丛书,可供从事相关领域的研究人员、工程师、教师和研究生参考。我深信,本丛书的出版必将对推动飞机结冰问题的深入研究和技术创新发挥重要作用。

李家春

2021 年 11 月于北京

前　言

结冰对飞机飞行安全造成了严重威胁。迄今为止，由结冰导致的飞行事故时有发生。针对飞机结冰问题的研究成为航空领域的热点。飞机结冰耦合了多个物理过程，涉及空气动力学、飞行动力学、飞行控制、传热学等多个学科交叉的专业领域。对于飞机结冰的很多基础性问题 (结冰形成的机理，结冰后的分离流动，空气动力学与飞行力学耦合作用，以及飞行安全影响机制，防/除冰复杂物理机理等方面) 的认识还不够深入，制约了防/除冰系统科学设计，限制了适航取证验证进度。国外有关机构对飞机结冰问题的研究起步较早，试验设备先进，形成了具有国际影响力的研究理论、方法和软件等，而国内起步较晚、基础相对薄弱，目前的研究水平还无法完全满足航空工业发展的需求，尤其是小型无人机、新型民用客机及军用大型运输机对结冰安全防护的需求。为此，系统地开展飞机结冰致灾与安全防护基础问题的研究，紧密契合我国飞机型号研制的重大需求，具有紧迫的现实意义和深远的科学意义。

为了深入地理解飞机结冰的致灾链路，科学地认知结冰对飞机动力学特性的影响规律和致灾机理，在民口 "973" 计划 "飞机结冰致灾与防护关键基础问题研究"(2015CB755800) 子课题 "结冰状态下空气动力学和飞行力学特性及对飞行安全影响机理研究"(2015CB755802) 的支持下，本书以飞机结冰状态动力学特性与飞行安全为主题，以大型民用客机为研究对象，针对飞机翼面结冰的复杂分离流场及空气动力学特性、失速分离复杂流场结构影响机制、飞行动力学特性，以及空气动力学与飞行动力学非线性耦合特性开展了深入研究，构建了结冰条件下人机闭环系统的仿真模型，提出了基于极值理论的飞行风险量化评估方法，为结冰导致飞行风险的分析提供有效的研究手段；搭建了结冰分布式飞行仿真系统和风洞虚拟飞行试验系统，开展了大量模拟结冰飞行仿真试验、风洞测力试验和虚拟飞行试验，为开展结冰致灾机理研究提供了理论和数据支撑。

全书共 13 章，第 1 章具体阐述了研究结冰问题的背景意义和有关研究现状；第 2 章介绍了结冰状态复杂分离流场及空气动力学特性分析方法，为不同层次、不同侧重的翼面结冰状态空气动力学问题研究提供了匹配的计算分析手段；第 3 章介绍了结冰翼型失速特性和分离复杂流场结构，揭示了失速阶段宏观气动特性-大尺度时均分离泡-剪切层多尺度涡系之间的内在关联，厘清了冰形-翼型几何随机性影响下决定分离流场基本特征的共性因素及作用机制；第 4 章介绍了后掠翼结冰状态宏观失速特性，给出了大型客机后掠翼结冰状态失速特性恶化与分离特性变异之间的内在联系；第 5 章、第 6 章分别介绍了结冰条件下人机闭环系统的建模方法，建立了驾驶员模型、飞机本体动力学模型和结冰影响模型，在此基础上开展了动力学特性仿真；第 7 章提出了结冰条件下飞机空气动力学与飞行力学非线性耦合仿真方法，为分析飞机遭遇结冰后性能恶化和致灾的物理机制提供了有效手段；第 8 章聚焦结冰飞行安全评估问题，提出了基于极值理论的飞机结冰飞行风险定量评估方法，为分析预测结冰飞行风险提供了方法支撑；第 9 章介绍了结冰条件下分布式飞行仿真系统构建方法，并在该系统上开展了结冰仿真试验和事故模拟重现；第 10~13 章系统介绍了背景飞机动力学相似模型的构建方法，设计了风洞虚拟飞行试验系统，开展了背景飞机带冰构型低速风洞测力试验和风洞虚拟飞行试验，获取到真实风洞试验数据结果，为验证背景飞机结冰后气动特性，特别是失速特性提供了有力的数据支撑，并为后续开展结冰动力学特性研究、分析结冰对飞机操稳特性的影响机理提供了研究和试验平台。

首先感谢项目首席桂业伟研究员对本书给予的总体策划与指导，然后感谢中国空气动力研究与发展中心李明研究员、中国空气动力研究与发展中心结冰与防除冰重点实验室易贤研究员等同志在本书编写过程中给予的支持。本书主要由徐浩军、张恒、朱正龙、魏扬和李杰编写完成，中国人民解放军空军工程大学的裴彬彬全程审核了书稿，研究生王国智、伍强参与了部分书稿的整理和校对工作，在此对他们的辛苦付出表示感谢！书中彩图可扫描封底二维码查看。

由于作者水平有限，书中难免存在不足之处，恳请读者批评指正。

徐浩军

2024 年 1 月

目　　录

缩略语表

符号	全称
ICAO	国际民用航空组织
FSF	飞行安全基金会
ASN	航空安全网
FAA	美国联邦航空管理局
JAR/FAR	联合航空条例/联邦航空条例
CCAR	中国民航规章
SLD	过冷大水滴
NASA	美国国家航空航天局
DLR	德国宇航中心
CFD	计算流体力学
RANS	雷诺平均纳维-斯托克斯
LES	大涡模拟
DNS	直接数值模拟
DES	分离涡模拟
DDES	延迟分离涡模拟
WMLES	壁面模型化大涡模拟
IDDES	改进的延迟分离涡模拟
MBSE	基于模型的系统工程
MPI	信息传递接口

第 1 章 绪 论

1.1 问题的提出

结冰气象条件是飞机研制、试飞和运营当中必须考虑的特殊飞行环境。翼面结冰直接导致分离特征改变、失速形态变异、操稳特性恶化、安全边界缩小。尽管，近年来现代民机的气象预报手段、飞行保障条件、防/除冰系统性能与结冰应对能力日益完备，但结冰仍然是影响飞行品质、降低气动性能、威胁飞行安全、引发重大飞行事故的关键问题，并且仍然是严重制约民机航路覆盖范围、减缩航行出勤时间、提升航班延误概率、直接影响运营成本的重要因素 [1-3]。

根据国际民用航空组织 (International Civil Aviation Organization, ICAO) 及飞行安全基金会 (Flight Safety Foundation, FSF) 航空安全网 (Aviation Safety Network, ASN)[4] 统计，2010~2020 年，结冰共引发了 23 起民机飞行事故，造成 148 人罹难。其中重大灾难性事故主要集中在 2010~2012 年，直接因素包括结冰探测失灵、失速告警延迟和飞行操纵失误等。2010 年，古巴加勒比航空 ATR-72 支线客机结冰事故导致机上乘员 68 人全部遇难，事故的直接原因是飞机在严重结冰环境下长时间飞行，造成失控坠毁。2011 年，阿根廷太阳航空 Saab-340A 支线客机结冰事故导致机上 22 人遇难，调查报告表明，由于结冰探测系统失灵，飞机在结冰环境中长时间巡航，实际结冰强度已经严重超过了防/除冰系统的预期效能，由于结冰探测和失速告警均存在延迟，飞行员未能成功脱离结冰区域，最终造成飞机副翼失效，控制效能完全丧失。2012 年，俄罗斯乌塔航空 ATR-72 结冰事故 (图 1-1) 导致 31 人遇难，12 人受伤，事故原因是飞机滑行

图 1-1 2012 年俄罗斯 ATR-72 飞机结冰坠毁事故现场 [4]

过程中检测到翼面结冰，但机组决定在无防护状态下强行起飞，起飞不久后即失速坠毁。得益于结冰环境应对和处置能力的不断提升，近年来，由结冰引发的重大灾难性事故得以避免，但提前失速、飞行失控、发动机停车、重着陆等事故仍然时有发生，导致了乘员伤亡、机体损毁等一系列严重后果。

随着我国 ARJ21-700、C919、MA700、CR929 等一系列重点飞机型号的航线运营、适航取证和研发设计工作的陆续开展，开展飞机结冰动力学 (包括空气动力学、飞行动力学等) 相关基础问题的研究具有重要而紧迫的意义。

1) 是通过结冰适航认证、保证民机飞行安全的理论基础

取得适航证书是民机交付使用的先决条件。民机结冰适航取证验证工作涵盖临界冰形确定、结冰气动评估、模拟冰形试飞及自然结冰试飞等内容；要求对结冰后各飞行阶段的性能品质进行系统考核，在此基础上开展试飞验证工作。适航条款就民机结冰状态下的操纵性、稳定性以及机动能力制定了一系列验证科目，需要针对特定的气象条件及结冰状态，确认结冰对飞行安全不构成致命威胁，证实飞机具备完成基本飞行任务的能力；同时还需确定结冰对飞行性能 (失速特性、起降性能、推力性能等) 的影响量，为飞行员在结冰条件下的安全驾驶提供参考依据。

作为签发民机适航证书的权威机构，美国联邦航空管理局 (Federal Aviation Administration，FAA) 对结冰条件下的适航许可有着严格规范，JAR/FAR(Joint Airworthiness Requirements/Federal Aviation Regulations)Part 25 和 Part 23 中分别对大型运输机和小型飞机的结冰适航要求作出了明确规定 [5,6]。特别是 2007 年颁布的 121 号修正案 "结冰状态下的飞机性能与操纵品质" 在原有规章制度的基础上，针对结冰后的飞行性能及操稳验证提出了更为系统和全面的要求。中国民用航空局制定的运输类飞机适航标准 (CCAR-25-R4) 中也针对运输类飞机的防/除冰合格审定制定了系统全面的规范条例 [7]。CCAR-25-R4 附录 C 中详细给出了适航验证考核所需的大气结冰条件，要求飞行各阶段的飞机性能和操纵品质符合性验证必须涵盖全部给定条件下的临界结冰状态。B 分部 "飞行" 中除少数条款之外，规定结冰状态下的全部飞行性能考核内容必须和干净无冰状态一致。特别是 "操纵性和机动性" 部分以 25.143 条的总则形式要求在附录 C 中规定的飞行各阶段临界结冰条件下，必须表明飞机在起飞、进场、复飞和着陆条件下有足够的安全操纵性能和机动能力。"失速" 部分中的 25.207 条 "失速警告" 条款对结冰状态下的飞机失速特性及飞行演示要求也作出了多处明确规定。上述飞行性能均与飞机结冰状态下的空气动力学特性，特别是失速特性直接相关，要求在民机型号研发的各个阶段均要充分明确典型临界冰形对翼面、部件及全机气动特性的影响，从而为适航评估审定提供直接支持。

以我国自主研发的民机型号的适航取证过程为例，在 2008~2014 年，ARJ21-700 支线客机的适航取证验证阶段，基于解读适航条款获取的典型临界冰形，相

继完成了带冰构型风洞试验、模拟冰试飞及自然结冰试飞验证工作 (图 1-2)，确认了结冰状态下飞机良好的飞行品质，形成了结冰对民机型号气动特性影响研究的完整链路，为适航证书的最终取得奠定了坚实基础 [8]。在 2021~2022 年 C919 大型客机开展的结冰适航验证工作中，针对 FAR25-121 修正案规定更为严格的临界冰形，同样结合了上述不同层次的方法手段，更为系统和全面地开展了结冰对全机气动特性的影响分析研究 [9]。上述案例直接体现了结冰状态动力学问题研究在民机型号研制过程中的重要地位。

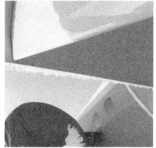

图 1-2　ARJ21-700 支线客机北美五大湖区自然结冰试飞 [8]

2) 是开展防/除冰系统精细设计、提升容冰飞行能力的重要依据

现代民机的翼面结冰防护主要是采用热气式或电热式防/除冰系统，使得防护区域蒙皮温度高于过冷水滴凝结温度，从而达到防护效果 [10,11]。但上述防/除冰措施是基于发动机压气段引气或电加热元件实现局部升温的，不可避免地将直接影响发动机工作性能或造成代偿损失。因此，防/除冰系统的设计必须兼顾飞行安全和能源消耗问题，如果结冰防护效应过强，则系统长时间开启会增加发动机工作压力，导致推力特性退化、燃油消耗增长，进而威胁飞行安全。因此，在保证安全性的前提下，根据结冰对全机气动特性的影响量及物理机制，合理配置和设计防/除冰系统，是现代民机结冰防护设计的总体发展思路。结合国外大型客机防/除冰架构的演进历程，近年来发展的型号相继取消了内翼/短舱外侧/翼梢附近的防护措施，仅保留中外翼区域防/除冰系统 (图 1-3)，从而实现了总体性能的综合优化，深刻地认知结冰对气动特性的影响，正是开展上述设计优化工作的理论依据。此外，在可能的强结冰环境下，现有防/除冰系统的实际保护效能也较为有限。FAA 认为，飞行过程中每小时积冰一旦超过 7.5cm 即可判定为严重结冰环境，建议即使在防/除冰系统完全开启的条件下也应当避免或立刻脱离。特别是在过冷大水滴 (Supercooled Large Droplet, SLD) 结冰条件下，即使翼面前缘结冰能够被有效消除，水滴溢流的复杂动力学效应也可能使得防/除冰系统后方产生大范围积冰 [12]。因此，结冰防护失效前提下的飞行特性同样是民机总体气动设计中需要重点考虑的内容。

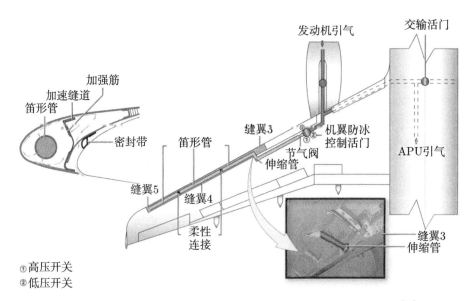

图 1-3   基于中外翼重点防护思路的 A320 飞机热气防冰系统架构[11]

　　进一步地，传统意义上的防/除冰研究致力于翼面结冰的探测、预防和消除，但由于结冰环境/强度难以探测、结冰强度可能超过防/除冰系统极限性能、防/除冰系统失效、飞行员判断/操纵失误等潜在因素，现有的防/除冰措施还不能完全保证所有结冰气象条件下的飞行安全。针对上述问题，现代民机设计过程中建立了"容冰安全飞行"概念[13,14]，即基于飞机本体结冰状态下的气动特性改变情况，实现飞行控制律重构和匹配，从而在一定程度保证飞行安全裕度。并在此基础上形成了"智能防冰系统"的设计思想，该系统能够实时探测飞机结冰及防/除冰系统的工作状态，快速分析结冰类型和程度，实时获取结冰对飞行性能的影响程度，评估容冰飞行能力，及时向飞行员提供结冰告警信息，同时自动修改控制律[15]，该系统能够显著提升民机结冰状态下的生存力和安全性，成功应用于多型民机，构成了结冰后多重安全边界的重要组成部分[16]。如何提高民机结冰状态下不同工况的飞行性能，进而具备容冰安全飞行能力，已经成为现代民机总体气动先进设计的重要标志之一[9]。

　　因此，结冰对气动特性的影响量是防/除冰系统优化设计的基础，结冰状态下的气动特性分析是民机结冰防护设计和结冰状态气动性能评估验证的基本前置条件。不同冰形影响下的分离流动始发区域、演化特征及气动特性影响量，不仅是民机防/除冰系统布局设计、参数选取和精细优化的核心输入，也是总体气动特别是容冰气动力设计和容冰飞行控制系统设计所需的重要参考依据。

3) 是阐释复杂流动演化规律、揭示结冰致灾机理的前沿问题

翼面结冰状态下的流场和气动特性演化机制是高度复杂的空气动力学问题。较之于干净无冰的情况，翼面结冰状态下的流动表现出强烈的非定常、非线性和随机性。这种复杂分离流动由剪切层失稳和多尺度旋涡的生成演化过程支配，流场发展变化的细节特征和宏观机制仍有待系统地阐释，流场特征改变与气动特性变化之间的关联性仍不够清晰。明确翼面结冰状态下的分离流动演化机制，从空气动力学特性改变规律的角度揭示结冰致灾机理，已成为近年来国内外有关研究机构努力探索的重点问题。美国国家航空航天局 (NASA) 于 2010 年联合法国国家航空航天研究院 (ONERA)、FAA、伊利诺伊大学、波音公司等国际顶尖航空研究机构和民机研发企业，启动了延续至今的民机机翼结冰大型研究项目，在该项目框架下开展了包括冰风洞结冰试验、高精度冰形提取与重构、机翼带模拟冰形风洞试验、冰形/流场/气动力数值模拟等一系列研究，旨在系统全面地揭示三维全尺寸后掠翼结冰特征及空气动力学影响机理，建立完善的民机后掠翼冰形及结冰气动特性数据库 [17-24](图 1-4)。

综上所述，随着现代飞机飞行安全性要求的不断提升，翼面结冰状态下动力学问题研究的必要性日益凸显。民机适航规范要求在各飞行阶段都需要考核结冰状态的安全性，防/除冰系统设计要求精细分析结冰对飞机气动特性、操稳特性的影响量，结冰致灾机理研究要求系统地揭示复杂分离流动的生成演化规律。但是，现有的结冰状态分析方法、理论基础和规律认知还不足以充分支撑上述需求，亟待开展翼面结冰状态下的动力学特性研究，为分析结冰致灾机理提供有力支撑。

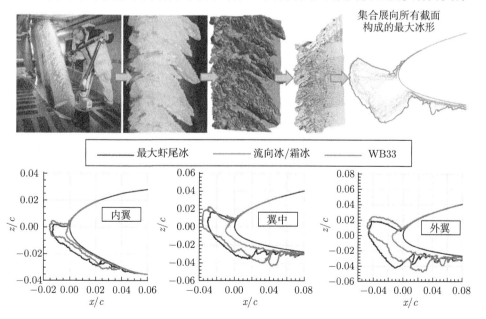

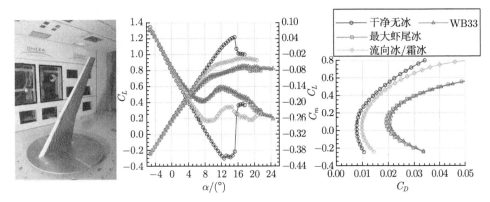

图 1-4　NASA 格伦 (Glenn) 研究中心及 ONERA 开展的结冰生成、重构及空气动力学特性
影响研究 [21,24]

1.2　飞机结冰特征及致灾机理

随着结冰适航认证流程和地面防/除冰程序的逐步完善和严格，飞行过程中突发的结冰遭遇成为相关事故的主要诱因。根据成冰机理的不同，民机飞行过程中的结冰类型通常可分为过冷水滴结冰、干结冰和凝华结冰三种主要形式，其中干结冰和凝华结冰在实际飞行中较为少见，冰层累积厚度较小，融化消失很快，对飞机飞行特性影响不大；而过冷水滴结冰对翼面气动外形破坏显著，防除冰难度较高，严重危害飞行安全，是飞机结冰领域的主要研究对象。飞机在含有过冷水滴的云雾、冻雨和湿雪区域内飞行时，水滴将撞击表面突出部位，逐渐积聚冻结，累积产生冰层，产生结冰现象 (图 1-5)。由于空气含水量、过冷温度、潜热释放速度等因素，过冷水滴结冰形成的冰层在外观和结构上各有不同，一般按照成冰过程特征分为霜冰、明冰及混合冰三种结冰类型 [25]。

霜冰 (Rime Ice) 形成的大气环境温度、液态水含量及水滴撞击速度都相对较低；过冷水滴之间存在空隙，冻结速度较快，撞击区域较小，一般不存在溢流；结冰过程中放热有限，不足以使当地温度升高到冰点以上，水滴冻结后不再融化。上述因素导致霜冰呈现冰形比较规则、冻结范围狭窄、表面粗糙、含有间隙分离泡等特征。明冰 (Glaze Ice) 则一般形成于温度稍低于冰点，液态水含量和水滴撞击速度较高的情况，此时过冷水滴撞击壁面时潜热不易散发，难以立即冻结，而是在来流驱动下沿飞机表面向后流动；特别是在水滴粒径较大时，可能产生飞溅、反弹等动力学效应，使得冻结过程高度复杂。上述因素导致明冰几何形状高度不规则，冻结范围较大，质地致密坚硬。混合冰形成的大气条件介于霜冰和明冰之间，此时流动驻点附近的温度较高，过冷水滴无法完全冻结，结冰体现明冰特征；

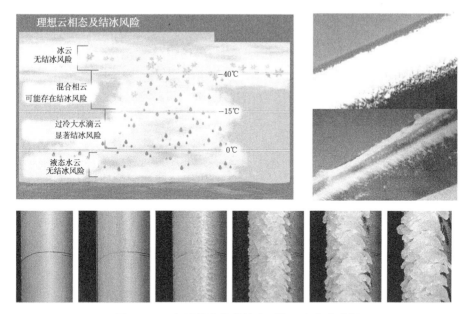

图 1-5 飞行过程中典型结冰环境及冰生成过程

而驻点后方对流换热现象的影响逐渐增强,导致当地温度降低,此时结冰体现霜冰特征[26]。

尽管翼面结冰生成的气象条件、形貌特征和累积速度都可能存在很大差异,具备高度的不确定性和随机性,但是结冰致灾的内在机制却存在一定关联,即不规则几何外形对原始气动外形的破坏和扰动,导致附着流型的基本形态和发展变化特征均发生变异,产生局部乃至全局分离现象,造成翼面气动效能的降低乃至丧失[27,28]。根据历年来的民机结冰致灾调查报告,结冰导致的重大灾难性事故通常发生在起飞、机动或待机过程中,事故的直接原因大多是由翼面失速及副翼/升降舵失效共同引起的失控现象,坠毁前均表现出了不同程度的俯仰/偏航/滚转强耦合特征;并且从失控征兆显现到完全失控历时很短,留给机组应对和处置事故的时间极为有限[4]。1982 年,波音 737-200 在起飞过程中发生结冰事故,起飞初始阶段立刻出现失速抖杆警告。由于波音 737 初期型号低速气动特性对翼面前缘结冰极为敏感,飞机完成起飞爬升过程后立刻失去继续加速能力,进入大迎角失速状态,起飞滑跑–失速坠毁过程仅 3min(图 1-6)。

1987 年,ATR42-312 事故报告称,飞机在待机状态下遭遇结冰,产生了滚转/偏航幅度均超过 90° 的非受控运动,导致飞机无法恢复正常姿态。1993 年,Fokker-100 飞机在起飞后遭遇结冰,滚转幅度达到 ±50° 以上,同时伴随剧烈振动,丧失滚转控制能力,从起飞到坠毁历时不到 1min。1994 年的 ATR-72 结冰事故中,飞机在待机模式下遭遇过冷大水滴结冰环境,在翼面除冰装置启动状态

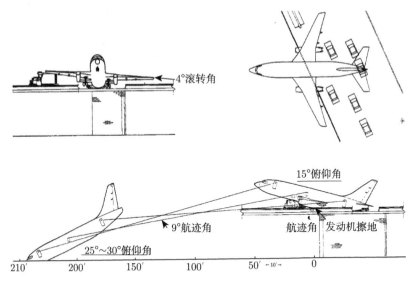

图 1-6 波音 737-200 机翼结冰状态起飞-坠毁阶段飞行姿态变化 [4]

下仍然产生冰脊，导致副翼铰链力矩突然反效，出现严重的俯仰/偏航/滚转耦合
现象，飞机由 180° 大幅滚转、15° 小幅俯仰迅速演化为 70° 以上的大幅俯仰，飞
机从失控征兆产生到完全失控历时不到 1min。1997 年，EMB120 飞机在翼面粗
糙冰状态下进行航向改变机动，机动过程中产生了非指令性的 20° 左偏航，继而
在 16s 中产生了幅度超过 140° 的滚转，俯仰角由 3° 急剧降低到 −50°，同时伴
随强烈的横滚/俯仰振荡现象，从失控状态出现到坠毁仅 38s。

结合上述事故调查报告可以看出，翼面结冰致灾的核心机理是失速特性的直
接恶化和失速裕度的大幅降低，伴随操纵性和稳定性的迅速丧失。特别是在强结
冰条件下，将导致分离流动的产生机制、始发迎角和发展变化规律发生本质改变，
即使在迎角不大的状态下，机翼绕流也可能出现较大规模的全局分离，造成最大
升力系数损失、迎角裕度降低、力矩特性变异、抗扰动能力下降，进入失速状态
的可能性大幅提高，飞行安全边界急剧缩小 [29,30]。从基于 CRM 65 结冰后掠翼
获得的高雷诺数风洞试验结果来看，尽管用于测力试验的冰形精确程度存在一定
差异，但各组气动力数据均反映了明显的机翼失速特性恶化和阻力大幅增长现象。
试验结果表明，结冰后最大升力系数由干净机翼的 1.2 降低到 0.9 左右，降低幅
度达 25%；力矩拐点由 14° 附近退化到 7° 附近，对应的可用升力系数由 1.2 降
低到 0.7，降低幅度高达 40%~50%；最小阻力系数由 0.008 左右增长到 0.02，增
长幅度达到 150%。

以上现象均表明，结冰状态下，翼面分离流动的基本形态及其发展变化特征已经发生了本质变化，导致飞机操稳特性的急剧恶化，进而引发事故的发生。因此，深入研究翼面结冰状态下的分离流动机理，厘清失速分离流场特性改变–空气动力学特性恶化–飞行性能恶化之间的物理链路，是揭示飞机结冰致灾机理的根本依据。

1.3　翼面结冰状态分离流动演化特征

分离流动的演化特征是结冰状态下空气动力学特性研究的核心问题。以 Bragg 等 [31] 为代表的权威专家针对该问题已经开展了长期的研究工作，为流动机理的进一步深入研究奠定了坚实基础。以下结合其学术观点和研究成果，对结冰状态下翼型/机翼分离流动的基本特征以及当前研究领域关注的主要问题进行介绍和分析。

1.3.1　翼型结冰状态分离流动

根据过冷水滴成冰在外观上的不同，一般将结冰冰形分为霜冰、明冰和混合冰三类，但这种分类方式并不与翼型结冰后的流动特性直接相关。根据 Bragg 等 [32] 的观点，依照结冰后分离流动的不同特点，将冰形分为如图 1-7 所示的粗糙冰、流向冰、角状冰、展向冰脊四种类型。其中粗糙冰类似于翼型前缘粗糙带，主要导致边界层提前转捩，对层流翼型升阻特性不利，同时也会导致当地流动过早分离。流向冰形状与翼型前缘大致相同，通常也难以引起较强的全局流动分离，但在积冰与翼型交界的几何间断区域可能会诱导产生局部分离。角状冰具备大角度凸起几何特征，严重破坏翼型前缘外形，在冰形后方通常会形成典型大尺度

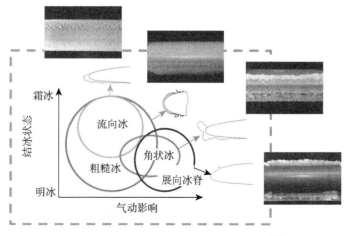

图 1-7　二维冰形分类及气动影响特性 [31]

分离泡流动结构 [33]，翼型的全局流动特性均由分离泡的生成、演化和发展过程决定。展向冰脊一般位于防冰区域后方，冰脊前的翼面形状仍保持光滑；相对于角状冰而言，由于冰脊前后均存在分离泡，因此流动的三维效应和复杂程度较角状冰更强。总体而言，大尺度分离泡结构主导下的角状冰/展向冰脊分离流场对气动特性的影响效应远大于粗糙冰/流向冰。

图 1-8 给出了典型角状冰影响下，翼型上表面大尺度分离泡的流场基本结构和压力分布特征 [34]。自由来流由前缘驻点绕过冰角顶端，该加速效应使得分离泡外部区域的流动速度高于自由来流，此区域与分离泡内部强回流区域间存在较大的切向速度差。由于回流区域与加速流动之间的相互掺混作用，形成过渡区域，使流动最终在翼型表面发生再附。分离泡的时均效应使压力分布产生平台特征，平台后方的压力恢复趋势一般平缓光滑。下表面附近由于存在局部不规则积冰，流动在该区域产生局部分离现象，压力分布呈现锯齿形状，在之后的大部分区域流动则维持附着状态 [35]。

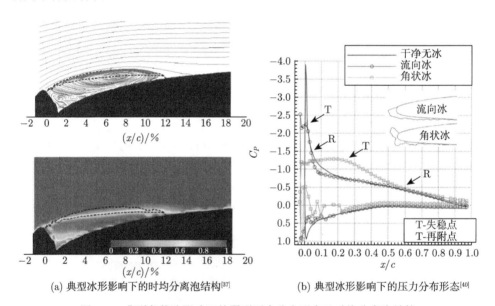

(a) 典型冰形影响下的时均分离泡结构[37]　　　　(b) 典型冰形影响下的压力分布形态[40]

图 1-8　典型角状冰影响下的翼型压力分布形态及时均分离泡结构

翼型前缘结冰导致的失速分离流动机制与干净翼型大迎角状态下的分离流动存在差异，但也与纯粹的后台阶分离流动有所区别。干净翼型的失速分离特征一般与大迎角条件下翼型前后缘间的逆压梯度直接相关 [36]，导致：①厚翼型后缘附着边界层失稳，弱分离逆流向推进而生成大范围分离区；②中等厚度翼型前缘层流分离泡爆破，前缘附近的局部分离迅速膨胀为全局分离；③薄翼型前缘湍流分离泡扩张，分离区域沿弦向逐渐向后扩展。而结冰翼型的分离生成机制是：由于积冰当地几何特征发生突变,剪切层直接失稳脱落,剪切层涡系结构的发展促进了回流区域和主流区域的流动掺混效应,最终在下游与壁面相互作用、发生再附,形成湍流分离泡流动结构[37,38],此时在一定程度上体现薄翼型失速分离的基本演化特征。因此,对于角状冰和展向冰脊翼型而言,驱动分离流动的实质因素是几何间断触发 K-H(Kelvin-Helmholtz) 不稳定性[39]和迎角效应产生压力梯度[40]两者的综合效应,主导失速分离特征的核心是分离泡结构的生长、扩展和膨胀现象,这无疑大大增加了分离演化过程的复杂性和敏感性。

　　图 1-9 给出了 Gurbacki 和 Bragg[41] 结合试验结果描摹的角状冰影响下流动分离–再附基本拓扑,以及肖茂超等[42] 基于数值模拟方法获得的结冰翼型失速分离流场精细湍流结构。冰角位置剪切层在几何形状突变和压力梯度的双重影响下,在角状冰顶端发生失稳脱落。剪切层失稳产生的旋涡结构向下游运动时伴随滚转、融合和交汇现象,形成更大尺度的湍流涡结构,将自由来流区域与回流区域分隔开来,在压力梯度驱动下向下游输运,与翼面发生相互作用,产生再附效应,生成大尺度分离泡结构。上述复杂分离流场在失速迎角附近产生强烈的非定常现象,使得分离泡特征参数及再附区域均随时间变化。鉴于对翼型气动特性起到的决定性作用,上述分离泡结构的演化过程已经成为结冰翼型流动机理研究的核心内容,Bragg 等[34] 基于风洞试验方法,初步明确了临界失速状态下分离泡的基本流动拓扑结构和非定常特征。近年来,相关研究已经延拓到整个失速过程中,初步建立了结冰翼型基本气动力和分离流场演化之间的关联。Mirzaei 等[43] 结合风洞试验和精细数值模拟方法,分析了 NLF-0414 结冰翼型的分离泡结构,揭示了从再附效应存在到流动完全分离的拓扑结构演化历程。Pouryoussefi 等[44] 基于试验手段研究了结冰对 NACA23012 翼型过失速状态下气动特性的影响,分析了压力分布与气动特性之间的关联。Ribeiro 等[45] 采用格子玻尔兹曼 (Boltzmann)

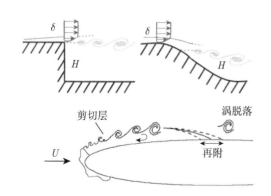
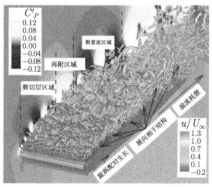

图 1-9　角状冰影响下的流动分离–再附基本结构[41,42]

求解器，分析了过失速状态下不同冰形和翼型组合条件下的平均分离泡结构。但是，结冰翼型失速过程中分离泡结构演化的细节特征和相关流动机理仍然未能完全明确。失速过程中分离泡形态特征的变化是怎样的？流动再附效应消失的根本原因是什么？分离泡膨胀过程中旋涡结构的演化历程如何？上述科学问题的解决，对于结冰状态下翼型失速分离流场演化机制的认知、翼型失速现象的辨识，以及结冰后气动特性的评估等都具有重要意义。

此外，飞行过程中自然生成的结冰形状与生俱来地具备高度的随机性和不规则性，导致冰形几何尺寸形貌特征千差万别，这对提炼有效且普适的结冰影响规律造成了很大困难，但是仍然可以归纳出一些影响分离流场特征的主要几何参数，如图 1-10 所示的冰角高度、冰角角度等。目前，国内外研究者已经针对不同典型翼型及冰形，大致总结出了气动特性随上述参数的基本变化规律[46-50]；但是，分离流动的起始过程与来流条件特别是迎角密不可分，而再附/二次分离过程与翼型本身的几何形状还存在密切联系。翼型几何形状是如何影响分离流动的再附及其演化过程的？这些参数影响分离流动形态和气动特性的权重是怎样的？能否针对冰形–翼型两者共同的随机性，提炼和归纳出更为一般的流动特性影响规律？上述科学问题同样也需要做进一步的探讨和研究。

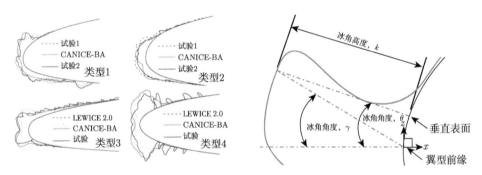

图 1-10　结冰几何外形随机性及二维冰形典型几何特征参数[2,24]

1.3.2　后掠翼结冰状态分离流动

相对于翼型结冰状态而言，复杂结冰冰形影响下的后掠翼分离流场和气动特性演化机制是当前民机结冰领域更加前沿的问题。展向冰形差异造成的几何外形高度不连续和翼面后掠效应引起的三维压力梯度，使得分离流场的非线性、非定常程度远大于结冰翼型。鉴于分离流动问题的高度复杂性，长期以来，对后掠翼结冰效应的相关研究仍然高度依赖于风洞试验手段，开展的数值模拟研究相对较少，并且采用的结冰冰形及后掠翼模型通常都进行了一定程度简化，获得的流场特征量类型还比较单一。

Khodadoust 和 Bragg[51,52]、Bragg 等[53,54] 和 Papadakis 等[55] 首先针对 NACA0012 翼型和 GLC305 翼型展向拉伸获得的几种简单后掠翼带冰构型开展了系统的测力试验，给出了结冰状态下后掠翼气动力，特别是失速特性的基本变化特征。Kwon 和 Sankar[56] 等采用 B-L 模型，分析了带模拟冰形的 NACA0012 后掠翼分离流场，证明在失速点附近仍然存在典型的前缘压力平台，压力平台随迎角的变化规律也与结冰翼型比较类似；并且成功捕捉到了结冰诱导的前缘分离和再附现象，给出了后掠翼分离流场的基本形态；研究表明，由于强烈的后掠效应引起的展向压力梯度，导致结冰影响区域主要位于中外翼，主导分离流场特性的关键流动结构由单纯的弦向分离泡结构变为三维展向前缘涡系结构，三维前缘涡沿展向的发展变化过程中存在显著的涡核抬升现象。Bragg 等[54] 还基于 LDV 方法，测量得到了上述结冰后掠翼分离流场的关键流动参数，进一步阐释了结冰对后掠翼速度场展向分布特征和湍流脉动特性的影响特征。Broeren 等[57] 还基于风洞试验方法，系统分析了大迎角和侧滑角下模拟冰形对 NASA 通用运输机构型 (General Transportation Model, GTM) 气动特性的影响，基于表面油流显示手段获得了发动机短舱影响下的带冰机翼分离流场拓扑结构，观测到了失速点附近翼面存在的多次分离和再附现象。

如前所述，NASA 自 2010 年以来，在 CRM65 机翼结冰项目的总体框架下，关于该问题已经开展了持续十年以上的系统研究。Diebold 等[19] 和 Broeren 等[20] 通过不同结冰状态下的 CRM65 后掠翼缩比模型风洞试验，已经基于贴近实际民机机翼的几何模型和不同形貌特征、不同复杂程度的三维冰形，给出了结冰状态下宏观分离流场的大致空间结构，更为深入和细致地梳理了分离流动形态和三维前缘涡的演化规律。图 1-11 给出的试验结果表明，角状冰在翼面前缘附近诱导产生的大尺度分离泡结构仍然是主导结冰状态后掠翼流动特性的主要因素，并且分离泡的发展和膨胀过程、压力平台的扩展和延伸等现象与结冰翼型仍然存在诸多相似之处。但是在后掠效应影响下，由于前缘分离和展向压力梯度共同影响前缘涡系结构的形成过程，分离泡体现出强烈的展向流动趋势及猝发扩展特征；并且当展向冰形几何特征差异比较明显时，结冰可能诱导产生多个前缘涡系，汇合形成大尺度展向前缘涡，Bragg 等称之为 I 型流场。但是，目前关于结冰后掠翼失速分离流场精细结构及其演化机制的深入探讨仍然较为概略。后掠翼特别是完整全机构型翼面结冰条件下失速分离流场的宏观形态与结冰翼型有何异同？后掠引起的展向流动效应是如何影响分离流场结构的？多尺度涡系结构的生成演化历程具备什么特点？关于上述科学问题的探讨和揭示目前仍不完备和清晰，有待开展更为深入的分析研究工作。

综合上述研究现状可以看出，虽然关于后掠翼的结冰效应已经开展了大量风洞试验研究工作，积累了丰富的气动力数据，形成了较为系统的理论成果。但是相对于翼型而言，结冰后掠翼的流向/展向多尺度涡系结构时空特性高度复杂，相应的生成机制、演化特征和干扰现象都有待进一步分析和阐释。此外，与试验研究相比，目前开展的结冰后掠翼数值模拟研究还很有限，涵盖的研究内容通常局限于数值方法的评估和验证，还难以充分支撑流动机理的深入分析和认知。

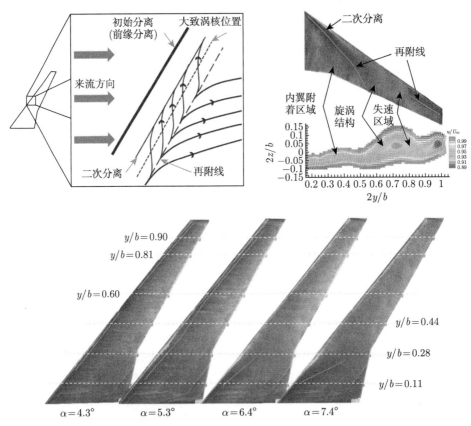

图 1-11　CRM65 机翼结冰状态失速点附近分离流场空间结构及其演化过程

1.4　翼面结冰状态气动特性及分离流场数值模拟研究

目前关于翼面结冰后流场和气动力的分析研究手段主要包括飞行试验、风洞试验及数值模拟。一般是通过在真实结冰环境中开展自然结冰试飞或在常规飞行条件下安装固定冰模进行飞行试验，理论上能够实时得到可信程度很高的气动数据。但民机自然结冰飞行试验危险性高、耗费巨大，且存在特定的结冰气象条件要求，通常只作为演示验证试飞科目[58]。现阶段民机型号研制和适航取证过程中，绝大多数结冰影响试验数据仍然需要借助风洞试验手段获取。结冰影响试验流程类似于常规低速风洞试验，冰形几何数据一般结合冰风洞试验或数值模拟获得，基于一定尺度的冰形-翼型缩比模型开展气动力测量/压力分布测量/边界层参数测量/流场显示等试验，从而验证结冰对部件和全机气动性能的影响，能够得到较为真实有效的数据[59]。但目前风洞试验仍存在周期较长、费用较高、测量参数有限、难以全面反映结冰对流动特性影响的问题。相对而言，数值模拟方法能够获取较为丰富和全面的流场信息，实现相对简捷和经济，目前已经成为研究和分析结冰后飞机流场和气动特性变化的有效手段。

随着计算流体力学 (Computational Fluid Dynamics, CFD) 方法的逐渐完善，与翼面结冰状态分离流场和气动特性相关的数值模拟分析研究工作得到了长足发展[60]。目前的数值模拟研究通常选取代表性翼型作为研究对象，将结冰过程和流场特征解耦分析，采用结冰试验或数值模拟某一时刻获得的冰形建立几何模型。伴随几何重构技术的发展，计算分析构型大致经历了二维简化冰形—二维真实冰形—考虑三维效应的展向拉伸冰形—具备完全三维特征的真实冰形这一发展过程。得益于多块结构化网格、非结构混合网格和嵌套网格等技术的不断完善，目前已能够针对翼面复杂结冰外形生成大规模贴体计算网格，为精细数值模拟方法，特别是新型湍流模拟方法的成功应用建立了良好的基础。由于结冰状态下分离流场和气动力的准确预测依赖于刻画湍流流动的基本演化特征，对湍流模拟方法的精度提出了较高要求。随着雷诺平均纳维-斯托克斯 (Reynolds Averaged Navier-Stokes, RANS) 方法、大涡模拟 (Large Eddy Simulation, LES) 方法和 RANS/LES 混合方法的相继建立和完善，数值模拟对湍流流场的描述更加准确，获得的流动特征量更加丰富，能够更好地反映分离流动的物理本质。

1.4.1　基于 RANS 方法的宏观气动特性模拟

RANS 方法将满足流体动力学方程的瞬时运动分解为平均运动和脉动运动两部分，此时脉动部分对平均运动的影响通过雷诺应力项描述；通过湍流流场蕴含的基本物理机制，对雷诺应力作出各种假设以建立附加方程组，亦即通过某种模型化方法以封闭控制方程。对于航空领域常见的完全附着或小分离流场而言，RANS 能够取得较好的模拟效果，并且允许在物面边界层附近使用长宽比较大的薄层网格单元，总体计算网格数量相对较少，对计算资源的需求容易满足，因而在工程领域得到了广泛应用。

国外应用 RANS 方法分析翼型结冰后气动特性的研究工作始于 20 世纪 80 年代，目前已经基本发展成熟。Potapczuk[61] 首先应用薄层 RANS 进行了一些基本的结冰翼型气动特性计算分析。Shim 等[62] 初步研究了冰形几何形状与翼型气动特性变化间的相关性，就不同湍流模型的效果进行了评估。Chi 等[63] 基于二维结构网格，分别针对霜冰和明冰状态下的 GLC305 翼型进行了宏观气动力计算，对比了湍流模型对计算结果的影响；结果表明，对于霜冰翼型，不同湍流模型在升力线性段附近获得的结果基本类似，与试验值吻合良好。Pan 和 Loth[64] 就简化冰形对不同翼型气动力的影响进行了系统分析，总结了冰形弦向位置与压力分布形态之间的关系，表明失速点之前获得的数值结果基本满意。Marongiu 等 [65] 针对 NLF-0414 翼型结典型双角状明冰后的气动特性改变问题，在不同求解器的基础上对比了 Spalart-Allmaras(S-A) 模型和 Shear-Stress-Transport(SST) 模型的模拟效果；表明 RANS 方法在小迎角下获得的压力分布特征良好，并且 SST 模型在分离流动较强时的气动力预测结果优于 S-A 模型。Mirzaei 等 [43] 基于 k-ε 模型分析了 NLF-0414 翼型角状冰影响下的宏观分离流场演化过程，在中小迎角下获得了与试验结果吻合良好的再附位置/湍流强度极值等关键特征量。国内桑为民等 [66] 结合 Baldwin-Lomax(B-L) 湍流模型，基于分区求解算法完成了不同冰形/翼型绕流流场的数值模拟。陈科等 [67,68] 采用 S-A 模型和 SST 模型开展了基于混合网格的结冰翼型气动特性计算分析，较好地预测了失速点之前的升力特性变化情况。李焱鑫等 [69] 结合雷诺应力模型 (Reynolds Stress Model, RSM)，针对大型客机典型超临界翼型及平尾翼型溢流冰条件下的气动力进行模拟分析，表明该模型可较为准确地预测结冰翼型的最大升力系数与失速迎角。李浩然等 [70,71] 在考虑湍流非平衡特性的前提下发展了两种分离修正湍流模型，有效提升了翼型结冰状态失速分离流场的预测精度。黄冉冉等 [72] 基于 S-A 方法量化分析了具备不同微观特征参数的冰形对翼型失速特性的影响规律。

　　对于后掠翼结冰状态下的气动特性分析评估而言，目前 RANS 是绝大多数研究工作采用的数值模拟方法。Kwon 和 Sankar[56] 首先基于 B-L 模型分析了带模拟冰形的 30° NACA0012 后掠翼分离流场，表明展向各站位压力分布计算结果均与试验结果吻合良好，并且成功捕捉到了结冰诱导的机翼前缘流动分离和再附现象。Chung 等 [73] 采用 S-A 模型开展了机翼展向角冰状态下某涡桨飞机全机气动特性的变化情况研究，重点关注了结冰对副翼操纵性能的影响。Wynn 和 Cao[74] 分析了霜冰对 GLC305 后掠翼气动特性的影响。桑为民等 [75,76] 结合 S-A 模型评估了展向角冰对某运输机翼身组合体构型气动特性的影响，数值结果同样表明，在不同展向站位获得的压力分布与试验结果高度一致，并且获得了与试验结果高度一致的失速特性预测结果。2021 年，Stebbins 等 [77,78] 基于 SST 模型，针对 CRM65 后掠翼结冰状态下的宏观气动力和压力分布开展了系统的数值模拟分析研究 (图 1-12)，表明 RANS 方法直到失速迎角附近获得的宏观数值结果都与风洞试验高度一致。

　　上述研究工作表明，虽然 RANS 在描述湍流分离流场的非定常细节特征方面存在其固有缺陷，但如果结合适当的计算网格与计算策略，数值方法能够在一定程度上正确反映结冰状态下全机宏观分离流场和气动特性的变化情况。按照 NASA

兰利 (Langley) 中心 Frink 等[79] 的观点，RANS 足以描述和刻画典型民用飞机的失速特性。此外，对于翼面结冰状态三维复杂构型多工况、大批量的宏观气动力计算分析而言，RANS 在计算成本和效率方面具备不言而喻的显著优势，这也是当前国内外民机设计研发部门采用的主要气动力分析评估手段[80,81]。但是，现有的数值模拟研究大多仍然基于简化的二维冰形/简单后掠翼或翼身组合体构型，结合接近工程应用实际的，更为复杂和精确的民机三维构型和展向三维冰形开展的分析很少。并且，当前的研究工作通常局限于计算方法的评估和验证，基于数值模拟手段探讨结冰状态下全机分离流场演化特征，在此基础上探讨分离流场与气动特性之间关联性的机理性研究，目前还有待进一步开展。

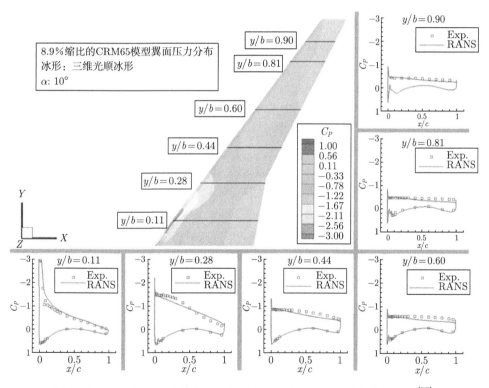

图 1-12　基于 RANS 方法获得的结冰后掠翼失速点附近压力分布形态[77]

1.4.2　基于 RANS/LES 混合方法的分离流场精细模拟

由于结冰状态失速分离流场是由多尺度剪切层涡系结构的生成演化过程驱动，与湍流脉动相关的非定常效应占据主导地位；而 RANS 对脉动信息采用完全模化的处理方式，难以对上述复杂分离流动进行合理描述，能够获取的流动特征量比较有限，因此有必要应用更符合物理事实、具备更高数值精度的湍流模拟方法，进一步深入剖析分离流场精细结构，从而为深层次流动机理的挖掘和提炼提供更加完备的空气动力学依据[82]。

在当前 CFD 研究领域内，除 RANS 方法之外，基于 N-S 方程的湍流数值模拟方法主要包括直接数值模拟 (Directed Numerical Simulation, DNS) 方法、LES 方法和 RANS/LES 混合方法等。DNS 方法通过直接对 N-S 方程组进行求解，得到流场中的湍流随机运动情况；该方法不需引入经验性假设及经验常数，具有极高的流场细节分辨率，可对各种尺度的湍流结构进行有效模拟，能够提供每一时刻计算域内完整的流动信息。但是，由于 DNS 需要解析流场中所有尺度的旋涡结构，对相应的网格规模和计算资源提出了很高要求；故当前的 DNS 计算还只限于低雷诺数和简单几何外形问题[83]。

LES 方法认为，大尺度湍流涡结构强烈依赖于流场边界特征，难以基于普适性模型描述，因此适合于解析求解；相反，小尺度涡对边界条件并不存在直接依赖关系，且一般趋于各向同性，则可通过亚格子模型模拟。因此可以引入某种过滤尺度，作为解析大尺度涡/模化小尺度涡的判据[84]。当计算网格在远离壁面的分离区域具备较高的各向同性性质且足够精细时，LES 能够有效给出瞬时湍流脉动信息，较为精确地描述流动细节特征。但对于边界层内部小尺度、高频率的湍流流动而言，未经修正的 LES 可能导致严重的边界层模化应力损失问题，一般需要构建适当的壁面模型进行修正，但目前合理的壁面模型构造策略仍然是 LES 研究领域的前沿问题[85,86]。对于翼型结冰分离流动而言，该方法要求计算网格在分离区域具备较高的各向同性性质且足够精细；同时还需要配合高精度空间离散格式，并以较小的时间步长进行非定常计算，因而对计算资源的要求仍然较高。因此，目前应用 LES 分析结冰分离流动的工作还比较有限，Brown 等[87]应用 ILES(Implicit LES) 针对结冰翼型开展了数值模拟研究，在三维冰形的构建过程中应用了高精度计算机断层扫描 (CT) 技术；表明 ILES 精细描述了剪切层失稳和旋涡脱落过程随迎角的变化情况，有效地刻画了空间小尺度湍流结构。肖茂超等[88]结合中心–迎风混合格式，基于壁面模型化大涡模拟 (Wall-Modeled LES，WMLES) 系统分析了 GLC305 及 NLF0414 翼型结冰状态下的分离演化规律，表明数值方法能够准确刻画自由剪切层的 K-H 不稳定性，在此基础上就分离流场的非定常频域特征进行了深入探讨。

由于 RANS 方法和 LES 方法对雷诺应力项的描述能够以某些统一的形式给出；自然地，研究者们考虑通过某种手段对 RANS/LES 加以混合，以发挥两种方法对不同类型湍流流场数值模拟的优势：在维持分离区域流动结构计算精度的同时，以相对简洁的手段维持边界层内部流动信息的求解准确程度，同时充分提高总体计算效率。根据以上思路，近年来以分离涡模拟 (Detached Eddy Simulation, DES) 类方法[89]为代表的 RANS/LES 混合方法得到了长足发展。其基本思想是在壁面附近流动区域利用 RANS 进行湍流运动数值模拟，以在使用薄层网格的前提下避免雷诺应力损失，同时降低计算量；在远离壁面区域则利用 LES 解析求解大尺度湍流结构，以保证空间流场湍流运动模拟的精度。基于 DES 方法的构造原理，研究者们先后形成了 DES97[90]、延迟分离涡模拟 (Delayed DES, DDES)[91,92]、ZDES(Zonal DES)[93] 及改进的延迟分离涡模拟 (Improved DDES, IDDES)[94,95] 等多种 RANS/LES 混合方法，并在结冰翼型分离流场的精细分析研究工作中得到了广泛应用。

Kumar 和 Loth[96]，Pan 和 Loth[97] 较早利用 DES 方法对带简化冰脊模型的 NACA23012 及 NLF0414 翼型绕流进行了分析，表明在失速点附近 DES 获得的宏观气动力结果较 RANS 方法有所提升，DES 计算所得的压力恢复过程明显优于 RANS；但由于网格量较为有限，只获得了主要的大尺度旋涡结构。Thompson 等 [98,99] 基于非结构混合网格，利用 DES 对 GLC305 翼型结角状冰后不同迎角下的流场和气动力变化问题做了较为全面的分析研究；表明 DES 不仅能够较为准确地描述压力分布的平台特征及其恢复过程，同时能够更好地预测时均分离泡的再附位置及其几何形态；获得的湍流强度分布情况也与风洞试验结果基本类似。Lorenzo 等 [100] 分别采取 DES 和 DDES 就平尾翼型 M5-6 结冰失速前后的气动力变化情况进行了分析，认为失速点之前的宏观气动力计算结果是比较满意的；表明在临界失速条件下，DDES 较 DES 能够更为准确地反映结冰翼型的压力分布平台特征。Lakshmipathy 和 Togiti[101] 对比了 PANS(Partially Averaged Navier-Stokes) 方法和 DDES 对 NACA23012 翼型结冰后强分离流动的模拟效果，表明 DDES 能够提供更好的时均压力分布结果，同时能够更为充分地解析流动尾迹区域的三维湍流结构。Alam 等 [102] 在 GLC305 翼型临界失速状态算例中，也一定程度上肯定了 DDES 的流场细节刻画能力。Molina 等 [103] 采用 DDES 和非结构网格，开展了基于 SU2 程序的 GLC305 结冰翼型临界失速分离流场分析研究。Duclercq 等 [104] 基于多块结构化网格，利用 ZDES 对展向冰脊诱导的非定常流场脉动特征进行了较为细致的研究；表明该方法对分离区域小尺度三维湍流结构具备较强的解析能力，能够较为准确地预测分离泡的涡核位置和时均速度分布情况；在此基础上探讨了冰脊后方速度脉动特征与脱落剪切层运动之间的关联。Zhang 等 [105] 基于 ZDES 方法分析了 GLC305 和 NACA23012 两类翼型不同结冰条件下的分离流动，指出计算域展向长度的选取将影响尾迹区域湍流结构的精确解析。Costes 等 [106-108] 应用嵌套网格对类似的结冰分离流动算例进行分析时，认为 ZDES 表现出了较强的网格敏感性，影响流动再附位置的判定和旋涡脱落过程的解析，该现象与 RANS/DES 区域的划分策略、网格密度差异都有着密切联系。

近年来，IDDES 方法逐渐成为结冰分离特征精细预测的重要手段。该方法不仅在强分离区域具备与 DDES 相当的模拟精度，在附着/分离流动形态过渡

区域能够获得更为良好的计算结果，特别是在分离区域近壁面位置能够及时体现
WMLES 性质 [109-112]，因此适用于分析剪切层分离–再附效应主导的结冰失速分
离问题。张恒等 [113] 采用该方法研究了结冰翼型失速阶段分离泡的拉伸–膨胀历
程，胡书凡等 [114,115] 厘清了角冰/冰脊诱导剪切层的失稳及旋涡脱落模式。肖茂
超等 [42] 结合不同亚格子应力模型分析了角冰/冰脊影响下的翼型失速分离流场，
精细刻画了剪切层涡结构的生成演化模式 (图 1-13)。包朔旸等 [116] 将该方法延
拓到结冰翼型气动噪声的分析研究工作当中。谭雪等 [117,118] 识别了冰脊触发分
离的非定常模态特征。Stebbins 等 [119] 基于该方法开展了 CRM65 结冰后掠翼的
气动特性预测，部分验证了数值方法刻画展向横流效应主导下基本分离特征的能
力。表 1-1 统计了现阶段基于 DES 类 RANS/LES 混合方法的结冰翼型分离流场
数值模拟研究概况。

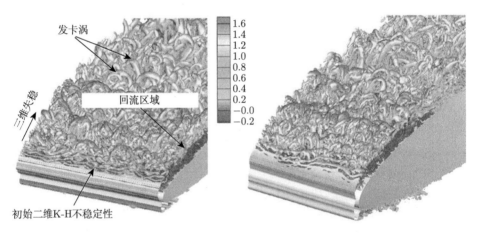

图 1-13 基于 IDDES 获得的结冰翼型分离流场旋涡结构生成演化过程 [42]

以上研究结果表明，较之于传统的 RANS 方法，RANS/LES 混合方法，特
别是以 IDDES 为代表的 DES 类方法在结冰翼型分离流场的数值预测方面取得
了重要进展，结冰状态下分离流场的计算精度不断提高，给出的特征量更加准确
和全面；所关注的问题也从定常状态下的基本气动力和宏观流场，发展到多尺度
旋涡结构的生成演化和非定常湍流脉动等细节特征。但是，鉴于结冰状态分离流
场的时空复杂度，现阶段数值模拟领域关注的物理问题还有待于进一步拓展，尤
其在分离泡的生成演化特征、流场结构与气动特性之间的关联、后掠翼结冰对分
离流场的影响机制等方面，还需要深入研究，以更加完备地认识翼面结冰后分离
流动演化和气动特性变异的物理机制，为结冰致灾机理和飞行安全防护研究服务，
也为民机适航取证验证和气动力设计工作提供支撑。

表 1-1   基于 DES 类 RANS/LES 混合方法的结冰翼型分离流场数值模拟研究概况

	翼型	冰形	马赫数	雷诺数	来流迎角	RANS/LES 混合方法
Kumar 和 Loth[96]	NLF0414	楔形冰角	0.185	1.8×10^6	$5°\sim7°$	DES97
Pan 和 Loth[97]	NACA23012	1/4 圆冰角	0.21	2.0×10^6	$3°\sim14°$	DES97
Pan 和 Loth[97]	NLF0414	楔形冰角	0.185	1.8×10^6	$0°\sim5°$	DES97
Thompson 等 [98,99]	GLC305	944 角冰	0.12	3.5×10^6	$4°\sim6°$	DES97
Lorenzo 等 [100]	M5-6	前缘角冰	0.20	3.0×10^6	$6°\sim11°$	DES/DDES
Lakshmipathy 和 Togiti[101]	NACA23012	1/4 圆冰脊	0.12	10.5×10^6	$4°$	DDES
Alam 等 [102]	GLC305	944 角冰	0.12	3.5×10^6	$6°$	DDES
Molina 等 [103]	GLC305	944 角冰	0.12	3.5×10^6	$0°\sim6°$	DDES-ΔSLA
Duclercq 等 [104]	NACA23012	EG1159 冰脊	0.20	15.7×10^6	$2°$	ZDES
Zhang 等 [105]	NACA23012	EG1159 冰脊	0.20	15.9×10^6	$2°\sim4°$	ZDES
Zhang 等 [105]	GLC305	944 角冰	0.12	3.5×10^6	$0°\sim6°$	ZDES
Costes 等 [106-108]	NACA23012	EG1159 冰脊	0.20	15.7×10^6	$2°$	ZDES
Zhang 等 [113]	GLC305	944 角冰	0.12	3.5×10^6	$6°\sim10°$	IDDES-Δmax
Hu 等 [114]	GLC305	944 角冰	0.12	3.5×10^6	$6°$	IDDES-Δmax
Hu 等 [115]	NACA23012	1/4 圆冰脊	0.21	2.1×10^6	$5°$	IDDES-Δmax
Xiao 和 Zhang[42]	GLC305	944 角冰	0.12	3.5×10^6	$6°$	IDDES-Δmax/$\Delta\omega$/ΔSLA
Xiao 和 Zhang[42]	NLF0414	623 角冰	0.21	4.6×10^6	$5.2°$	IDDES-Δmax/$\Delta\omega$/ΔSLA
Xiao 和 Zhang[42]	NACA23012	EG1159 冰脊	0.20	15.7×10^6	$2°$	IDDES-Δmax/$\Delta\omega$/ΔSLA
Bao 等 [116]	NACA23012	EG1164 冰脊	0.20	15.9×10^6	$0°\sim7°$	IDDES-Δmax
Tan 等 [117,118]	NACA23012	1/4 圆冰脊	0.20	2.0×10^6	$5°$	IDDES-Δmax

1.5   飞机结冰空气动力学/飞行动力学非线性耦合特性数值模拟研究

首先介绍国内外关于结冰对飞机飞行动力学特性影响的研究情况,由此引出传统的基于结冰气动数据库的飞行动力学仿真方法无法有效解决结冰动态增长非定常流场与非线性飞行动力学相互耦合影响的问题,这将导致评估结冰对飞机空气动力学特性与飞行动力学特性的影响不贴近物理实际、不够精确。为此,提出飞机结冰空气动力学/飞行动力学非线性耦合特性数值模拟研究方法,并介绍目前国内外在该领域所做的工作和取得的具体进展。

1.5.1   结冰对飞机飞行动力学特性的影响

研究结冰对飞机飞行动力学特性的影响,是揭示结冰对飞行安全影响规律,并进一步设计容冰保护系统的前提和基础。由于飞行试验的成本高、风险大,同时试飞的飞行状态、架次有限,无法全面分析飞机在遭遇各种结冰情形下的动力学特性。目前广泛采用飞行动力学仿真的方法分析结冰对飞机动力学特性的影响规律,并通过飞行试验或风洞虚拟飞行试验验证飞行仿真建模的精确度和可信度。

开展结冰条件下的飞行动力学特性研究,需要建立适用于飞行动力学仿真的结冰气动参数影响模型。但由于结冰的复杂性和随机性,直到现在仍然没有能够准确预测结冰后气动参数的通用模型。目前只能通过冰风洞试验、飞行试验或者数值计算而获得给定气象条件下的结冰冰形，然后通过风洞测力、试飞数据的气动参数辨识或 CFD 数值模拟等手段而获得该冰形影响下的气动数据。最后在此基础上构建不同冰形的气动数据库，根据飞行状态进行插值计算出当前状态下的气动参数。

Bragg 教授提出的一种结冰气动参量模型应用最为广泛，该模型是基于 "双水獭"(DHC-6) 飞机的结冰飞行试验数据拟合分析得到的，可表示为 $C_{A,\text{iced}} = (1 + \eta K_{\text{ice}})C_A$，其中 C_A、$C_{A,\text{iced}}$ 分别为结冰前、后飞机气动参数的值；K_{ice} 为结冰系数，反映结冰对飞机气动导数的影响，一般根据风洞试验数据或飞行试验数据辨识得到，对于给定的飞机是常值；η 为结冰严重程度因子，与气象条件有关。

采用该模型来评估结冰对气动性能的影响，具有物理意义明确、构造简单的特点，但精度还需进一步提高。后续学者不断改进该模型，为该模型注入了新的内涵。Melody 等 [120] 在该模型基础上给出了结冰严重程度因子 η 的变化率模型，该模型考虑了大气环境因素和冰累计量的影响，能够描述结冰连续增长情形下飞机气动导数随时间的变化。Pokhariyal 等 [121] 研究了 "双水獭" 飞机在机翼、平尾结冰条件下的动力学响应，提出利用控制舵面的铰链力矩来判断结冰部位，比如根据副翼铰链力矩与升降舵的铰链力矩的变化来区分机翼结冰与平尾结冰。在该文中还利用神经网络建立了冰形形状与气动参数之间的关系，并指出神经网络气动建模是一种能够取代结冰气动参量 η 模型的有效方法。

在结冰后动力学特性分析方面，Bragg 等 [122] 计算了遭遇动态结冰过程 (结冰强度 η 从 0 逐渐增加到 0.1) 的 "双水獭" 飞机在巡航状态和定常转弯状态下迎角、速度等参数的时间响应，并分析了机翼、平尾及全机动态结冰对飞行动力学特性的影响。Lampton 和 Valasek[123] 基于 Bragg 提出的模型研究了结冰影响下 Cessna 208B 飞机纵向动态响应，发现在相同升降舵偏量的情况下，结冰显著降低了飞机的爬升速率。针对结冰对横航向稳定性及操纵性的影响，Lampton 和 Valasek[124] 又提出了非对称结冰影响模型，研究了非对称结冰条件下 Cessna 208B 飞机横航向的动态响应，发现相较于均匀结冰，非对称结冰带来的附加力矩导致横航向稳定性降低，对飞行安全造成较大威胁。Cunningham[125] 基于 Matlab/Simulink 建立了商用喷气客机在结冰时变条件下的飞行动力学仿真模型，分析了结冰对纵向和横航向飞行品质、配平特性的影响。Sharma 和 Voulgaris[126] 分析了结冰对 "双水獭" 飞机自动飞行控制系统工作条件下的影响。Sibilski 等 [127] 研究了结冰对 TS-11 Iskra 飞机爬升过程的影响，并指出由于结冰飞机从水平飞行转为爬升时容易出现失速，而此时的法向过载接近 1，飞行员很难能够察觉。

国内在该方面的研究起步较晚，通常是借鉴国外提出的相关模型进行结冰后飞行动力学特性的分析。曹义华教授团队 [128] 采用结冰气动参量模型，对飞机结冰后飞行包线和动稳定性进行了计算分析。王明丰和王立新[129]研究了机翼、平尾及全机积冰三种情形对飞机纵向操稳特性的影响。张强等基于结冰参量模型，分析了结冰对飞机的模态特性和动力学响应的影响[130,131]。车竞等[132,133]对构建的大型飞机在机翼结冰条件下的飞行动力学特性进行了研究，并分析了全局稳定性。空军工程大学的徐浩军团队对平尾结冰[134]、非对称结冰[135]下飞机飞行动力学特性进行了分析；提出了飞机结冰后大迎角条件下非线性气动力的建模方法，并对飞机在不同升降舵脉冲信号作用下的动态响应进行了分析[136]。

1.5.2 飞机气动/运动耦合动力学特性的数值模拟研究

通过以上的描述可以看到，现有研究工作通常是把结冰之后的空气动力学和飞行力学解耦，即是基于气动力数据库的飞行动力学仿真。具体方法是通过静动态的数值模拟或者风洞试验，建立结冰条件下气动力、力矩系数关于迎角、侧滑角、舵面偏角、马赫数、雷诺数等参数的静动态气动数据库。然后基于气动代理模型进行飞行力学仿真，飞行过程中的气动力及力矩系数由静动态气动数据库插值得到。该方法虽然在气动代理模型中加入了动导数项，在一定程度上考虑了非定常效应，但本质上仍是一种基于线性叠加原理的准定常方法。该方法无法适用于飞行器处于强非线性、非定常流场的情形，且未深入考虑非定常空气动力学和飞行动力学之间的相互耦合作用。

通常研究飞行器气动/运动耦合特性的方法有以下三种：①虚拟飞行试验[137]；②风洞自由飞试验[138]；③基于 CFD 的气动/运动等多学科耦合的一体化数值模拟，即"数值虚拟飞行"技术[139]。前两种方法通过试验手段能较为真实地模拟飞行器机动飞行过程，得到更为准确的动态气动特性，然而试验技术十分复杂，难度较大。随着 CFD 基础理论和算法的发展，数值虚拟飞行已成为当前 CFD 研究领域的热点。

目前，关于飞行器气动/运动耦合特性数值模拟的研究常见于流固耦合中的气动弹性[140-143]、外挂物投放、整流罩分离[144-148]等多体相对运动的应用中。该方面的研究为结冰条件下飞机气动/运动耦合特性的研究提供了很好的思路。接下来着重介绍国内外在该领域的研究进展情况。

国外自 20 世纪 80 年代起就开展了飞行器气动/运动耦合数值模拟技术方面的研究，至今已取得了较大的进展。2007 年，美国国防部高性能计算现代化计划实施投资 3.6 亿美元的 CREATE 项目。研究人员通过该项目开发了固定翼飞机虚拟模拟工具 Kestrel 软件[149]，实现了固定翼飞机空气动力学、结构动力学、飞行动力学、发动机推进等多学科的一体化耦合模拟，其结构框架如图 1-14 所示。基于该软件，在不考虑舵偏的情况下对 F22 飞机的快速拉升及失速过程进行了模拟[150]，通过与飞行数据的对比，发现模拟结果准确度较高。欧洲国家也开展了针对数值虚拟飞行技术的研究工作。英国的 Allan 等 [151] 对某标模在给定舵偏规律下的自由俯仰运动进行了模拟；德国宇航中心 (DLR)SikMa 项目组利用已有的非结构网格流场求解器 TAU 耦合飞行动力学计算模块、结构力学计算模块，开发了模拟飞机机动飞行的数值计算软件。基于该软件模拟了考虑气动弹性效应的 X-31 攻角保持和自由滚转机动飞行过程，并与实验结果进行了对比 [152]。

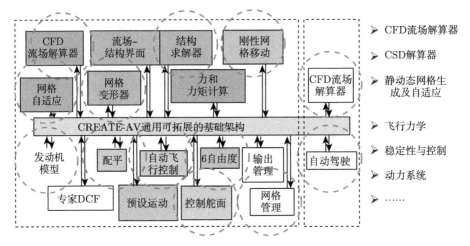

图 1-14   Kestrel 软件的体系结构设计

国内关于该领域的研究虽然起步较晚，与国外存在差距，但也取得了一定的进展。在非定常气动力计算和飞行动力学方程耦合求解的研究方面，国防科技大学的刘伟和张涵信对细长三角翼的自激滚转振荡 [153]、飞行器的多自由度耦合摇滚运动 [154] 进行了模拟；北京航空航天大学的阎超等 [155] 对返回舱、带翼导弹的动态特性进行了数值模拟；中国航天空气动力研究院的杨云军等 [156] 基于数值虚拟飞行技术研究了三角翼在滚转和侧滑两自由度下的耦合运动特征。中国空气动力研究与发展中心的张来平等 [157-160] 系统论述了虚拟飞行中气动、运动和控制耦合的数值模拟技术，指出动态网格的生成、高精度湍流模拟方法及耦合求解算法是该技术的难点，并给出了典型的气动/运动/控制耦合计算流程，如图 1-15 所示。他们还对三维纯锥超声速自由飞 [161]、导弹 [162,163] 闭环控制条件下的机动飞行过程进行了模拟。

图 1-16 给出了动态结冰条件下空气动力学和飞行力学的闭环耦合作用过程。冰形的不规则增长变化改变了流场结构，导致气动力与力矩的异常，进而改变了飞行动力学特性，使得飞机飞行姿态发生变化；而飞行姿态 (如迎角) 的改变会导致流场结构发生新的变化，反过来又会影响结冰的动态增长过程。因此，动态结冰条件下飞机的机动飞行模拟本质上是空气动力学与飞行力学两者的耦合。应用

传统的研究方法，无论是理论分析、结冰风洞试验，还是数值计算，想要准确预测和模拟都十分困难，这就需要借鉴上述文献中的数值虚拟飞行模拟方法开展研究。然而目前尚未看到有关结冰条件下飞机气动/运动耦合特性研究的相关报道，已开展的风洞试验仅仅是对带模拟冰形的翼型、三维机翼或整机的静态测力，缺乏对结冰条件下飞机的动态特性的深入研究，也缺少对结冰致灾机理的深入探讨。为了解决该问题，亟须对结冰条件下飞机气动/运动耦合特性进行深入研究，为分析结冰致灾机理提供理论支撑。

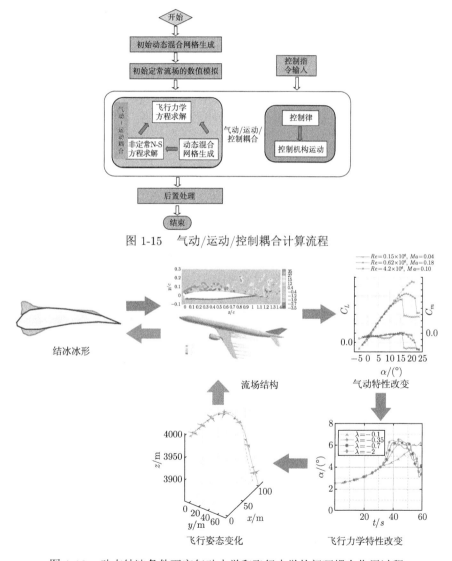

图 1-15　气动/运动/控制耦合计算流程

图 1-16　动态结冰条件下空气动力学和飞行力学的闭环耦合作用过程

1.6　飞行风险定量评估研究现状

飞行风险的量化概率是评价飞机系统安全性的重要指标。民用运输类飞机在投入市场运营时必须进行适航取证，而进行结冰符合性验证是适航审定中的重要审核内容。结冰条件下的飞行风险定量评估研究可为结冰符合性验证时 (带防除冰系统的飞机进行结冰飞行试验) 的安全性评估提供重要的方法支撑。

在飞行风险定量评估研究方面，目前国内外传统的飞行风险评估方法普遍遵循 SAE ARP 4761[164]、SAE ARP 4754A[165]、MIL-HDBK-516B[166]、MIL-STD-882E[167] 等飞机系统安全性设计规范中推荐的方法，但这些方法大多为基于部件故障率的静态可靠性评估和安全性指标分配，在评估飞行过程中的飞行风险方面具有明显的局限性：此类方法基于确定性模型进行静态故障率分析，没有综合考虑人–机–环复杂系统的随机性与不确定性，不能动态评估飞行风险。基于模型的系统工程 (Model-Based Systems Engineering, MBSE) 方法被国内外广泛应用。该思路为飞行风险的量化评估提供了解决途径，即通过建模仿真的手段对飞行风险发生概率进行量化。

欧美等国家十分重视基于建模仿真技术的飞机安全性研究工作。如图 1-17 所示，波音、空客等航空巨头在飞机设计研制阶段就运用飞机安全性建模与仿真等手段开展飞机级和系统级功能危险的推演 [168]。该方法目前已应用于波音 777、787 及空客 A380 的设计研制中。俄罗斯、乌克兰等飞机设计部门同样十分重视飞机安全性建模仿真，形成了一套成熟的理论、方法和软件。俄罗斯的 В.С.Ибаноб 教授团队提出了飞行风险小概率定量评估方法 [169]。俄罗斯的 Burdun Ivan[170] 认为：开展航空器飞行安全建模与仿真能够显著优化飞机安全性设计流程，缩短设计研制周期，避免反复迭代设计造成资源的浪费；基于地面虚拟试飞手段，对真实试飞过程中难以完成的复杂边界状态进行安全性仿真验证，能够形成经过系统验证、更为精确和安全的飞行包线。他和团队开发了基于 "虚拟样机、虚拟试验与评估 (VP、VT&VE)" 的飞机安全性评估软件 "VATES"，该软件已推广应用于多个飞机型号的安全性设计中，但其核心技术对外严格封锁。国内通常采用 SAE ARP 4761 中推荐的方法如贝叶斯网络 [171]、故障树建模分析 [172]、马尔可夫链 [173] 等进行飞机安全性评估，研究内容局限于飞机系统功能失效后的风险分析。

针对结冰条件下的飞行风险量化评估问题，Zeppetelli 和 Habashi[174] 利用 CFD 数值模拟手段计算了结冰导致气动特性的恶化程度，并以最大升力系数、升力线斜率及失速迎角等气动参数的改变量为量化指标来评价飞行风险。该方法具有一定的局限性，因为飞行风险的发生伴随着关键飞行参数的超限，需要从飞行动力学的角度进行分析评估，而气动特性的变化最终影响的是飞行力学

图 1-17　A380 飞机安全性建模与综合虚拟设计

特性。本书作者所在的课题组长期从事飞行安全的研究工作，提出了基于人–机–环复杂系统仿真的飞行风险定量评估理论与方法[175,176]。针对结冰条件下飞行风险的定量评估问题，充分考虑了结冰的随机性和不确定性，提出采用蒙特卡罗飞行仿真实验提取飞行参数极值，基于多元极值理论评估飞行风险[177-179]的方法。

1.7　风洞虚拟飞行试验技术研究现状

国外开展风洞虚拟飞行试验技术研究起步较早，美、英、俄等均在这方面开展了比较深入持续的研究工作。

阿诺德工程中心和美国海军武器试验基地[180]基于 8 钢索张线支撑系统开展了 BOA 导弹高速风洞虚拟飞行试验，得到的俯仰、偏航、滚转速度时间历程与实际飞行试验中所获的结果具有较高的相似度。这属于高速范畴的试验工作，此处不再赘述。

布里斯托尔大学 Lowenberg 和 Kyle[181] 在 1.1m 开口风洞开发了摆式支撑装置，针对 Hawk 模型进行了单自由度 (DOF) 及两自由度 (2DOF) 俯仰运动研究 (图 1-18)，发现了非线性极限环振荡现象，并对该动态现象进行了建模与验证。随后，Rachardson 等[182]采用动态增益策略对 Hawk 模型进行纵向反馈控制，改善了其整个试验迎角区间的动态响应特性。

随后，布里斯托尔大学 Gatto 等[183] 在 9 英尺 ×7 英尺闭口风洞分别采用 3DOF 机构和摆式支撑，针对 M2370 飞机动力相似模型开展了动态试验 (图 1-19)，模型内置 3DOF 转动轴承 (图 1-20)，外连支杆和六分量动态天平，通过天平测力测量模型静态气动力，通过参数辨识的方法获得静态和动态稳定性导数。随后，Gatto 又基于 2DOF 摆式机构开展了同样的工作。

图 1-18　Hawk 模型开口风洞 2DOF 虚拟飞试验

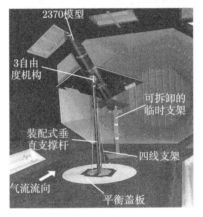

图 1-19　布里斯托尔大学 3DOF 动态试验装置

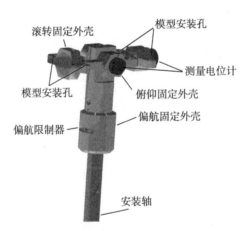

图 1-20　布里斯托尔大学 3DOF 转动轴承

　　布里斯托尔大学 Pattinson 等 [184,185] 在 2.1m×1.5m 闭口风洞建立了 5DOF 机动装置 (图 1-21)，开展了多体动力学建模与仿真，进行了单自由度及多自由度组合动作的试验模拟，并对非线性迎角区间的横航向偏离特性进行了系统研究。

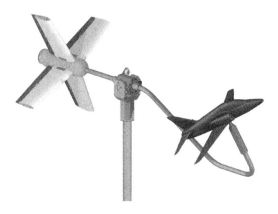

图 1-21 布里斯托尔大学 5DOF 机动模拟试验装置

俄罗斯 T-203 风洞的 "Shtopor-203" 试验装置 (图 1-22) 也可实现模型俯仰、偏航及滚转三个转动自由度的运动[186]。俯仰、偏航运动通过安装在模型内部的双轴节实现,而滚转运动 (绕风轴) 由与模型连接的小支杆带动模型一起滚动来实现。该装置特点是能够在大迎角下绕速度矢旋转,可以在水平风洞中开展飞机大迎角失速偏离、尾旋发展过程以及尾旋改出方法研究。

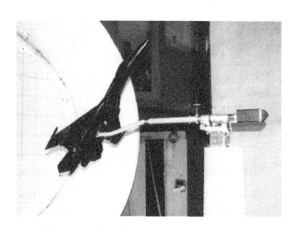

图 1-22 俄罗斯 "Shtopor-203" 试验装置

俄罗斯 TsAGI 近期在 T-103 风洞发展了背撑 3DOF 的动态模拟试验装置 (图 1-23),用于开展大迎角飞行状态下机翼摇滚现象及其控制技术研究[187]。除了开展 3DOF 试验测试以外,该装置还可以用于任意单自由度或者 2DOF 组合的动态试验测试项目。该 3DOF 球铰可以替换为应变天平,用于在同一风洞中开展静态测力和强迫振荡试验数据,以建立气动力模型,为开展控制律设计、非线性仿真和 3DOF 虚拟飞行试验提供支持。

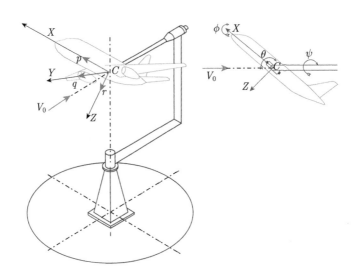

图 1-23   TsAGI T-103 风洞 3DOF 动态试验装置

国内开展民机操稳特性和飞行控制系统性能验证通常依靠真机试飞或模型飞行，风洞虚拟飞、风洞自由飞等动态试验技术研究相对起步较晚。2013 年以来，中国空气动力研究与发展中心低速空气动力研究所、中国航空工业空气动力研究院、南京航空航天大学等单位先后发展建立了风洞模型虚拟飞行试验技术，并在多种布局、型号上得到应用。

1.8   研究工作简介

本书是国家重点基础研究计划 (“973” 计划) 项目 “飞机结冰致灾与防护关键基础问题研究” 子课题 “结冰状态下空气动力学和飞行力学特性及对飞行安全影响机理研究” 空气动力学研究部分的工作总结。本书以飞机结冰状态动力学特性与飞行安全为研究主题，从研究内容上可划分为四部分。

第一部分为第 1 章。具体阐述了研究结冰问题的背景意义和相关研究现状。详细介绍了飞机结冰的特征和致灾机理，阐述了翼面结冰分离流动演化特征、气动特性及分离流场数值模拟、空气动力学/飞行动力学非线性耦合特性、飞行风险定量评估及风洞虚拟飞行试验技术等学术问题的国内外研究现状。

第二部分为第 2~4 章。构建了具有工程背景的大型客机后掠翼结冰模型，建立了精细的结冰飞机复杂分离流场数值模拟方法，从多尺度剪切层涡系生成演化规律的角度出发，揭示了决定翼型结冰状态分离泡结构特征的共性机制，阐释了后掠翼结冰状态涡系结构–分离特性–失速形态之间的内在关联；从复杂流场分析方法、典型结构演化机理、失速分离特征规律三个方面为飞机结冰致灾空气动力学研究提供支撑。

第三部分为第 5~9 章。构建了结冰条件下人机闭环系统的仿真模型，采用极值理论定量评估结冰情形下的飞行风险，为结冰情形下飞机系统安全性分析提供了有效的研究手段；搭建了结冰分布式飞行仿真系统，对典型结冰飞行场景和飞行事故进行了仿真模拟，为结冰飞行状态的预防与改出培训提供了验证平台。

第四部分为第 10~13 章。设计了风洞虚拟飞行试验系统，完成了背景飞机动力学相似模型的构建、风洞虚拟飞行动力学建模及飞行控制律的设计，在此基础上开展了背景飞机带模拟冰形风洞测力试验和虚拟飞行试验，获得了大量试验数据，可为飞机结冰条件下的动力学特性及安全研究提供参考。

第 2 章　结冰状态复杂分离流场
及空气动力学特性分析方法

结冰状态单点复杂分离流场细节的精准刻画与多工况序列宏观气动特性的高效预测对数值方法精度/效率的需求存在本质差异。本章针对典型民机翼型前缘结冰状态下的失速分离问题，基于不同湍流模拟方法/空间离散格式，结合网格敏感性分析方法，建立与不同尺度空气动力学问题协调匹配的基本方法手段。根据数值模拟结果对结冰诱导分离流场的基本特征进行初步探讨。

2.1　前缘角状冰翼型计算模型

针对 GLC(Gates Learjet Corporation)305 翼型前缘双角冰 (944 冰形) 状态下的分离流动问题开展数值模拟研究，该算例是结冰气动影响分析研究领域的经典算例之一。GLC305 翼型是 Learjet 55 系列之后公务机 (图 2-1) 主翼采用的典型控制剖面 [188]，具备显著的高亚声速巡航几何特征，最大厚度约为 8.7% 。翼型前缘冰形根据 FAA FAR25 部附录 C 规定的结冰适航认证条款，基于 NASA 格伦研究中心的结冰研究风洞 (IRT) 试验获得 [189]，结冰条件如表 2-1 所示。生成的典型双角冰上下角状结构与翼型表面近似垂直，高度分别约为翼型弦长 c 的 3% 和 2% 。带冰翼型几何形状如图 2-2(a) 所示。针对该翼型–冰形组合的分离流场及气动特性变化特征，Addy 等 [189] 和 Broeren 等 [40] 基于 NASA Langley 研究中心的低湍

图 2-1　Gates Learjet 60 公务机

湍流度风洞 (LTPT) 开展了一系列试验, 不仅得到了完备的气动力/平均流场/压力分布等宏观结果, 并且对临界失速状态下的速度分布/湍流脉动分布/边界层参数进行了精细测量, 为数值模拟方法的评估验证提供了丰富的数据参考。风洞试验模型干净翼型弦长 $c = 0.9144\mathrm{m}$, 贯穿截面尺寸为 $0.9144\mathrm{m} \times 2.286\mathrm{m}$ 的二元试验段, 前缘安装有可拆卸的准二维钢质冰模, 如图 2-2(b) 所示。

表 2-1　944 冰形结冰条件 [189]

来流速度	来流迎角	过冷水滴粒径	液态水含量	结冰温度	结冰时长
90m/s	4°	20μm	0.54g/m³	272.0K	22.5min

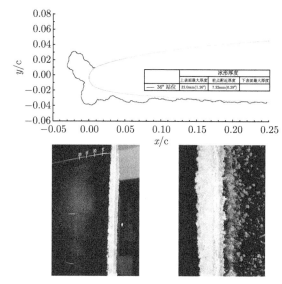

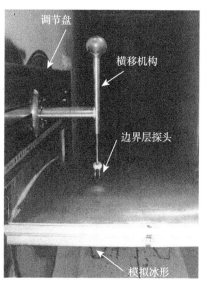

(a) GLC305翼型-944冰形[189]　　　　(b) LTPT风洞试验[40]

图 2-2　GLC305 翼型-944 冰形及 LTPT 风洞试验

Chi 等 [63] 较早地基于 RANS 方法完成了该结冰翼型宏观气动特性的分析研究, Thompson 和 Mogili[98] 以及 Mogili 等 [99] 首先开展了基于 DES97 方法的数值模拟, 提出了将冰角高度与关注区域单元尺度相互关联的网格设计思路, 就混合方法的网格敏感性开展了系统的对比分析。近年来, 有代表性的 RANS/LES 数值模拟研究包括 Alam 等 [102] 基于 DDES 及 DHRL 的工作, Zhang 等 [105] 基于 ZDES 的工作, 胡书凡等 [114] 和肖茂超等 [42] 基于 IDDES 的工作, 不仅系统全面地校核评估了不同类型 RANS/LES 混合方法刻画结冰翼型分离流场时均统计量的可靠性, 并且将研究领域延拓至湍流脉动效应、动力学模态等流场非定常特征的精细模拟分析。上述工作在混合方法的改进及应用策略、复杂构型计算网格的构造、高阶空间格式的应用等方面, 为本书开展的相关研究提供了重要的参考借鉴。

2.2　翼型结冰状态多块结构化计算网格

不同于常规流场计算分析问题网格物面边界光滑平整、次要特征通常可以简化或忽略的特点,结冰冰形通常在翼型前缘形成凸起结构,外形高度不规则,并且,由于冰形局部突起乃至粗糙度等因素均会在一定程度上对翼型气动特性产生影响,计算网格的生成不仅要求精确描述冰形高度/张角等基本几何参数,并且要求尽量保留复杂冰形细节,这对计算网格生成策略提出了特殊要求。结合 Spalart[190] 提出的 RANS/LES 混合方法计算网格生成原则,适用于翼型结冰状态分离流场计算分析的多块结构化计算网格生成,应当综合考量下列因素:①复杂冰形特别是冰角后方的网格细化及正交程度;②翼型上表面分离流动核心区域各向同性网格的覆盖范围及单元尺度;③近壁面网格向空间网格的过渡形式及增长速率。

基于 C 型拓扑生成三维多块结构化网格。近场/远场计算域由两层拓扑块定义,近场区域为环绕翼型的内层拓扑块,厚度约为 $0.5c$,具备块体向右上方倾斜、流向控制线与剪切层涡系结构输运方向相适应的特点。冰形及翼型前缘附近的分块策略是以当地几何不连续点为基准切割拓扑块,在如实反映冰形细节特征的前提下尽可能简练地完成剖分。各控制线基于样条函数生成,依据当地几何特征调整线型垂直物面,从而提升不规则边界前提下的网格正交性。翼型中后部法向各控制线与流向控制线垂直,以保证分离区域网格单元质量。外层拓扑块延伸到远场,厚度为 $15c \sim 20c$。计算域展长按照失速过程中分离泡的最大可能高度定义选取为 $0.5c$。计算域网格拓扑如图 2-3 所示。

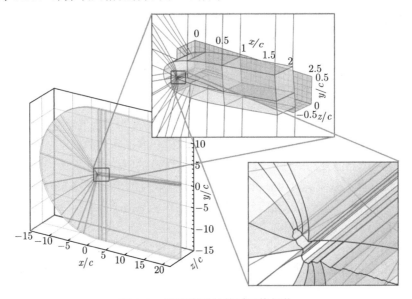

图 2-3　结冰翼型计算域网格拓扑

网格结点的设置基于精细捕捉不同迎角下分离流场结构的需求,参考 Thompson 和 Mogili[98] 基于 DES97 方法的计算域划分形式,在翼型上表面内层块布置各向同性网格单元,同时在关注分离区域及远离壁面区域可能扩张的前提下尽可能保证冰角后方的网格密度。该算例分离区域内主要旋涡结构的扰动波长由上冰角高度 H 决定,本算例中 $H = 0.04c$,则分离区域网格单元尺度应当小于 $0.008c$。根据上述网格生成策略,基于当前拓扑形式生成 4 套网格开展网格敏感性分析,分离流动核心区域各向同性单元尺度分别为 $1/4H(0.01c)$、$1/8H(0.005c)$、$1/12H(0.003c)$ 和 $1/20H(0.002c)$;近壁面首层网格高度取 $10^{-5}c$,法向拉伸率取 1.05,以保证壁面附近 y^+ 值不大于 1;近壁面至空间过渡区域内网格按照光滑平缓增长原则生成,具体网格参数如表 2-2 所示,网格空间截面对比情况如图 2-4 所示。

表 2-2　不同分辨率计算网格特征量

计算网格	特征量			
	流向 结点数	展向 结点数	各向同性 单元尺度	结点总数
粗网格	117	63	1.0%	3.0×10^6
中网格	225	101	0.5%	1.6×10^7
密网格	309	153	0.3%	3.9×10^7
极密网格	457	249	0.2%	8.8×10^7

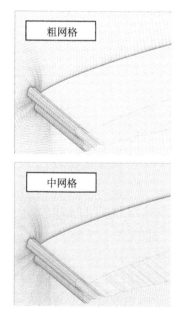

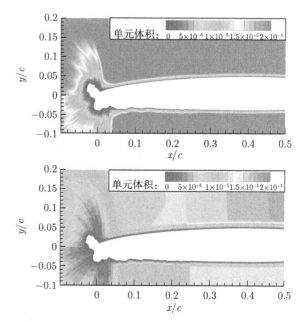

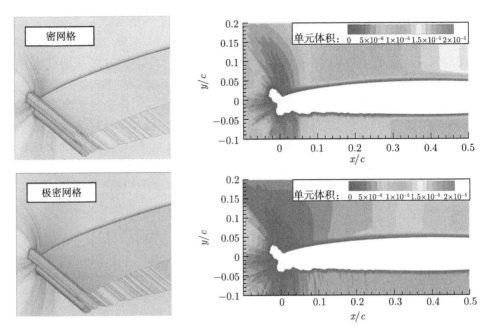

图 2-4　结冰翼型前缘多块结构化计算网格空间截面及单元体积分布

2.3　基于 RANS 方法的结冰翼型宏观气动特性分析

本节结合 k-ωSST 两方程湍流模型及三阶 Roe-MUSCL 空间格式开展宏观气动特性分析,以期评估 RANS 方法关于结冰翼型失速特性的模拟能力及适用情况,并为后续 RANS/LES 方法的应用先期提供计算网格基础。由于 RANS 方法对计算网格密度的要求相对较低,选用 2.2 节构造的粗、中、密三套网格开展宏观气动特性分析研究,计算条件参照 LTPT 风洞试验[40] 选取,自由来流马赫数 $Ma = 0.12$,基于翼型弦长的雷诺数 $Re = 3.5 \times 10^6$;计算来流迎角序列 $0° \sim 10°$,线性段状态点间隔 $2°$,失速点附近间隔 $1°$。针对各状态点开展定常 RANS 计算,直到各气动力分量收敛曲线均出现小幅周期性规律波动,输出波动起始后 500 步的气动力平均值。各状态点迭代步数为 10^3 量级,完成全部序列计算分析所需的总迭代步数不超过 10^4,耗费总计算核时数为 10^3 量级。图 2-5 给出了计算网格分辨率对结冰翼型纵向气动特性计算分析结果的影响,表 2-3 对典型失速特征量的预测结果进行了统计。

风洞试验结果显示,该结冰翼型失速迎角仅为 $7°$,最大升力系数仅为 0.7 左右,升阻比降至个位数,并且早至 $4°$ 即出现低头力矩值的异常增加现象,气动特性相对于干净翼型全面恶化。粗网格仅能在升力/力矩的线性段获得与试验值较为接近的结果,但预测得到的失速迎角及最大升力系数的误差均达到 30% 左右,并且错误估计了失速后气动特性的变化趋势。但当分离区域各向同性单元尺度降

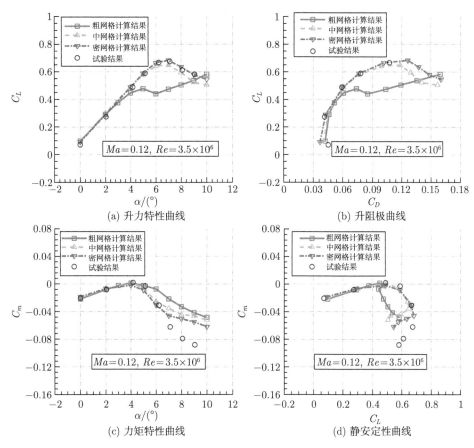

图 2-5　计算网格分辨率对结冰翼型纵向气动特性 RANS 计算分析结果的影响

表 2-3　计算网格分辨率对结冰翼型失速特性 RANS 计算分析结果的影响

| | 特征量 | | | | | |
	失速迎角	失速迎角误差	最大升力系数	最大升力系数误差	力矩拐点	力矩拐点误差
试验值	7°	—	0.67	—	4°	—
粗网格	5°	28.6%	0.48	28.4%	4°	—
中网格	7°	—	0.65	3.0%	4°	—
密网格	7°	—	0.68	1.9%	4°	—

低至 Spalart 的推荐值以下时, 数值结果不仅能够较为准确地指示失速迎角/最大升力系数/力矩拐点等特征量, 并且能够在一定程度上反映过失速状态下的升力变化特征, 但对大迎角力矩特性的预测结果仍然存在偏差。此时中网格/密网格获得的气动力结果已经较为接近, 能够体现网格收敛特性。

图 2-6 以 u 向速度分布的形式, 给出了计算网格分辨率对不同迎角状态下结冰翼型分离泡结构的预测结果的影响。对于 2° 以下的小迎角状态, 翼型上表面分

离泡尺度相对较小,高度与冰角相当,再附位置较为靠前,不同密度网格所预测的分离泡形状、体积、涡核位置和再附点等都较为接近。随着分离泡体积随迎角的持续增长,再附位置逐渐推后,从 4° 迎角开始,粗网格获得的分离泡结构及再附点与其余两套网格出现了明显偏差,6° 失速临界迎角时,获得的分离泡高度偏低、再附位置靠近翼型后缘,这表明过于稀疏的网格单元分布低估了分离流动的再附效应;中网格/密网格结果则基本一致,呈现了长度约为 1/2 弦长的大尺度分离泡结构,但获得的再附位置仍然在一定程度上较为接近后缘。上述分离泡结构的预测结果,与 LTPT 风洞试验速度分布测量结果 [40] 以及 Thompson 和 Mogili 基于 DES97

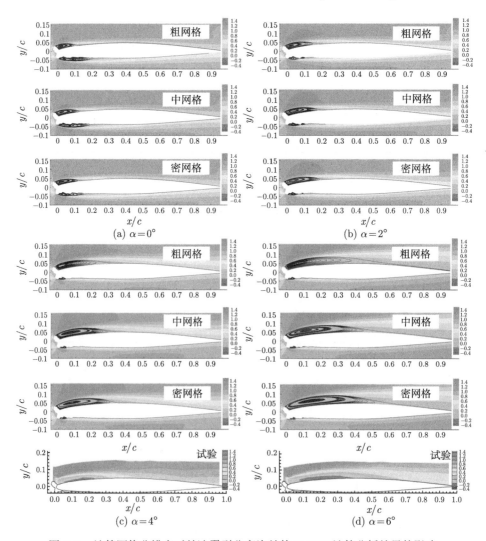

图 2-6　计算网格分辨率对结冰翼型分离泡结构 RANS 计算分析结果的影响

方法获得的数值解 [98] 相吻合，表明 RANS 方法在失速临界迎角之前具备预测分离泡体积增加、再附位置弦向推进的分析能力。上述结果表明，结合适当的计算网格及计算策略，RANS 方法能够在结冰翼型失速点附近取得相对良好的宏观气动特性预测结果，湍流模拟方法的局限性主要体现在大迎角状态，这与 Stebbins 等 [60] 的结论基本一致，也与第 2 章数值结果相吻合。

图 2-7 进一步统计了计算网格分辨率对分离泡再附点及高度计算分析结果的影响，图 2-7(a) 还提供了 0° 和 4° 迎角下基于粒子图像测速 (Particle Image Velocimetry，PIV) 试验获得的再附位置。表明 RANS 方法在中小迎角下能够正确刻画再附点随迎角的变化趋势，获得基本满足二次函数分布的预期增长规律。结合图 2-7(b) 给出的分离泡最大高度变化特征来看，中网格和密网格获得的分离泡几何特征量具备良好的一致性，数值结果能够体现网格收敛特征。

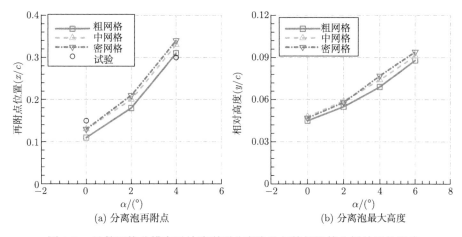

(a) 分离泡再附点　　　　　(b) 分离泡最大高度

图 2-7　计算网格分辨率对结冰翼型分离泡几何特征计算分析结果的影响

图 2-8 反映了计算网格分辨率对结冰翼型压力分布计算分析结果的影响，虽然 RANS 方法在不同迎角下获得的梯度普遍体现前缘峰值–急促恢复的基本特征，均难以刻画表征分离泡存在的压力平台；但仍然呈现出随着网格分辨率增加，压力恢复过程逐渐和缓而更加贴近平台形态的特点，能够在一定程度上反映分离泡影响下压力分布随迎角的变化规律。图 2-9 体现了计算网格密度对结冰翼型展向涡量分布计算分析结果的影响，表明在当前涉及的网格分辨率下，RANS 方法均以涡层形式对失稳剪切层进行模化，无法识别湍流流场的多尺度旋涡结构；网格分辨率增加对流动模拟效果的影响主要体现在，进一步提升了拖曳剪切层长度及其影响范围，从而间接地反映了剪切层涡系对下游流动的影响。因此，针对旋涡输运和扩散影响有限、剪切层失稳后迅速再附的中小迎角状态，RANS 方法尚能够提供相对接近试验值的宏观数值结果。

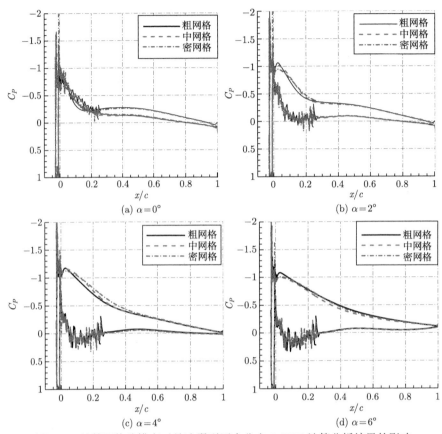

(a) $\alpha = 0°$　　　　　　　　　　　(b) $\alpha = 2°$

(c) $\alpha = 4°$　　　　　　　　　　　(d) $\alpha = 6°$

图 2-8　计算网格分辨率对结冰翼型压力分布 RANS 计算分析结果的影响

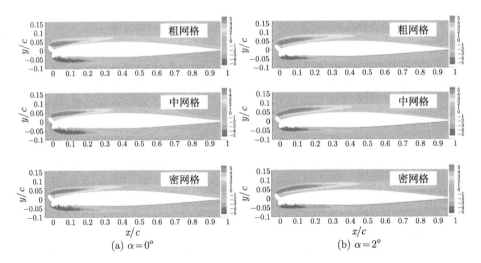

(a) $\alpha = 0°$　　　　　　　　　　　(b) $\alpha = 2°$

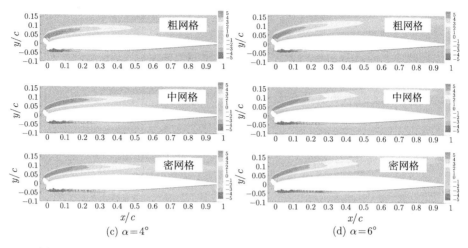

图 2-9 计算网格密度对结冰翼型展向涡量分布 RANS 计算分析结果的影响

综上所述,由于 RANS 方法通过模化分离流场中的全部湍流信息获得数值解,而非统计湍流结构非定常过程的统计平均效应,因此在空间湍流特征影响有限的前提下,针对复杂结冰构型的长序列、多工况计算分析工作,RANS 方法能够基于有限的计算资源,以较高的效率描述宏观分离流场概貌,反映空气动力学特性随冰形–翼型/机翼几何特征及自由来流条件的变化规律,同时也能够为 RANS/LES 混合方法等更精细的湍流模拟方法在进一步流动机理研究中的应用建立基础。

2.4 基于 RANS/LES 混合方法的结冰翼型临界失速分离流场分析

结合 LTPT 风洞 PIV 试验及上述数值模拟结果,6° 失速临界迎角时流场由典型大尺度分离泡主导,支配该流动结构的剪切层失稳及湍流涡结构生成演化过程呈现出强烈的多尺度特征,此时 RANS 方法已不再适用于流动细节的捕捉与刻画。由于 IDDES 具备较强的 WMLES 特征,就构造原理上适宜分析剪切层分离–再附主导的结冰翼型分离流动,本节首先基于 RANS 及 IDDES 开展湍流模拟方法影响对比分析研究,在此基础上探讨与 RANS/LES 混合方法相匹配的空间格式及网格分辨率,形成基于 RANS/LES 混合方法精细分析结冰状态翼面湍流分离流场的数值模拟研究策略。

2.4.1 湍流模拟方法影响分析

网格敏感性分析结果表明,基于 RANS 获得的宏观流场解关于中网格基本收敛,因此本节在此基础上结合三阶 Roe-MUSCL 空间格式开展湍流模拟方法影响分析，对比 URANS 及 IDDES 关于分离流场细节特征的模拟能力。非定常无量纲时间步长 $\Delta t^* = U_\infty \Delta t / l$ 设置为 0.0025，等价物理时间步长 $\Delta t = 0.067\text{ms}$，完成单一状态计算所耗费总核时数即达到 10^4 量级。

图 2-10 给出了不同湍流模拟方法获得的结冰翼型平均流场速度分布及压力分布与试验结果的对比情况，根据自由来流 u 向速度归一化。图 2-10(a) 中的 PIV 试验结果显示了临界失速条件下冰角后方的典型大尺度分离泡结构，主要回流区域位于 $x/c = 0.1$ 与 $x/c = 0.4$ 之间，其轮廓由零速度等值线刻画，定义零速度等值线与壁面交点为时均再附点位置，则分离流动于 $x/c = 0.53$ 处完成再附。尽管 RANS 能够取得与试验值吻合良好的宏观气动力结果，但基于模化获得的速度分布与 PIV 之间仍然不可避免地存在差异，即预测得到的分离泡回流区域较试验结果偏小，回流速度恢复到来流速度的历程较长，并且指示的再附位置不够明确，表明完全模化低估了外部流动与回流区域之间的混合效应。相应地，IDDES 预测得到了形貌特征更为接近试验的分离泡结构，并且在 $x/c = 0.6$ 附近捕捉到了明确的再附位置，但关于再附效应和回流强度的估计仍然不足，导致分离泡体积略大于试验结果。图 2-10(b) 所示的风洞测压结果体现了大尺度分离泡影响下的典型压力平台特征，压力平台在 $x/c = 0.2$ 附近逐渐恢复，表征了分离流动的再附过程。RANS 不仅未能反映压力平台的存在，前缘峰值也低于压力平台高度，伴随相对陡峭的压力恢复过程；IDDES 则获得了略长于试验结果的压力平台，以及与试验相当的压力恢复过程，但高度值仍然接近 RANS 结果。下表面锯齿状的压力分布指示了当地不规则积冰触发的局部弱分离，两种方法同试验结果的吻合程度均相对良好。

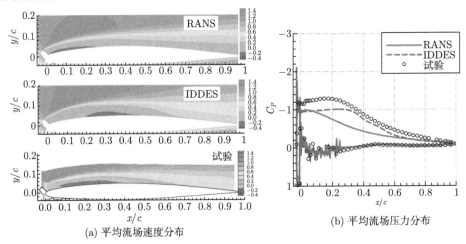

(a) 平均流场速度分布　　　　　　　(b) 平均流场压力分布

图 2-10　不同湍流模拟方法获得的结冰翼型平均流场速度分布及压力分布与试验结果的对比

图 2-11 给出了不同湍流模拟方法于 $x/c = 0.15/0.40/0.60/0.75$ 站位获得的平均流场 U 向速度型对比情况。图 2-11(a) 刻画了冰角后方分离泡核心区域附

近的强回流特征。相对 RANS 而言，IDDES 获得的速度法向恢复历程出现了异常迟滞，回流区域高度较试验值更大，同时壁面附近速度分布的预测结果也较差。图 2-11(b) 反映了翼型中部临近再附区域回流程度减弱、线性趋势增强的速度分布。IDDES 速度型相对试验结果整体向负方向平移，仍然较 RANS 表现出了更强的回流趋势。由于上述区域剪切层涡系处于初始生成阶段，流动结构尺度相对较小，一定程度上呈现类涡层特征；因此在计算网格及空间格式分辨率较低的前提下，完全的湍流模化方法反而能够取得更为理想的预测效果。表明虽然 IDDES 较 RANS 描述湍流涡结构的方式更为接近物理事实，但相应地需要结合高阶空间格式和精细计算网格，才能有效地刻画旋涡运动的时间统计效应。图 2-11(c)，(d) 体现了再附点下游速度分布沿流向逐渐发展的过程。两种方法均捕捉到了再附现象，但 RANS 对速度恢复的估计相对保守，IDDES 刻画的再附特征体现得相对更为充分，后缘附近没有显著二次分离，表明数值方法有效避免了可能存在的模化应力损失 (MSD) 问题。

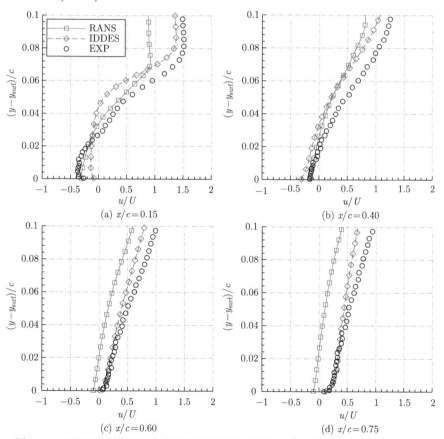

图 2-11　不同湍流模拟方法获得的结冰翼型平均流场流向各站位 U 向速度型对比

　　图 2-12 和图 2-13 分别给出了不同湍流模拟方法获得的结冰翼型瞬态流场展向涡量及 Q 等值面的分布情况，RANS 结果仍然未能识别剪切层失稳后产生的涡系结构，而当上游流动包含湍流分量时 IDDES 将激活混合函数的 WMLES 分支，能够初步反映剪切层涡脱落进入主流区域的过程，表明数值方法能够有效降低分离区域涡黏系数，增强当地湍流结构的解析能力。但冰角后方剪切层仍然拖曳至翼型中部后才显示出旋涡脱落趋势，并且解析出的湍流结构尺度相对较大，表明旋涡演化过程尚未得到足够清晰的描述，是导致数值结果分离泡体积过大、压力平台过长的直接因素。Q 等值面结果同样表明，RANS/LES 混合方法能够获得分离区域的主要三维旋涡结构，RANS 方法则无法反映以上现象；但当前的流场解析精度还不足以辨识发卡涡等典型湍流相干结构。

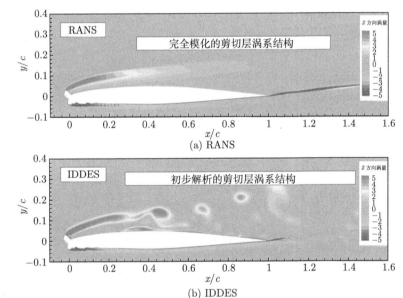

图 2-12　不同湍流模拟方法获得的结冰翼型瞬态流场展向涡量分布对比

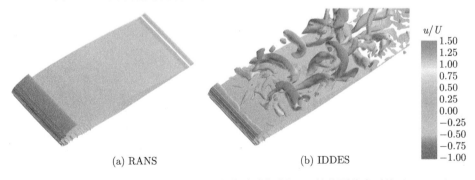

图 2-13　不同湍流模拟方法获得的结冰翼型瞬态流场 Q 等值面分布对比 ($Q = 1.0$)

总而言之，多尺度空间旋涡的生成演化过程是驱动结冰翼型分离流场的关键，由于 RANS 是基于纯粹的时均化湍流模型获取涡黏分布，流动机理的精细分析依赖于更为符合物理实质的湍流模拟方法。虽然此时分离区域网格单元尺寸已降低至 Spalart 原则以下，IDDES 方法初步实现了分离区域旋涡结构的粗略解析，但由于当前空间格式及计算网格尚未与 RANS/LES 混合方法完全匹配，数值方法还不能精确地反映旋涡运动的时间统计效应，关于近壁面速度分布等物理量的预测精度还较为有限，计算结果的改善仍然有待于空间格式精度及计算网格分辨率的进一步提升。

2.4.2 高阶空间格式影响分析

2.4.1 节计算分析结果表明，当前数值方法关于湍流结构的空间分辨率还有待提升。本节结合五阶 Roe-WENO 格式进一步开展基于 IDDES 方法的数值模拟分析研究，以确认空间格式精度提升对分离流场解的改善效果，其余计算分析方法与 2.4.1 节维持一致，完成计算分析所耗费的机时与三阶 Roe-MUSCL 格式大致相当。图 2-14(a) 的平均流场速度分布对比表明，结合 WENO 格式的 IDDES 方法有效抑制了 MUSCL 格式关于分离泡体积的过度预测现象，捕获的再附位置约为 $x/c = 0.45$，回流区域涡核位置也有一定程度前移。但是，此时分离泡体积相对试验更低，再附点附近的混合区域更为接近壁面，体现了较试验结果更为强烈的流动掺混及再附效应，同时 $x/c = 0.1$ 附近回流强度仍低于 PIV。图 2-14(b) 的平均流场压力分布对比反映 WENO 格式主要改善了压力平台相关特征的预测效果，获得了较试验结果略短/略低的平台高度及长度，但与剪切层涡生成演化紧密关联的压力恢复过程则相对陡峭，这与较为急骤的速度恢复相对应。

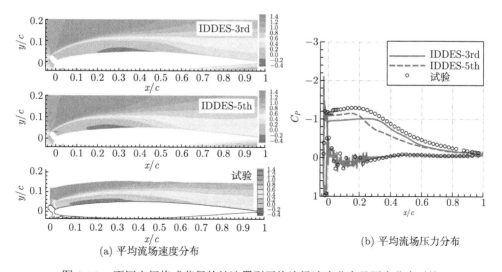

(a) 平均流场速度分布   (b) 平均流场压力分布

图 2-14　不同空间格式获得的结冰翼型平均流场速度分布及压力分布对比

图 2-15 给出的平均流场 U 向速度型对比情况表明，随着空间格式精度的提升，$x/c = 0.15$ 处预测得到的回流区域法向高度有所降低，特别是 $x/c = 0.40$ 处的近壁面速度分布结果显著改善，体现了数值方法对再附位置指示相对准确的特点，但以 $x/c = 0.60$ 和 $x/c = 0.75$ 为代表的再附区域近壁面的速度预测结果仍然大于试验值，表征了相对急促的流动再附过程。上述结果表明，基于当前计算网格，五阶 Roe-WENO 格式对时均统计量预测的提升效果主要体现于再附点邻近区域，与空间旋涡结构的分辨率直接相关，再次证明了分离流动基本形态的多尺度旋涡驱动本质。

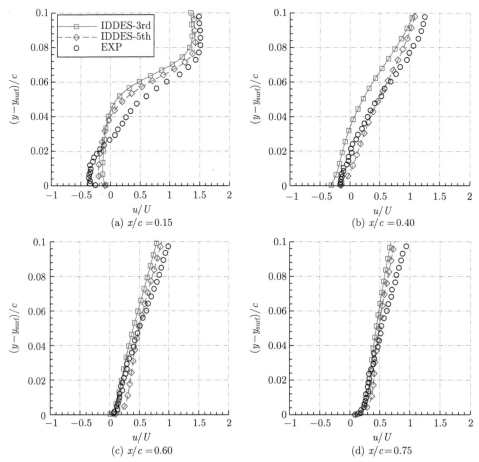

图 2-15　不同空间格式获得的结冰翼型平均流场流向各站位 U 向速度型对比

图 2-16 以流向速度脉动均方根的形式，给出了不同空间格式获得的分离流场湍流强度的宏观分布情况，根据自由来流 u 向速度归一化。PIV 试验表明，冰角后方湍流脉动沿流向逐渐增强，在 $x/c = 0.3$、$y/c = 0.1$ 附近达到峰值，指示了剪

切层涡运动的核心区域；而后湍流脉动强度逐渐衰减、影响区域逐渐扩散，体现了湍流结构向下游的输运和耗散特征。MUSCL 格式预测得到的湍流脉动整体偏强、法向高度偏大，难以辨识脉动核心位置所在；WENO 格式获得的脉动区域更加贴近壁面，分布范围与 PIV 趋势基本吻合，特别是有效降低了后缘附近的脉动量值，但仍然过度估计了脉动核心区域的强度。图 2-17 给出了不同空间格式获得的平均流场 U 向速度脉动均方根曲线沿流向各站位的对比情况。整体而言，IDDES 能够在不同监测位置获得与试验趋势一致的湍流分布结果，并正确指示脉动峰值的法向位置，但量值均较试验结果更大。与速度型分析结果特征类似，$x/c = 0.15$ 站位计算结果与试验值的差异最为明显，随着再附过程沿流向发展，两者之间的一致性逐渐提升，一定程度上体现了 IDDES 模拟分离–再附并存流动的优势。相对于 MUSCL 格式，WENO 格式有效降低了各站位的湍流脉动量值，特别是在 $x/c = 0.75$ 的完全再附区域获得了与试验结果接近的脉动分布，但对分离起始区域结果的改善仍然十分有限，证明决定当地湍流特性预测结果的首要因素仍然是剪切层失稳过程的准确刻画，这依赖于当地 RANS/LES 混合长度的合理有效降低，而非仅仅增加空间格式精度。

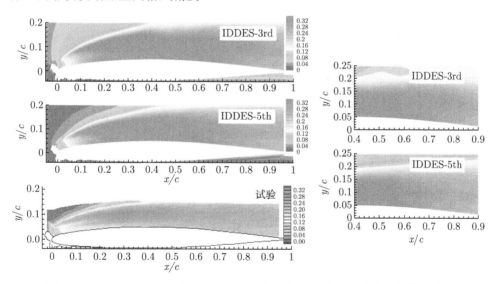

图 2-16　不同空间格式获得的结冰翼型平均流场 U 向速度脉动均方根分布对比

瞬态流场解直接体现了 WENO 格式降低数值耗散、提升空间分辨率的效果。图 2-18 的展向涡量分布结果表明，与 WENO 格式结合后，IDDES 基本能够描述冰角后方剪切层失稳–旋涡卷起脱落–输运进入下游流场的全过程，同时流动尾迹能够被较为完整地解析。相对于 MUSCL 格式，WENO 格式获得的剪切层涡卷起位置更靠近上游，清晰地显示了多尺度旋涡向壁面的输运现象，因此获得的

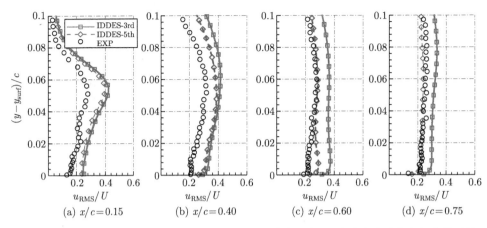

图 2-17　不同空间格式获得的结冰翼型平均流场流向各站位 U 向速度脉动均方根曲线对比

分离泡形态及压力平台特征与试验结果更为吻合。图 2-19 的空间 Q 等值面分布结果表明，结合 WENO 格式的 IDDES 不仅能够辨识出典型发卡涡结构，也能够捕捉到中小尺度的次级旋涡。但是，当前数值方法关于湍流结构的描述仍然不够精细，还不能足够清晰地刻画 K-H 不稳定性影响下准二维涡管向三维发卡涡的变迁过程，在核心区域获得的发卡涡形貌特征也还较为概略。

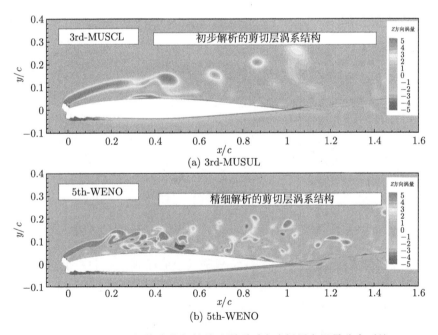

图 2-18　不同空间格式获得的结冰翼型瞬态流场展向涡量分布对比

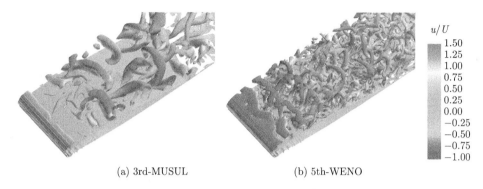

(a) 3rd-MUSUL　　　　　　　(b) 5th-WENO

图 2-19　不同空间格式获得的结冰翼型瞬态流场 Q 等值面 $(Q = 1.0)$ 分布对比

总而言之，结合五阶 Roe-WENO 格式的 IDDES 方法显著提升了数值方法关于瞬态流场湍流结构的捕捉能力，相应的时均统计结果也得到了改善。但是，当前数值精度与试验结果之间仍然存在一定差距，与分离特性密切相关的时均和瞬态关键流动特征还没有被充分厘清，需要进一步开展与 IDDES 方法-WENO 格式相适应的计算网格分辨率研究，为后续结冰翼型流动演化机理研究提供完整的数值模拟分析方法支撑。

2.4.3　计算网格分辨率影响分析

本节在湍流模拟方法及空间格式模拟效果得到确认的前提下，开展计算网格分辨率影响分析研究。采用中网格、密网格和极密网格三套网格，基于结合 Roe-WENO 格式的 IDDES 方法开展数值模拟研究。在计算环境相同的前提下，三套网格非定常计算推进每时间步所耗费机时之比约为 $1:3:9$。

图 2-20 给出的平均流场速度分布，不仅提供了不同分辨率网格相应的宏观分离泡特征与 PIV 试验的对比情况，并且给出了肖茂超等 [42] 基于相同量级计算网格和同一亚格子尺度 IDDES 方法获得的数值结果，其表明，随着分离流场 LES 区域网格分辨率从中网格的 $1/8H(0.005c)$ 提升至密网格的 $1/12H(0.003c)$，分离泡涡核随之前移至 $x/c = 0.2$ 附近，再附位置推后至 $x/c = 0.5$，与试验结果 $x/c = 0.53$ 较为一致；再附点附近混合层范围显著增加，体现了略微延迟的再附效应，分离泡位置、体积、轮廓及尾迹特征整体更为贴近 PIV 结果，但涡核附近强回流区域范围局限于 $x/c = 0.12$ 与 $x/c = 0.28$ 之间。

网格分辨率进一步提升至极密网格 $1/20H(0.002c)$，引起的变化则主要表现为分离泡涡核附近强回流区域长度略微增加，尾迹区域速度分布过渡更为均匀，不过回流范围仍然小于 PIV，总体而言与密网格结果之间没有定性差异。上述结果与肖茂超等的结果在分离泡形态和再附位置方面均比较接近，再次表明了 IDDES 用于结冰翼型分离流场模拟的可靠性。图 2-21(a) 给出的冰角后方平均流场 U 向

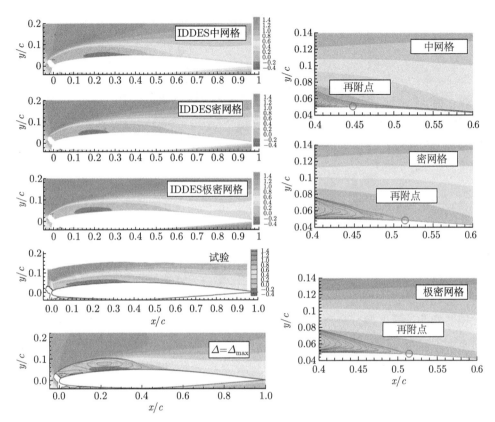

图 2-20　不同密度计算网格获得的结冰翼型平均流场速度分布对比

速度型结果表明，相对于中网格，密网格主要提升了该站位近壁面回流区及远离壁面加速区的速度预测结果，但过渡区域的速度恢复迟滞现象没有得到显著改善，导致分离泡局部高度仍然略高于 PIV。图 2-21(b) 反映的网格分辨率提升效果类似于前一站位，主要改善了速度型两端的分布情况，体现了壁面附近回流强度增加、远离区域加速效应提升的特点，获得了与试验数据一致性良好的速度型，准确反映了当地流向剪切特征，证明了当前方法精确捕捉再附位置的能力。图 2-21(c) 及图 2-21(d) 表明，再附区域网格加密能够改善近壁面速度量值的过度预测现象，这与图 2-20 中再附点之后过渡区域更和缓的特点一致，不过 $x/c = 0.75$ 站位获得的速度型斜率仍然略小于试验。整体而言，增加网格分辨率的收益仍然体现在中网格到密网格的加密过程中，进一步加密网格对速度型预测结果的提升相对有限。

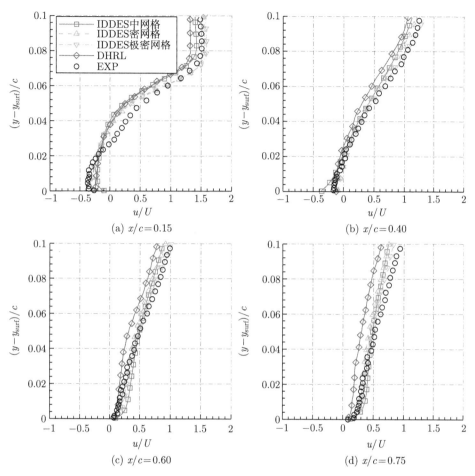

图 2-21　不同密度计算网格获得的结冰翼型平均流场流向各站位 U 向速度型对比

图 2-22 不仅给出了本书网格分辨率研究获得的平均流场压力分布,还提供了参考文献中涉及的 DHRL、ZDES 及 IDDES 三类有代表性的 RANS/LES 混合方法结果。表明对于中网格和密网格而言,网格分辨率的增加主要提升了压力平台高度的预测精度,获得了与试验数据一致的数值结果;密网格与极密网格所获得的压力分布形态几乎没有差别。就压力平台特征而言,当前数值方法的预测效果优于上述方法。但是,当前列举的所有数值结果均表现出了较 6° 迎角时试验数据更为陡峭的压力恢复过程,特别是在 $x/c = 0.2$ 和 $x/c = 0.6$ 之间的区域与试验数据差别较大,反而与标称迎角为 4° 时的测量值相似。图 2-23 给出的 u_{RMS} 分布结果表明,在中网格基础上对分离区域网格进行加密,显著降低了脉动核心区域后方及分离泡尾迹区域的当地湍流脉动值,同时进一步压缩了脉动区域范围,获得了与 PIV 较为近似的湍流分布结果,不过分离起始区域的脉动峰值仍然高于试验结果。

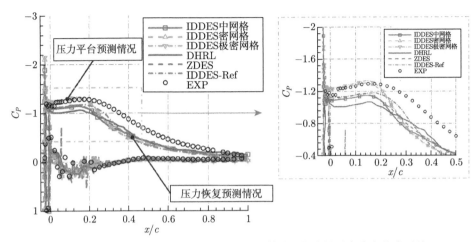

图 2-22　由不同密度计算网格获得的结冰翼型平均流场压力分布分布对比

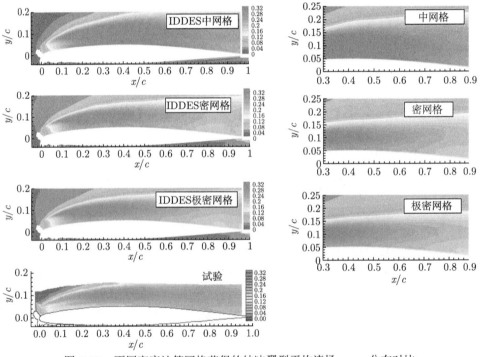

图 2-23　不同密度计算网格获得的结冰翼型平均流场 u_{RMS} 分布对比

图 2-24(a) 反映网格加密主要降低了过渡区域的湍流强度，但没有彻底解决当地脉动峰值预测过高的问题。结合上文相关讨论，由于该区域位于剪切层失稳初始阶段，湍流结构尺度很小，在一定程度上具备涡层特征，要极为清晰地解析当地流动，就要求结合各种方法手段降低当地网格尺度，这要求提高各向网格分

辨率或采用具备自适应特征的亚格子尺度，需要结合局部面搭接网格/进一步改进的亚格子模型或常数，才能在控制网格总量的前提下有效提升当地流动特性的预测结果；而当前网格分辨率研究主要是针对分离区域各向同性网格单元开展分析评估，关注翼型中部再附位置附近的流动结构解析精度，因此冰角区域分析结果的提升相对有限。各向同性网格加密的效果在下游区域三个站位的体现相对明显，支配该区域流动特性的湍流结构尺度相对较大，获得的湍流脉动分布曲线均相对于中网格向左平移，特别是在 $x/c = 0.60$ 站位，获得了与试验值高度一致的结果。总体而言，由中网格到密网格的分辨率增加，有效提升了完全分离区域湍流统计特性的分析精度，而继续增加网格密度的收益并不显著。

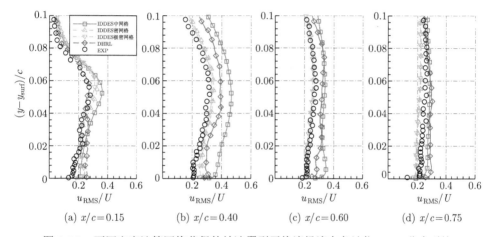

图 2-24   不同密度计算网格获得的结冰翼型平均流场流向各站位 u_{RMS} 分布对比

图 2-25 给出的展向涡量分布表明，密网格相对于中网格更加细致地描述了剪切层失稳后旋涡结构的生成演化过程，在分离区域解析出了层次更为清楚、结构更为精细的多尺度旋涡系统。不同于中网格结果对旋涡输运过程描述较为粗糙、不易分辨旋涡输运方向的特点，密网格结果反映了部分剪切层涡与壁面之间渐进的相互作用，这是数值模拟时均流场再附点推后、混合层厚度增加、贴近试验结果的直接原因。

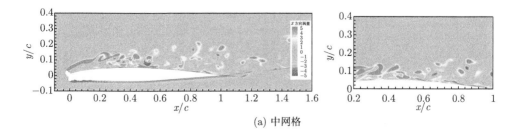

(a) 中网格

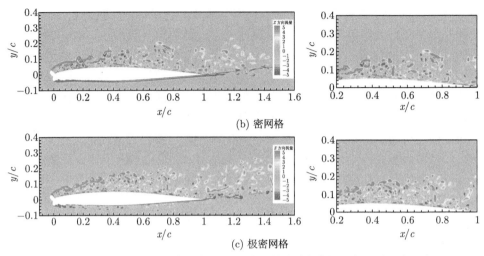

图 2-25 由不同密度计算网格获得的结冰翼型瞬态流场展向涡量分布对比

图 2-26 给出的 Q 等值面分布表明，密网格成功捕捉了典型 K-H 不稳定性影响下冰角后方的剪切层失稳现象，体现了准二维涡管向三维发卡涡大尺度湍流相干结构的演化过程中的卷起和变形特征，反映了发卡涡向下游发展以及上升过程中伴随的涡腿拉伸和扭曲现象，上述现象与 Kiya 和 Sasaki[33] 针对湍流分离泡的试验结果定性相似。结合展向涡量及 Q 等值面结果来看，极密网格不仅在分离区域获得的涡系结构更为精细，预测得到的剪切层失稳位置也更加靠近翼型前缘，更加细致地描述了发卡涡涡包沿流向的演化次序，同时在翼型下表面也解析出了与局部分离相关的小尺度湍流结构。

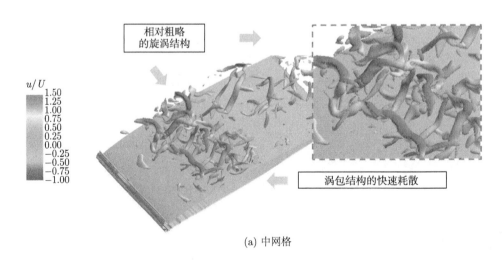

(a) 中网格

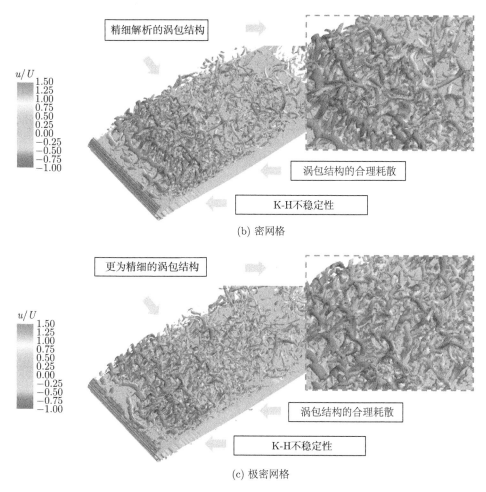

图 2-26 由不同密度计算网格获得的结冰翼型瞬态流场 Q 等值面分布对比 ($Q = 10.0$)

综上所述，分离区域的网格分辨率分析结果符合预期判断，当各向同性网格单元尺度由中网格提升至密网格时，分离流场的时均和瞬态预测结果都有显著改善，结合五阶 Roe-WENO 格式的 IDDES 方法能够基本满足刻画结冰翼型分离流场细节特征、揭示多尺度旋涡结构运动规律的需求。极密网格相对于密网格虽然进一步增加了描述瞬态流场旋涡结构的清晰程度，但在时均统计量方面的提升程度较为有限，在一定程度上体现了网格无关特征；并且耗费的总计算核时数达到密网格的 3 倍以上。鉴于当前的计算资源限制，本书选取密网格作为后续结冰翼型分离流场模拟分析的基础计算网格。至此，针对翼面前缘角状冰触发的分离流动演化过程剖析问题，结合适用于不规则冰形特征准确描述的多块结构化网格–五阶 Roe-WENO 高精度空间格式–基于 IDDES 的 RANS/LES 混合方法，形成了与湍流流场特征精细分析需求相匹配的计算分析手段。

2.5　本 章 小 结

本章针对 GLC305-944 结冰翼型典型验证算例,形成了基于 RANS 的结冰构型宏观气动特性分析方法,以及基于 IDDES 的结冰构型复杂分离流场精细分析方法,为不同层次、不同侧重点的结冰后空气动力学问题研究提供了相匹配的计算分析手段,初步厘清了临界失速状态下结冰翼型分离流场的基本结构。主要结论包括以下方面。

(1) 针对复杂结冰构型的长序列、多工况计算分析工作,RANS 方法能够基于有限的计算资源、以较高的效率描述宏观分离流场概貌,反映空气动力学特性随冰形–翼型/机翼几何特征及自由来流条件的变化规律。

(2) 多尺度空间旋涡的生成演化过程是驱动结冰翼型分离流场的关键,由于 RANS 是基于纯粹的时均化湍流模型获取涡黏分布,无法精确刻画旋涡运动特征,进而获得流场平均统计量,所以流动机理的精细分析依赖于更为符合物理实质的湍流模拟方法。

(3) 足够的空间格式精度是发挥 RANS/LES 方法湍流结构解析效能的前提条件,五阶 Roe-WENO 格式显著提升了 IDDES 方法关于结冰翼型瞬态分离流场多尺度旋涡结构的捕捉能力。

(4) 各向同性网格单元尺度对结冰翼型分离流场细节的分辨具有决定性影响。对于本章涉及的算例,在单元尺寸小于 1/10 冰角高度的前提下,结合五阶 Roe-WENO 格式的 IDDES 方法能够基本满足刻画结冰翼型分离流场细节特征、揭示多尺度旋涡结构运动规律的需求。

(5) 与典型大尺度分离泡相关联的分离–再附过程,是临界失速状态下结冰翼型分离流场的基本特征,决定了宏观气动特性、湍流统计特性和瞬态流场特性。剪切层涡系结构的精细分析是揭示分离流动演化机制的关键。

第 3 章　翼型结冰状态失速分离复杂流场结构影响机制研究

大尺度分离泡是决定结冰翼型失速特性的核心，翼型失速阶段及冰生成随机性影响下的复杂分离流场空间结构及其演化机制，尚未得到足够清晰的辨识和阐释。本章首先针对 GL305-944 结冰翼型失速阶段分离泡扩张过程的流场精细结构开展系统分析，在此基础上选取 3 种有代表性的冰形–翼型组合，开展临界失速状态下的分离流场结构对比分析研究，以期揭示翼型结冰状态下失速分离复杂流场，特别是流动再附效应的决定性空气动力学机制，进而提炼几何随机性影响下主导结冰翼型分离流动特性的规律性因素。

3.1　GLC305-944 结冰翼型失速阶段大尺度分离泡演化过程

关于 GLC305-944 结冰翼型失速点之前的分离泡演化过程，Bragg 等 [31]、Broeren 等 [40] 和 Thompson 等 [98] 已经基于风洞试验和数值模拟手段开展了比较详尽的研究工作，初步建立了宏观气动特性–分离泡几何形态–湍流流场特征量之间的关联，提出了分离流动产生再附的基本原理，将结冰诱导产生的分离泡与强逆压梯度作用下干净翼型层流分离产生的长气泡相类比，指出湍流剪切层的夹带效应是促进压力恢复、导致流动再附的主要原因。图 3-1 给出了试验获得的结冰翼型失速前分离泡结构演化历程。但是，相对于干净翼型层流长气泡失速而言，结冰翼型失速点附近并不出现最大升力系数的急骤损失，反而表现出通常较为和缓的失速特性。事实上，该现象表明决定两者失速特性的流动分离形态存在本质差别，前者由翼型前缘附近形成的分离泡猝发破碎决定，后者则由分离泡结构的逐渐扩张过程主导，这表明现有的结冰翼型失速分离理论仍然需要丰富和完善。此外，分离泡结构在失速阶段的继续演化过程是怎样的？导致失速现象产生特别是流动再附特征消失的空气动力学机制是什么？现有的研究工作对上述问题的回答仍然是不尽完备的。

针对上述问题，本书根据 GLC305-944 结冰翼型 LTPT 风洞测力试验 [40]，选取 8° 和 10° 迎角两个典型失速阶段状态点，基于结冰构型复杂分离流动分析方法，在密网格基础上采用结合五阶 Roe-WENO 格式的 IDDES 方法开展数值模拟研究。计算分析获得了丰富的时均统计量及精细的瞬态流场解，与 6° 失速临界迎角的数值结果共同描述了相对完整的失速过程。

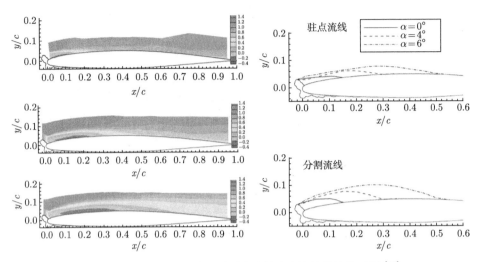

图 3-1　GLC305-944 结冰翼型失速前分离泡结构演化过程 [40]

3.1.1　结冰翼型失速阶段大尺度分离泡结构扩张时均特征

图 3-2 给出了数值模拟获得的结冰翼型失速过程时均升力系数的变化情况，同时还提供了完整的干净翼型和结冰翼型的风洞试验测力结果。其表明，当前的失速过程气动力计算分析结果与试验值高度一致，刻画了失速过程中升力缓慢降低的基本趋势。干净翼型具备良好的升力线性度与适当的力矩变化特性，

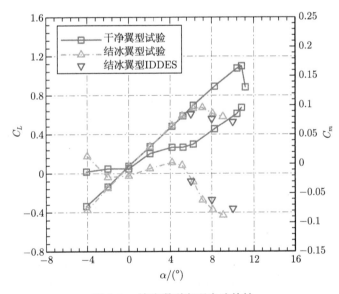

图 3-2　结冰翼型宏观失速特性

Addy[189] 指出，此时失速形态为强逆压梯度下前缘层流分离泡猝发破碎所触发的升力骤降。与干净翼型相比，结冰翼型失速迎角提前 $4°$，最大升力系数降低约 0.5，力矩拐点提前 $7°$，失速后低头力矩量值急剧增加，反映了失速特性的大幅恶化，但失速点之后升力损失却相对较小，体现了与长气泡失速分离形态之间的本质差异，这也是很多结冰翼型表现出的共性失速特征。

图 3-3 以平均速度场的形式给出了结冰翼型失速阶段分离泡宏观形貌特征的变化过程，表 3-1 统计了分离泡关键几何特征的变化情况。表明失速过程中分离泡几何形态的变化过程大致可以划分为两个阶段，即 $6°$ 到 $8°$ 的再附点后移–长度增加过程 (分离泡拉伸阶段)，以及 $8°$ 到 $10°$ 的高度增加–体积扩张过程 (分离泡膨胀阶段)。拉伸阶段分离泡再附点由 $x/c = 0.50$ 附近推进到翼型后缘，再附效应迅速消失，最大高度由 $y/c = 0.10$ 增加至 $y/c = 0.15$ 左右；涡核流向位置由 $x/c = 0.2$ 后退至 $x/c = 0.3$ 附近，法向高度由 $y/c = 0.07$ 增加至 $y/c = 0.11$ 左右，回流区域遍及整个翼型上表面，呈现弦向充分发展的分离泡特征。翼型失速现象产生于该阶段，表明分离泡向后缘的拉伸过程决定了失速始发迎角，进而限制了最大升力系数的量值。膨胀阶段分离泡的几何形态变化则主要体现为显著的高度增加和涡核扩张现象，最大高度由 $y/c = 0.15$ 进一步增加至 $y/c = 0.30$ 附近；涡核流向位置由 $x/c = 0.3$ 后退至 $x/c = 0.9$ 附近，法向高度由 $y/c = 0.11$ 增加至 $y/c = 0.17$ 左右。整体表现为范围更大、强度更高的大尺度回流区域，更类似于 Liu 和 Xiao[191] 在大迎角条件下针对干净翼型获得的典型失速分离形态。上述特征与 Mirzaei 等 [43] 在 NLF-0414 翼型结冰状态下获得的分离泡发展变化过程有一定差异，由于后者翼型弯度较大，后缘附近曲率转折较快，失速点附近存在显著的二次分离，呈现出分离泡与后缘分离区域融合，而后膨胀形成大尺度回流区域的特点。结合中小迎角下给出的分离泡发展变化过程来看，不同于分离泡尺度较小时再附位置随迎角基本呈线性变化、体积增加程度有限的特点，过失速条件下分离泡几何形态和再附位置对流动条件的变化均高度敏感，体现了较为强烈的非线性特征。

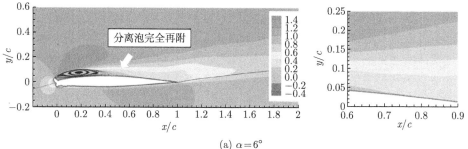

(a) $\alpha = 6°$

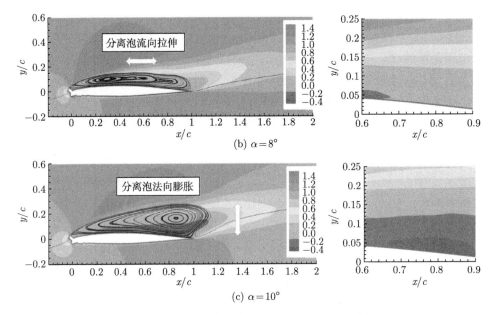

(b) $\alpha = 8°$

(c) $\alpha = 10°$

图 3-3   结冰翼型失速阶段分离泡宏观形貌特征的变化过程

表 3-1   失速阶段分离泡关键几何特征参数的变化情况

迎角	特征量			
	分离泡长度 (x/c)	分离泡高度 (y/c)	涡核流向位置 (x/c)	涡核法向位置 (y/c)
6°	0.5	0.10	0.2	0.07
8°	1.0	0.15	0.3	0.11
10°	1.1	0.30	0.9	0.17

结冰翼型失速阶段压力分布形态的变化过程如图 3-4 所示。整体而言，失速过程中压力平台的变化过程同样可以大致划分为两个阶段，即 6° 到 8° 的减缩阶段，以及 8° 到 10° 的延伸阶段。减缩阶段压力平台高度从 $C_P = -1.2$ 降低至 $C_P = -0.9$，长度变化相对有限，仍为 $x/c = 0.2$ 附近，同时压力恢复过程相应更加和缓，与分离泡向后缘的弦向扩张过程对应，导致显著的后加载现象产生。上述结果表明，结冰翼型失速阶段升力损失的直接原因是前缘吸力的崩溃，因此，推迟结冰状态下失速现象的产生，以及容冰气动设计的关键是要确保前缘压力平台不至于过早坍塌。延伸阶段则体现了更为强烈的后缘吸力增长现象，同时前缘附近平台高度继续小幅下降，弦向压力梯度基本消失，整体呈现较为均匀的等压分布特征，这与过失速状态测力试验结果中低头力矩的增加直接相关。与上表面相比，来流迎角变化对前缘下表面不规则压力分布的影响很小。总而言之，翼型结冰状态下的气动特性由弱压力梯度影响下前缘吸力平台的减缩和延伸过程主

导，分离泡的生长和扩张现象伴随整个升力变化过程。

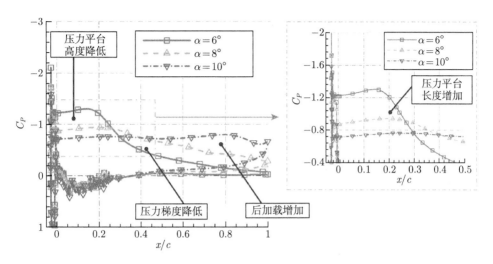

图 3-4 结冰翼型失速阶段压力分布形态变化过程

根据结冰翼型分离流场结构设置图 3-5(a) 所示的一组监测点，以进一步分析当地流向速度及湍流脉动等典型特征量的分布情况。图 3-5(b) 给出了失速阶段各站位时均 U 向速度分布的变化情况，直观对比了介于回流区域与加速区域之间的流动混合层变化特征。对于不同迎角状态而言，混合层均由冰角后方附近宽度为 $0.02c \sim 0.03c$ 的狭长条带逐渐发展为宽度超过 $0.15c$ 的过渡区域。来流迎角变化最主要的效应体现于混合层法向位置的显著抬升，同时稍微加快了 $x/c = 0.60$ 站位及之后的混合过程，但总体来看，迎角增加对混合层厚度没有定性影响。这表明，失速过程中关键的流动掺混作用产生于冰角后方，且混合强度变化相对有限，冰形及来流迎角的综合效应主要决定了混合过程于何处完成，进而决定了此时分离流场的基本形态。

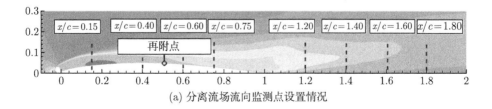

(a) 分离流场流向监测点设置情况

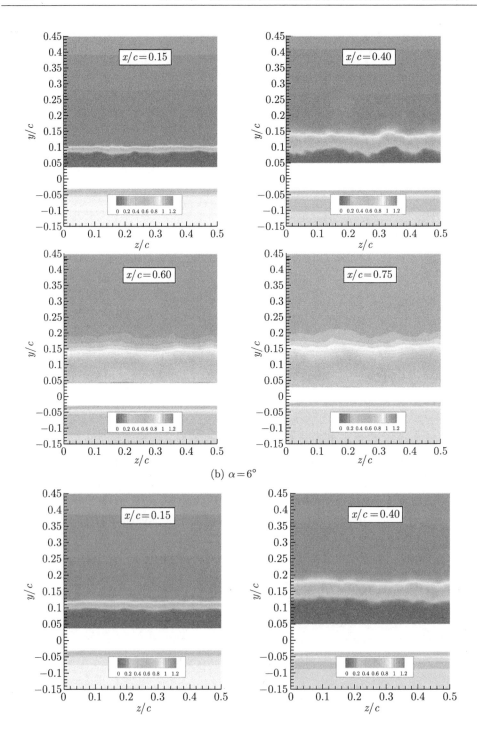

(b) $\alpha = 6°$

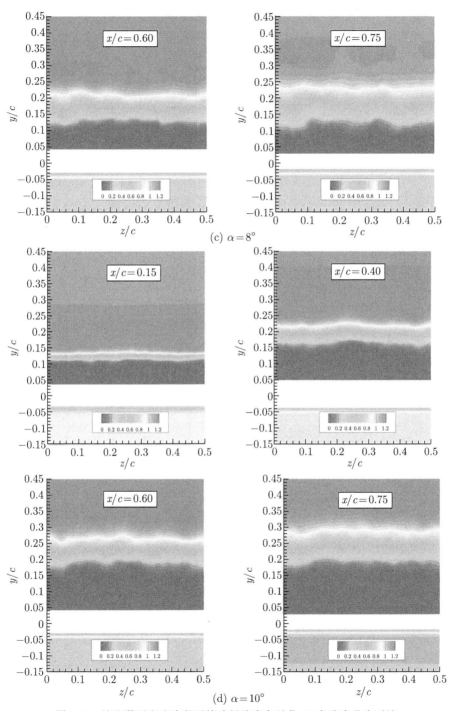

图 3-5 结冰翼型失速阶段平均流场流向各站位 U 向速度分布对比

　　失速阶段上翼面各监测点时均 U 向速度型对比情况如图 3-6 所示，进一步给出了分离流场结构随来流迎角的变化情况。随迎角增加，各站位速度型形状仍然大致接近，对应混合层的速度型当地斜率基本相同；迎角效应主要表现为速度分布向负方向近似等量平移、速度法向恢复历程增加、加速效应趋缓、回流区域法向高度抬升。对于图 3-6(a) 所示的冰角后方区域，速度型正负峰值间距随迎角增加而降低，此时回流强度和外部流动加速效应同时下降，当地流动剪切作用逐步衰减。通过沿流向比较下游各监测点的速度分布形态，表明对于 6° 迎角下的分离泡再附状态，再附点后方速度呈现沿流向逐步恢复的趋势，在翼型后缘附近已经演化成为完全发展的附着边界层速度分布；然而对于 8° 的分离泡拉伸状态，近壁面负速度的恢复趋势极为缓慢；对于 10° 的分离泡膨胀状态，下游近壁面回流速度量值反而更大，表征了分离区域沿流向和法向的扩张过程。由于分离泡弦向发展过程的连续性，再附/拉伸状态之间必存在后缘点近壁面流向速度恰好为 α 的临界再附状态，该状态应当位于失速迎角附近，从速度平均统计量角度给出了失速现象产生的流动形态指征。

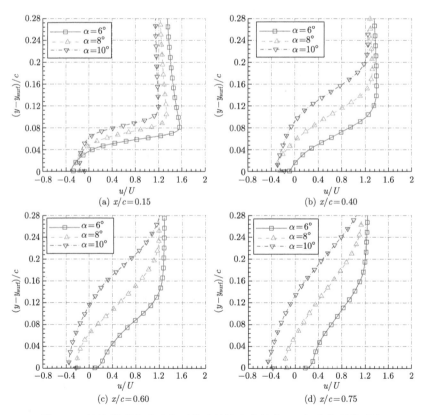

图 3-6　结冰翼型失速阶段平均流场流向各站位 U 向速度型的对比

图 3-7 提取了各监测点 u 向速度分布特征量。图 3-7(a) 与 (b) 分别以法向高度及速度峰值形式给出了失速阶段近壁面回流区域的作用范围及强度变化情况。分离泡再附状态回流起始强度较高，但影响区域沿流向基本呈线性递减；拉伸状态特征量则在 $x/c = 0.40$ 站位之后体现回流强度沿流向逐步减弱的特征，表明此时在一定程度上仍然能够体现微弱的再附趋势；膨胀状态则具备影响区域/回流强度均线性增加的特点。图 3-7(c) 所示的 u 向加速过程法向距离以及图 3-7(d) 所示的速度法向最大差量共同表征了当地剪切效应随迎角的变化规律，前者主要体现回流区/混合层/加速区的累加影响；而后者则主要体现回流区的边界绕流效应。再附状态分离泡附近具备速度恢复距离短、差量大的特点，体现了当地流动曲率增加触发的强剪切效应；随着再附过程的完成，流动曲率恢复到与近壁面一致，因而剪切强度迅速降低。过渡状态对外部流动的作用近似等效于翼型弯度/厚度整体增加，因此并不存在显著的剪切峰值；膨胀状态速度差量分布则体现了外部绕流经过大尺度回流区顶端的加速作用。上述结果表明，失速阶段迎角效应使得近壁面回流影响逐步增加，回流区外部绕流的等效曲率变化主导了外部加速流动和剪切效应。

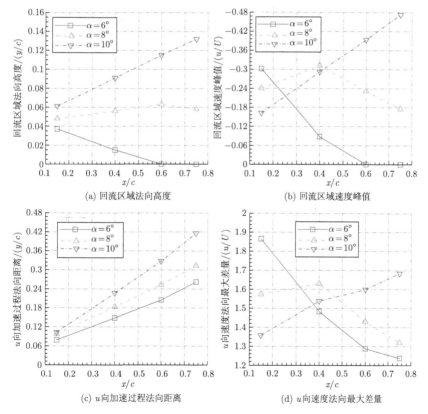

(a) 回流区域法向高度　　(b) 回流区域速度峰值

(c) u 向加速过程法向距离　　(d) u 向速度法向最大差量

图 3-7　结冰翼型失速阶段分离泡湍流流场流向各监测点 u 向速度分布特征量的对比

图 3-8 共提取了边界层名义厚度/位移厚度/动量厚度/涡量厚度四项特征量，从而建立宏观流场统计量与分离特性及混合过程之间的关联。各特征量的定义方式分别如下所述。

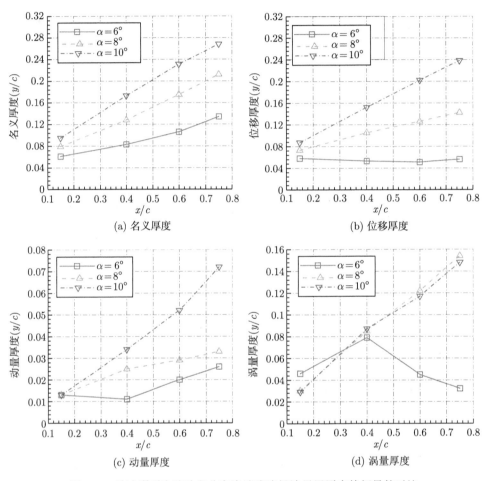

图 3-8　结冰翼型失速阶段分离泡湍流流场边界层厚度特征量的对比

名义厚度及位移厚度表征了分离区域的基本特性，均按照常规方式定义：

$$\frac{\delta}{c} = \frac{yU_{\mathrm{e}} - y_{\mathrm{surf}}}{c} \tag{3.1}$$

$$\frac{\delta^*}{c} = \int_{y_{\mathrm{surf}/c}}^{\delta/c} \left(1 - \frac{u}{U_{\mathrm{e}}}\right) \mathrm{d}\left(\frac{y - y_{\mathrm{surf}}}{c}\right) \tag{3.2}$$

式中，U_{e} 为边界层边缘流动速度；积分区间由物面 y_{surf} 到边界层边缘 δ。

动量厚度及涡量厚度表征了混合区域的基本特性，其中动量厚度定义考虑了近壁面大范围回流区域的影响：

$$\frac{\theta}{c} = \int_{y_{\mathrm{surf/c}}}^{\delta/c} \left| \frac{u}{U_{\mathrm{e}}} \right| \left(1 - \frac{u}{U_{\mathrm{e}}} \right) \mathrm{d} \left(\frac{y - y_{\mathrm{surf}}}{c} \right) \tag{3.3}$$

$$\delta_{\omega(x)} = \frac{U_2 - U_1}{\max_y (\partial \langle U \rangle (x, y) / \partial y)} \tag{3.4}$$

式中，U_2/U_1 分别为流向速度最大值/最小值，即 $U_2 = \max_y(\langle U(x,y)\rangle)$，$U_1 = \min_y(\langle U(x,y)\rangle)$。

名义厚度反映了分离泡及其尾迹流动的综合效应。图 3-8(a) 表明，无论再附存在与否，名义厚度均沿弦向渐次增长，并且随迎角增加，斜率逐渐递增；虽然再附状态后缘上游近壁流动已经完全附着，但分离泡尾迹效应仍然能够对速度恢复过程造成影响。再附/分离特征的影响差异主要由图 3-8(b) 给出的位移厚度体现，相对于分离特征完全主导流场、位移厚度沿弦向线性提升的分离泡拉伸/膨胀状态，再附状态位移厚度沿弦向的变化相对较小，并且在涵盖分离泡及再附区域的 $x/c = 0.6$ 站位之前表现出了预期的缓慢降低趋势。不同于各迎角状态下名义厚度/位移厚度线性程度良好、变化规律基本一致的特点，由于再附特征变化对流动混合的发展变化过程存在根本影响，因此动量厚度/涡量厚度的分布存在本质差异。图 3-8(c) 以动量厚度分布的形式表征了剪切层涡系结构沿流向的宏观演化规律，再附状态 $x/c = 0.4$ 站位之前相应的动量厚度呈现出了微弱的衰减特征，之后则沿弦向快速增长，上述结果与 Broeren 等 [40] 基于 PIV 试验获得的变化规律相吻合，此时剪切层涡系结构具备再附点前基本拟序、再附点后逐步破碎的特征。虽然拉伸/膨胀状态两者对应的动量厚度均体现出了拟线性增长规律，但拉伸状态增长率远低于膨胀状态，表明涡系结构沿流向的发展变化过程相对稳定。图 3-8(d) 提供的涡量厚度分布表征了流动混合效应的基本特性。不同状态起始区域均体现涡量厚度显著增长的特点，体现了该阶段剪切层涡卷起及发展对流动混合过程的重要影响，此时 $x/c = 0.4$ 站位流动混合强度相差不大。对于下游流场而言，显然流动再附效应将对混合层的进一步发展造成抑制。拉伸/膨胀阶段的涡量厚度变化规律则基本相同，表明虽然两者分离区域大小存在差异，但再附效应消失后相应的掺混效应基本一致，混合层对外部流动动量的吸收作用实际上是相当的。上述结果表明，结冰翼型失速阶段迎角效应决定了分离流动的影响范围及作用强度，同时使得剪切层涡系结构的演化过程加速，但对外部高速流动/近壁面低速流动掺混过程本身强度的影响却较为有限。

分离泡尾迹区域各站位的平均流向速度截面如图 3-9 所示。由于分离泡结构在失速阶段的弦向扩张过程，分离形态在后缘附近具备基本附着到完全分离的变化特征，使得当地尾迹流动的速度衰减效应随迎角不断增强，影响区域法向边界扩张、位置上移，速度沿展向的不规则分布特征逐渐显著。特别是在 10° 迎角对应的分离泡完全膨胀状态下，后缘下游 $x/c = 1.20$ 站位存在显著的回流趋势，法向影响范围超过 $0.5c$，体现了强烈的尾迹扩散效应。上述流动特征在图 3-10 给出的时均速度型中得到了更为细致的体现，对于后缘附近基本完全再附的 6° 迎角状态而言，$x/c = 1.20$ 站位尾迹区域的速度损失峰值法向位置位于翼型弦平面附近，速度量值相对于来流的衰减率约为 50%；随着迎角增加，速度损失峰值法向位置由 $y/c = 0.04$ 增加至 $y/c = 0.16$，衰减率接近 100%。不过，随着尾迹流动向下游的逐渐发展，速度损失峰值之间的差异逐渐降低。在 $x/c = 1.80$ 站位，不同迎角对应尾迹中心区域的速度量值均恢复到来流速度的 70% 左右，总体呈现尾迹流动扩散范围和速度恢复效应随迎角同时提升的特点。

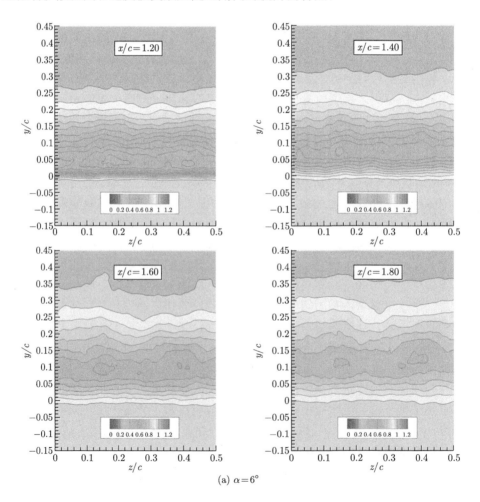

(a) $\alpha = 6°$

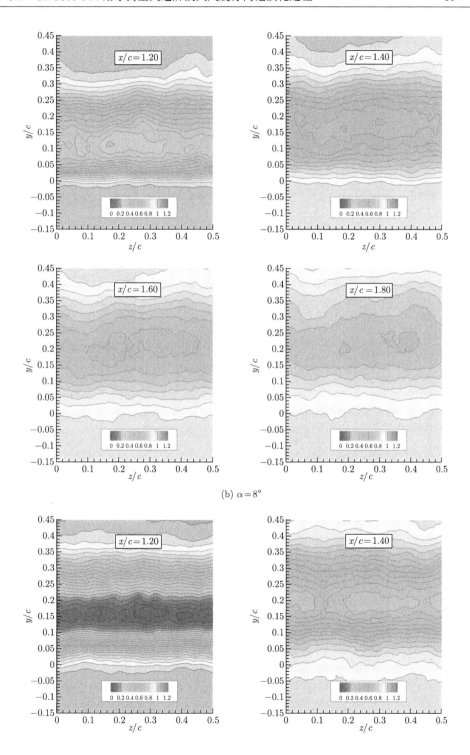

(b) $\alpha = 8°$

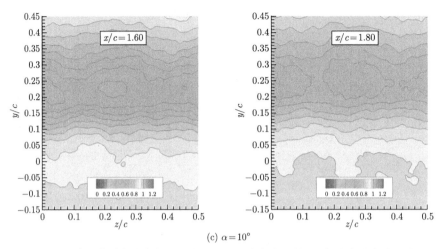

(c) $\alpha=10°$

图 3-9　结冰翼型失速阶段平均流场尾迹区流向各站位 U 向速度分布的对比

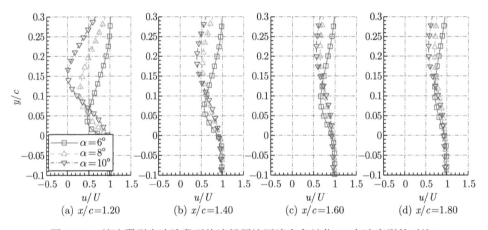

图 3-10　结冰翼型失速阶段平均流场尾迹区流向各站位 U 向速度型的对比

3.1.2　湍流平均统计量分布特征

图 3-11 以 U-V 两向速度脉动均方根的形式，给出了结冰翼型失速阶段分离泡湍流流场平均统计量的变化过程。总体而言，上述两类统计量随迎角的变化规律基本定性相似，反映出失速过程中冰角后方剪切层涡系湍流脉动的流向和法向范围均随迎角大幅扩张，形成接近锥形分布的影响区域，并逐渐向远离壁面的背景流动方向移动，体现出脉动核心空间位置抬升、近壁面湍流强度降低的特点，不过脉动核心强度随迎角的变化则相对有限。不同迎角下脉动区域基本构成了分离泡的几何边界，表征了分离形态由分离–再附流动向完全大尺度回流结构的转变过程。进一步地，指示了来流迎角作用下，剪切层涡系结构对应的湍流区域脱离

壁面与再附效应消失的直接关联。此外，翼型后缘湍流强度随迎角快速增加，在分离泡完全膨胀状态下，当地湍流强度及影响范围已经较前缘剪切层更强，表明此时前后缘湍流流动之间的相互作用逐渐主导分离特性。与 u 向湍流脉动相比，翼型后缘附近 v 向脉动相对量更大，影响遍及整个尾迹区域。

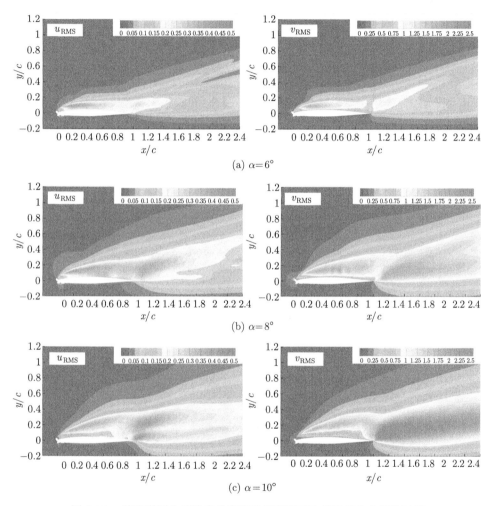

图 3-11 结冰翼型失速阶段分离泡湍流流场平均统计量分布变化过程

图 3-12 给出了失速阶段各监测点 u_{RMS} 及 v_{RMS} 分布的对比情况。图 3-13 直观反映了 u_{RMS} 及 v_{RMS} 脉动峰值位置和量值沿流向的变化趋势。相对于下游各监测点，图 3-12(a) 所示的冰角后方 $x/c = 0.15$ 站位，其不同迎角 u_{RMS} 分布形态具备较高的相似程度，峰值大小集中于 0.35 左右，法向高度也较为接近。从 $x/c = 0.40$ 站位开始，湍流分布即表现出脉动峰法向位置不断抬升的特点，但量

值大小直到 $x/c = 0.60$ 站位才逐步衰减，即抬升/衰减效应在空间上不同步。对于具备后缘再附特征的 6° 状态，脉动峰法向高度位置沿流向变化不大，量值显著降低，$x/c = 0.75$ 站位峰值相对于 $x/c = 0.15$ 站位的抬升率和衰减率分别为 60.0% 和 32.4%。而对于分离区域拓展到后缘附近的 8° 和 10° 状态，脉动峰远离壁面现象较为明显，$x/c = 0.75$ 站位相对于 $x/c = 0.15$ 站位的抬升率分别为 114% 和 178%；量值降低程度则相对较小，衰减率分别为 11.1% 和 20.0%。

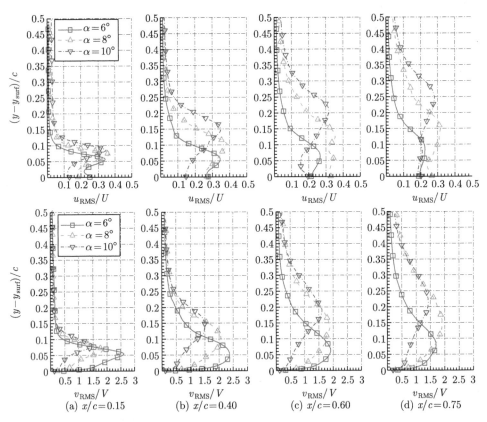

图 3-12　结冰翼型失速阶段分离泡湍流流场各监测点 u_{RMS} 及 v_{RMS} 对比

相对于 u_{RMS} 分布，v_{RMS} 在脉动峰起始位置/脉动峰位置的发展变化特征方面较为接近，但各站位的脉动峰量值、起始位置量值分布及衰减规律都有所差异，具体表现为 v_{RMS}/V 量值相对于 u_{RMS}/U 高出一个数量级、v_{RMS} 峰值在 $x/c = 0.15$ 和 $x/c = 0.40$ 站位随迎角增加依次递减、6° 分离-再附状态湍流脉动量值沿流向持续衰减、8° 和 10° 全局分离状态衰减速率较慢的特点，各迎角状态点 $x/c = 0.75$ 站位峰值相对于流向最大值的衰减率分别为 34.6%、9.5% 和 12.5%。总体而言，再附/分离与全局分离效应主导下的湍流流场空间分布特征具有本质差异，前者流动再附之后，湍流脉动强度快速衰减、影响区域范围有限；而后者衰减作用相对较弱、影响区域法向扩张明显。湍流脉动流向/法向分量空间分布的主要区别体现在量值变化规律方面。

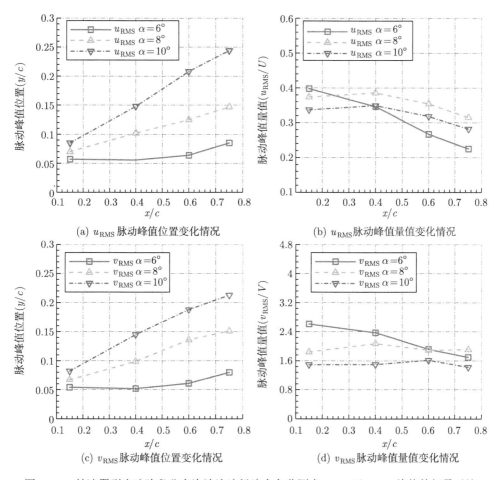

图 3-13 结冰翼型失速阶段分离泡湍流流场流向各监测点 u_{RMS} 及 v_{RMS} 峰值特征量对比

3.1.3 瞬态流场结构演化过程

图 3-14 以 U 向速度分布及空间流线的形式给出了结冰翼型失速阶段的瞬态流场概貌，数值模拟获得的速度分布特征类似于 Gurbacki 和 Bragg[41] 基于 NACA0012-3.5min 冰形–翼型组合的 PIV 试验结果。图 3-14(a) 表明，虽然时均结果能够在临界失速状态下给出统计意义上的典型大尺度分离泡流动结构，但实际分离流场当中并不存在既定的、清晰的分离泡轮廓及再附位置等流动特征，而

是不规则地分布于平均流动结构附近，分离区域与再附区域之间的界限是模糊的。分离区域内的速度分布同样也是不连续、非均匀的，这体现了多尺度旋涡系统驱动下分离–再附流动的高度非线性。不过，对于图 3-14(b) 表征的分离泡拉伸状态而言，仍然可以明确地辨识出分离区域的弦向拓展及近壁面回流的显著增强趋势。相似地，图 3-14(c) 也在一定程度上体现了分离泡的法向膨胀特征，随着回流区域范围和强度的进一步增加，此时壁面附近流动的非线性程度反而有所降低。对于上述所有状态而言，最为复杂的瞬态流场结构均集中产生于回流区域与外部流动的交界面附近，这进一步证实了剪切层涡系演化过程对结冰翼型失速分离流场的决定性作用。

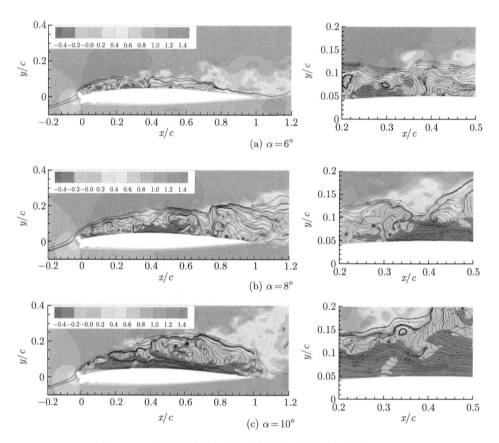

图 3-14　结冰翼型失速阶段分离泡扩张过程瞬时速度分布

图 3-15 以展向及流向涡量分布的形式给出了结冰翼型失速阶段瞬态流场多尺度旋涡结构的演化过程。总体而言，与分离泡再附和扩张过程密切相关的剪切层涡演化历程可以依照流场空间特性，沿流向划分为三个阶段：①K-H 不稳定性

驱动下的冰角顶端剪切层失稳及旋涡卷起过程；②自由来流影响下的剪切层涡系结构向下游特别是近壁面区域的输运过程；③多尺度旋涡结构进一步向尾迹区域的扩散过程[192]。上述旋涡运动的基本特征符合 Bragg 等[31] 的概括性描述。

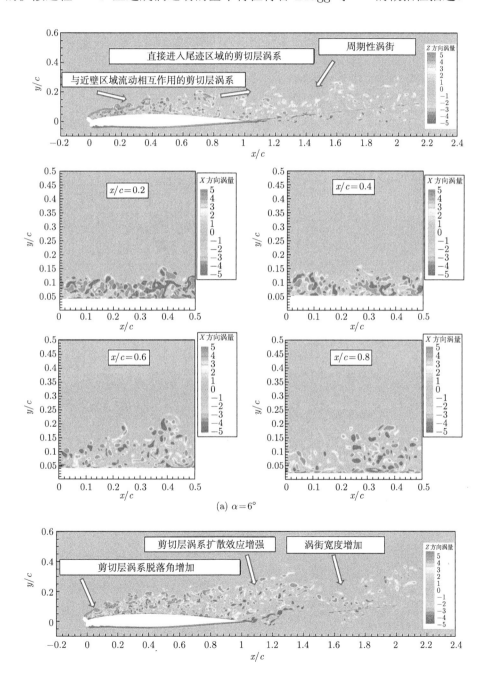

(a) $\alpha = 6°$

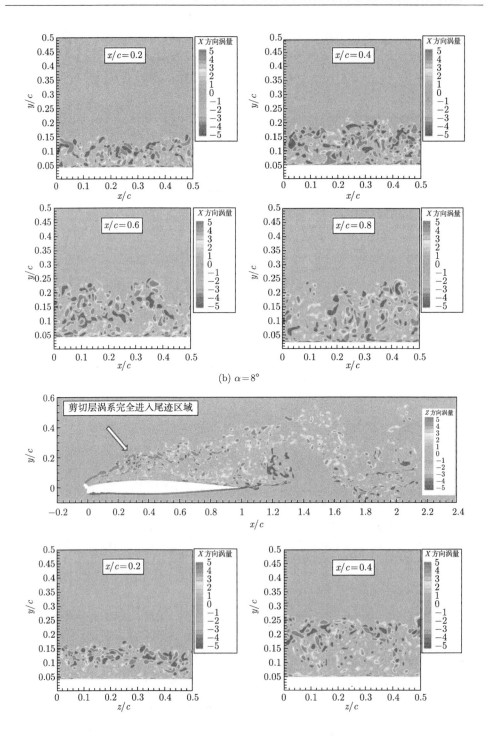

(b) $\alpha=8°$

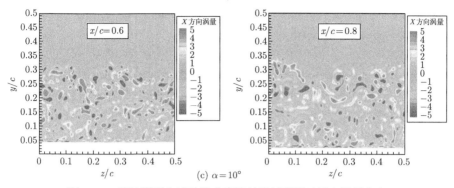

图 3-15　结冰翼型失速阶段分离泡扩张过程瞬时展向涡量分布

对于存在再附效应的图 3-15(a) 而言，剪切层失稳形成的多尺度涡系结构由两部分组成，即向壁面方向输运并与近壁面流动相互影响的内层涡系，以及直接进入尾迹区域形成涡街结构的外层涡系。内层涡系的输运过程促进了外部流动与回流区域之间的掺混和夹带效应，最终与翼型中部壁面边界层流动渐进汇合，这是结冰翼型产生流动再附的流体力学根源 [193,194]。剪切层涡与壁面的汇合点指示了近似的再附位置。外层涡系沿外部自由来流方向进入分离泡尾迹区域，不参与再附过程，而是呈现大尺度、周期性涡街特征，这是即使后缘完全附着，尾迹流动强度仍然较高的直接原因。Gurbacki 和 Bragg[41] 曾经基于试验手段部分阐释了上述流动机制，但由于开展的试验研究对流动精细结构的解析能力有限，相关机理当时没有得到足够清晰的揭示。

图 3-15(b) 和 (c) 给出了分离泡扩张过程中相应的剪切层涡演化特征，表明失速阶段迎角增长在一定程度上促进了 K-H 不稳定性，造成剪切层失稳位置略为提前，在分离区域释放出更为丰富和精细的多尺度旋涡结构，使得湍流效应影响区域逐渐扩大。但是，由于剪切层脱落角几乎随迎角线性增加，自由来流对旋涡运动的夹带作用逐渐增强，则涡列向壁面方向的输运过程延迟，与壁面之间的相互作用位置向后缘方向移动，相应时均再附点随之后移，分离泡体积逐渐扩张，这与图 3-3 及图 3-11 给出的宏观速度分布及湍流统计量分布结果相吻合。

对于图 3-15(b) 所示的分离泡拉伸状态而言，此时剪切层涡系几乎完全脱离壁面进入尾迹区域，基本不与翼型前中部近壁面流动汇合，但在后缘壁面附近还存在与当地旋涡结构的相互作用，尾迹区域涡街宽度随之增加，对应于时均流场结果中靠近后缘的再附位置及较强的当地湍流脉动。由于此时剪切层涡的输运特征介于与壁面相互作用和完全脱离壁面之间，可以认为对应于分离泡扩张过程中旋涡运动的临界状态。而对于图 3-15(c) 所示的分离泡膨胀状态，剪切层涡系完全沿自由来流方向进入下游，与大尺度后缘涡交汇，形成尺度更大的湍流结构，尾迹区域涡街宽度与半弦长基本相当。此时再附特征无法继续维持，导致分离泡高度迅速增长、体积膨胀；该状态涡系结构与大迎角条件下的干净翼型比较类似。

翼型上表面 x 向各截面的瞬时流向涡量分布，更为清晰地显示了剪切层涡系展向相干湍流结构与壁面之间的相互作用，表征了分离泡扩张过程中剪切层涡脱离壁面、强度衰减的基本演化特征。对于图 3-15(a) 所示的流动再附状态，$x/c = 0.2$ 及 $x/c = 0.4$ 两个分离泡内部站位的影响区域高度及旋涡强度没有显著差异，均体现了剪切层涡与近壁面流动的汇合现象，表征了当地流动的再附效应；而再附点之后的 $x/c = 0.6$ 及 $x/c = 0.8$ 两个站位则表现出了旋涡强度降低、影响区域扩大的尾迹区特征，表明此时外层涡系的扩散作用占主导地位，内层涡系已经与当地边界层流动充分融合。而对于图 3-15(b) 所示的分离泡拉伸状态，各站位表现出的剪切层涡汇合趋势都较为微弱，旋涡影响区域高度沿流向逐次增加，演化成为更加精细和丰富的湍流结构，一定程度上体现了临界再附特征。直到图 3-15(c) 所示的分离泡膨胀状态，$x/c = 0.2$ 站位即表现出自由来流影响下显著的旋涡结构抬升现象，旋涡影响区域的扩展过程与图 3-15(b) 大致相同，但下游各站位法向高度的抬升幅度相对更大，旋涡结构的扩散及衰减现象更为明显，体现了再附效应的完全消失。结合上述大尺度分离泡扩张过程流动拓扑及相应的剪切层涡演化历程，图 3-16 以示意图形式简要给出了结冰翼型失速阶段分离泡扩张与剪切层涡输运之间的关联。

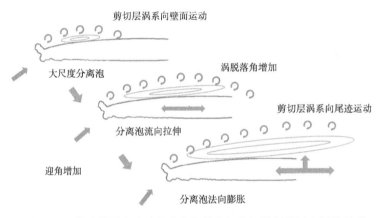

图 3-16　结冰翼型失速阶段分离泡扩张与剪切层涡输运之间的关联

图 3-17 以 Q 等值面的形式给出了失速过程瞬态流场的多尺度旋涡空间结构，图 3-18 提供了 $y/c = 0.05$、$y/c = 0.10$ 和 $y/c = 0.15$ 三个法向站位的瞬时速度条带分布。这表明，剪切层多尺度涡系的演化起始阶段均体现了显著的 K-H 不稳定性驱动效应，即剪切层失稳初始阶段冰角后方拖曳涡层卷起准二维涡管，准二维涡管由于外层高速自由来流夹带-展向涡旋转的诱导作用，逐渐上抬形成发卡涡涡头，两端则在近壁面低速流动阻滞效应影响下产生涡腿伸长效应，生成典型发卡

涡结构，在下游快速演化成为具备高度三维特征的展向相干发卡涡涡包[195,196]。结合展向涡量分布可知，剪切层涡演化形成的发卡涡涡包具备显著的正向旋转效应，能够将外部高能区域流体下扫注入分离泡内部，同时将内部低能区域流体上抛而脱离分离区域，从而产生法向动量输运，这是驱动混合层流动、导致动量厚度–涡量厚度增长的主要动力[197,198]。

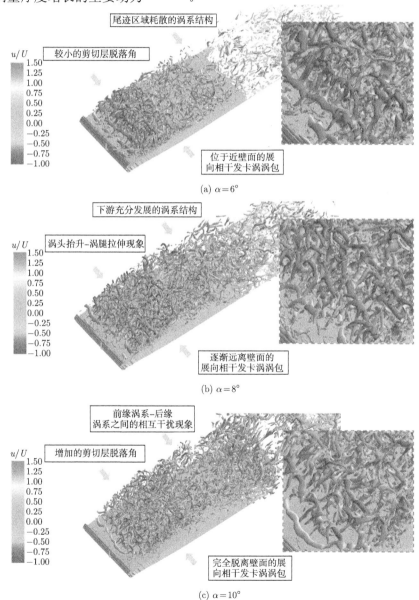

图 3-17 结冰翼型失速阶段分离泡扩张过程瞬态流场空间结构 Q 等值面分布 ($Q = 10.0$)

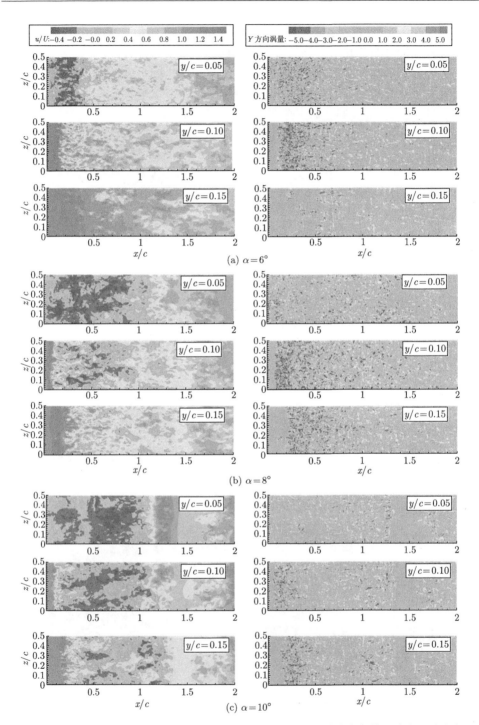

图 3-18　结冰翼型失速阶段分离泡扩张过程瞬态流场空间结构速度条带及法向涡量分布

当来流迎角影响较为有限时，内层发卡涡能够汇合进入下游边界层附近区域，为当地流动注入动量，促使再附现象产生；外层发卡涡则同时表现出相互干扰和逐渐耗散特征，沿流向演化成为更小尺度的旋涡结构。$y/c = 0.05$ 截面在 $x/c = 0.4$ 站位之前具备连续成片的负速度区域，之后伴随延伸到翼型后缘附近的准低速条带区域，但条带之间的间隔相对模糊。图 3-18(a) 表明，发卡涡涡头的扫掠高度大致位于 $y/c = 0.10$，在对应法向截面的 $x/c = 0.2$ 至 $x/c = 0.5$ 流向范围内观察到了发卡涡尾迹对应的典型低速条带分布，条带的流向延续性和速度展向交替均比较明显，表现了成熟发展的发卡涡特征。之后低速条带的数量和显著程度均沿流向逐步下降，表明内层发卡涡逐步与当地边界层融合，促进再附过程的完成。$y/c = 0.15$ 截面则主要体现外部加速流动效应，不过在后缘点下游也反映了一定程度的尾迹涡流向输运特征。

来流迎角的增加促进了发卡涡涡头向下游的抬升发展过程，伴随更为显著的涡腿拉伸现象，并且大部分涡包在运动过程中体现出了不同程度的耗散，反映剪切层涡系与壁面附近边界层流动之间的相互作用逐渐降低，向下游的动量输运过程延迟和减弱，直接导致再附效应衰减。随着发卡涡涡包的抬升，低速条带覆盖区域相应向流场下游及远离壁面方向移动，$y/c = 0.10$ 截面条带宽度随之增加，相对更接近连片低速区；典型条带结构则出现于 $y/c = 0.15$ 截面、$x/c = 0.3$ 至 $x/c = 0.8$ 流向范围内。随着来流迎角的进一步增加，剪切层涡系与壁面边界层流动的相互作用已经完全消失，但同时发卡涡涡包基本结构生命周期更长，能够在下游维持较远的传播距离，主要效应体现为与后缘诱导旋涡涡系之间的相互交汇干扰，形成更为复杂的小尺度旋涡结构。由于此时剪切层涡输运方向与水平面夹角已经较大，并且距离较远，在选取的截面范围内低速条带特征相对不明显，速度分布更多地体现大尺度分离涡底部回流区特征。

总而言之，翼型/冰形组合失速特性是由弱梯度影响下压力平台的减缩和延伸，亦即分离泡的拉伸和膨胀过程主导。失速过程中，剪切层涡系湍流脉动的流向和法向范围均随迎角大幅扩张，并逐渐向远离壁面的背景流动方向移动，脉动核心空间位置抬升，近壁面湍流强度降低。典型展向相干发卡涡涡包是冰角诱导剪切层失稳多尺度涡系中蕴含的主要湍流结构。发卡涡涡包上抛–下扫所产生的法向动量输运是驱动混合层流动、导致动量厚度–涡量厚度增长的主要动力。当来流迎角效应影响较为有限时，内层发卡涡能够汇合进入下游边界层，为当地流动注入动量，促使再附现象产生。来流迎角的增加促进了发卡涡涡包向下游的抬升发展过程，导致剪切层涡系与壁面边界层流动之间的相互作用逐渐降低，动量输运过程推迟和减弱，这是驱动失速过程分离泡结构演化的流体力学根源。

3.2　不同冰形–翼型组合条件下的分离流场结构

剪切层涡系与近壁面流动的掺混–融合效应是驱动结冰翼型分离流动再附的直接原因，因此，一定来流迎角/马赫数/雷诺数条件下的冰形–翼型几何特征共同决定了分离流场的基本性质。本节对不同冰形–翼型组合及来流参数下的临界失速分离流场结构进行数值模拟对比分析研究，以期验证 3.1 节获得的相关结论在冰形–翼型特征及来流条件改变时的适用性，并在此基础上厘清冰形–翼型几何参数及来流参数对失速分离特征的一般性影响规律。

3.2.1　冰形–翼型组合几何特征及计算网格

3.1 节研究工作选取的 GLC305 翼型是跨声速民机翼型的代表。本节考虑适用于较低速度域的民机基本翼型及常规纵横航向安定面翼型配置特点，根据结冰影响风洞试验研究的相关经典文献，选取 NACA0012 对称翼型-5min 单角冰形、NACA0012 对称翼型-3.5min 单角冰形及 NLF0414 层流翼型-623 双角冰形三种冰形–翼型组合，连同前文计算分析研究选取的 GLC305 跨声速翼型-944 双角冰形，构成一类代表性冰形–翼型族。它们分别代表较小张角/较大高度冰形/零弯度翼型组合 (A 组合)、较大张角/较小高度冰形/零弯度翼型组合 (B 组合)、较小张角/较小高度冰形/大弯度翼型组合 (C 组合) 和较大张角/较大高度冰形/小弯度翼型组合 (D 组合)，图 3-19 给出了上述冰形–翼型组合的大致形貌特征。

(a) NACA0012-5min

(b) NACA0012-3.5min

(c) NLF0414-623

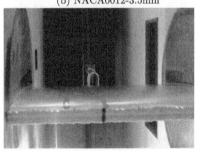
(d) GLC305-944

图 3-19　不同冰形–翼型组合的大致形貌特征 [31]

图 3-20 给出了不同冰形–翼型组合几何外形、上表面曲率分布及冰角附近空间网格的对比情况。二维冰形参数高度 h 和张角 θ 的定义方法如图 3-21 所示，表 3-2 给出了上述不同冰形–翼型组合的几何特征量对比情况。鉴于结冰状态下分离流动再附过程与翼型当地弯度/厚度分布具备密切的相关性，上述双参数还不足以完全反映冰形–翼型几何特征对分离流场的综合效应。因此有必要关注表 3-2 中列举的翼型弯度/厚度效应相关参数以及图 3-20 反映的曲率分布特征，从而更为全面地衡量冰形–翼型综合效应对分离形态的影响程度，在此基础上评估当地几何特征对再附区域及下游流动发展变化过程的作用机制。

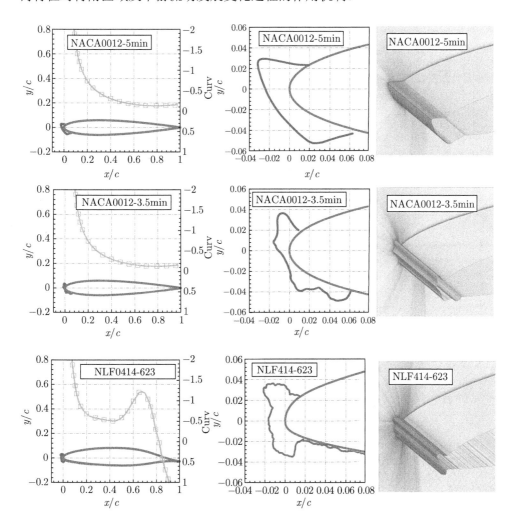

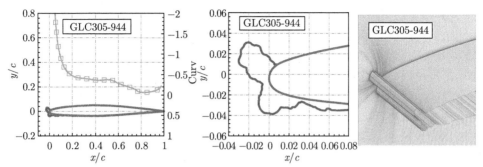

图 3-20　不同冰形–翼型组合几何外形、曲率分布及空间计算网格的对比

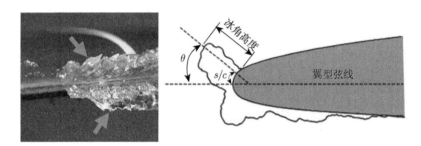

图 3-21　冰形特征参数示意图

表 3-2　不同冰形–翼型组合几何特征量的对比

几何特征量	冰形–翼型组合			
	NACA0012 -5min	NACA0012 -3.5min	NLF0414 -623	GLC305 -944
冰形高度 h	0.033	0.025	0.028	0.036
冰形张角 θ	$34°$	$50°$	$35°$	$45°$
翼型厚度 t	0.120	0.120	0.140	0.087
翼型上下表面厚度比 k	1.00	1.00	1.43	1.35

　　由于本书是基于几何无关线关联边界的思路构造结冰翼型计算网格，因此针对不同冰形–翼型组合的计算分析研究，可以沿用基准网格拓扑形式，根据当地几何特征调整拓扑块剖分形式及控制线曲率分布，从而在精确描述物面几何特征、保证近壁面网格质量的前提下，维持分离区域各向同性网格单元分布基本不变，尽量降低冰形几何形状变化对分离区域网格分布的影响。图 3-20 表明，当前计算网格在精确描述不同冰形–翼型几何特征的前提下，充分维持了冰角后方网格过渡及分离区域网格单元的不变性。

3.2.2　宏观分离流场时均特征对比

　　沿用之前章节形成的复杂流场精细数值模拟方法，基于结合 Roe-WENO 格式的 IDDES 方法开展临界失速分离特征的对比分析研究。计算分析状态参考各

冰形–翼型组合的相应风洞测压试验，表 3-3 给出了来流参数的对比情况。结合
Bragg 等 [31] 基于不同冰形–翼型开展的变马赫数/变雷诺数风洞试验测力结果来
看，在来流马赫数变化范围低于 0.4、雷诺数没有量级差异的前提下，马赫数/雷
诺数对前缘角状冰翼型气动特性的影响基本可以忽略。由于表 3-3 中各状态相应
的来流条件仍然处于压缩性基本可以忽略的低速流动范畴，基于翼型弦长的雷诺
数均为 10^6 量级，则可认为此时迎角是决定分离流动特性的主要自由来流变量。

表 3-3　不同冰形–翼型组合来流参数对比

来流参数	冰形–翼型组合			
	NACA0012 -5min	NACA0012 -3.5min	NLF0414 -623	GLC305 -944
来流迎角	4.0°	4.0°	5.2°	6.0°
来流马赫数	0.12	0.20	0.21	0.12
来流雷诺数	1.5×10^6	0.9×10^6	4.6×10^6	3.5×10^6

图 3-22 和图 3-23 分别以空间流线及 u 向速度分布的形式对比了不同冰形–
翼型组合的时均分离流场，表明不同状态下冰角后方均生成了典型分离泡结构，
体积、再附长度及高度依次增加，再附点介于 $x/c = 0.2$ 和 $x/c = 0.5$ 之间，
高度介于 $y/c = 0.3$ 和 $y/c = 0.6$ 之间，再附点之后均未产生显著二次分离。

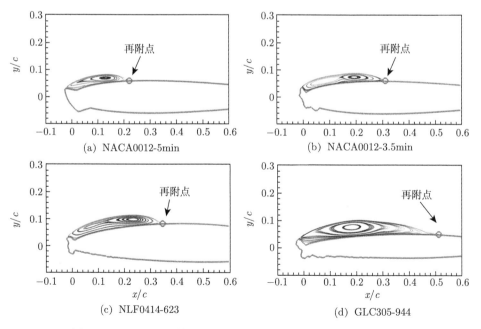

图 3-22　不同冰形–翼型组合时均分离泡结构平均再附点位置对比

对于来流迎角、冰形张角和翼型曲率效应影响均有限的 A 组合，分离泡影响区域局限于翼型前缘附近，表现出了较为急促的流动再附效应，再附点之后较好地维持了附着流特征。而对于冰形张角相对较大的 B 组合，再附点拓展至翼型上表面最大厚度位置之后，并且再附点后方立刻显示出近壁速度衰减趋势，一直延伸至翼型后缘。虽然 C 组合来流迎角较上述算例有所增加，但分离泡再附位置的相对后退量并不显著，形态变化更多表现为高度提升，再附点后方的流动附着特性相对良好，潜在的二次分离出现在 $x/c = 0.75$ 站位之后。相对于其余冰形–翼型组合，D 组合的所有分离诱导因素均较强、再附位置附近弯度效应不显著，相应分离泡长度最大，再附点附近过渡区域较长，影响遍及整个下游流动区域，不过后缘附近仍然没有显示出分离趋势。

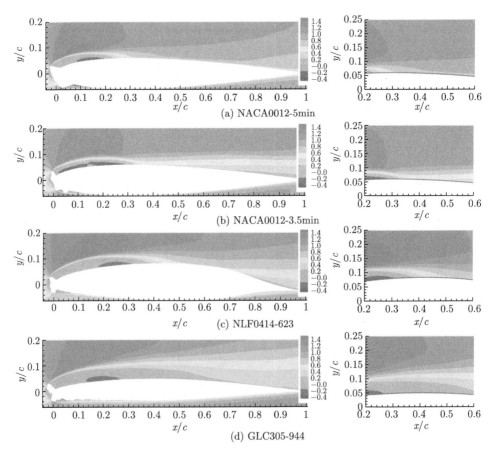

(a) NACA0012-5min

(b) NACA0012-3.5min

(c) NLF0414-623

(d) GLC305-944

图 3-23　不同冰形–翼型组合时均分离泡结构及再附点附近速度分布对比

图 3-24 给出了不同冰形–翼型组合时均压力分布数值结果与风洞试验的对比

情况，表 3-4 统计了相应的时均分离泡及压力平台特征参数，总体而言，数值方法能够较为精确地反映分离泡触发压力平台的高度特征及再附点之后的压力恢复过程，显示了结合五阶 Roe-WENO 格式的 IDDES 方法预测不同类型结冰翼型宏观气动力的良好适应性。不过除 D 组合外，获得的压力平台均略长于试验结果，指示了稍为延迟的剪切层失稳过程，表明当地亚格子尺度模型及网格分辨率仍然有进一步改进和提升的必要性，以更为精细地刻画冰角后方小尺度湍流结构生成演化的宏观统计效应。结合试验与计算结果来看，尽管 B 组合相对 A 组合压力平台长度/高度差异较小，均体现短压力平台、前缘吸力峰损失有限的特征，但与流动再附密切相关的压力恢复过程则更为和缓，逆压梯度的影响区域更靠近下游，指示了延迟的再附位置和更大的分离泡体积。在来流迎角增加的前提下，C 组合压力平台仍然相对较高，同时平台长度未出现显著增长，表明此时前缘吸力能够在一定程度上得到维持，但后缘附近压力梯度也趋于平台，指示了当地潜在的二次分离。D 组合压力平台同时具备高度较低、长度延伸至翼型中部的特征，前缘吸力损失较为显著，呈现了大尺度分离泡作用下典型的变异压力分布形态。上述宏观统计结果表明，虽然当前计算分析涉及的冰形–翼型几何特征及来流状态均存在一定差别，但流动结构仍然遵循大尺度分离泡主导下的基本特征，即分离泡回流强度–再附区域长度–压力平台高度之间的正相关性，这与 3.1 节根据失速过程归纳获得的流动规律一致，也是结冰研究领域公认的基本性结论。不过，进一步可以判断，各算例分离泡及压力平台特征之间的差异不仅仅简单取决于冰形几何参数和来流状态量，同时也与近壁面流动再附历程紧密关联。以下将结合更为精细和完备的流动参数分析，进一步剖析分离泡结构起始触发/流向拉伸/再附完成阶段的主控特征。

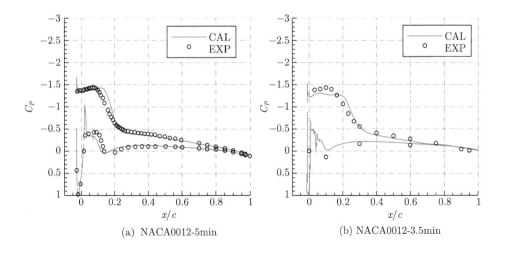

(a) NACA0012-5min   (b) NACA0012-3.5min

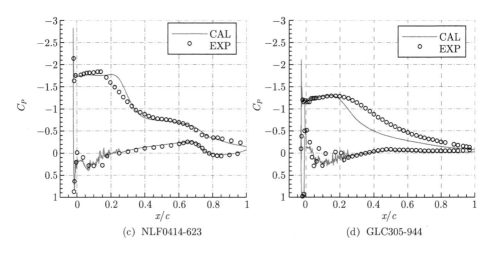

(c) NLF0414-623　　　　　　　　(d) GLC305-944

图 3-24　不同冰形–翼型组合时均压力分布对比

表 3-4　不同冰形–翼型组合时均分离泡及压力平台特征参数对比

特征量	冰形–翼型			
	NACA0012 -5min	NACA0012 -3.5min	NLF0414 -623	GLC305 -944
分离泡再附点 (x/c)	0.22	0.31	0.35	0.53
分离泡高度 (h/c)	0.034	0.032	0.044	0.062
压力平台长度 (x/c)	0.08	0.11	0.14	0.18
压力平台高度 $(-C_P)$	1.43	1.44	1.84	1.29

　　图 3-25 给出了不同冰形-翼型组合各站位 u 向时均速度型的对比情况。对于 $x/c = 0.15$ 站位指示的分离起始阶段，各组合近壁面回流强度及远离壁面速度量值的差异不大，冰形–翼型–迎角的综合效应主要影响速度法向恢复过程。除 B 组合外，速度恢复过程基本沿法向均匀抬升，与 3.1 节不同迎角下的翼型速度分布变化规律相类似，表明在冰形几何特征参数没有定性差异的前提下，来流迎角是该站位速度分布特性的主要影响因素。

　　相对于其余冰形–翼型组合，A 组合流向速度恢复最快，$x/c = 0.40$ 站位速度型即体现了显著的附着流动特征，表明再附过程迅速完成，下游各站位速度型形态差异很小。B 组合速度分布在该站位则主要体现了再附点越过翼型最大厚度位置之后产生的加速效应，以及冰形张角增加对速度恢复过程的延缓效应。虽然 C 组合相对于 B 组合来流迎角有所增加，但由于翼型当地弯度在一定程度上抵消了迎角效应，两者的速度恢复量值较为接近。D 组合近壁面速度分布仍表现出回流特征，由于当地流动尚未完成再附，相应恢复到来流速度的空间距离最长。在下游 $x/c = 0.60$ 和 $x/c = 0.75$ 站位，对于以再附流动发展为主要特征的 A/D 组合，由于压力平台长度/高度相应较低，逆压梯度影响有限，且再附点后方曲率变化光顺，因此后缘速度量值表现沿流向持续增加的特点。而对于后缘附近显示出二次分离趋势的 B/C 组合，在当地压力梯度/曲率效应的影响下，速度分布则分别呈现持续减速/先加速后减速的特征。前者由于分离泡较短、压力平台较高，逆压梯度的全局作用较为显著，对加速效应的抑制原理类似于干净翼型；后者则在 70% 弦长附近存在曲率突变，触发逆压梯度从而使得当地速度衰减，结合 Mirzaei[43] 及 Marongiu 等 [65] 的 RANS 分析结果，该效应导致的后缘大规模分离前传对于翼型失速特性的影响可能大于前缘分离泡的直接作用，更加凸显了结合翼型上表面全局几何特征综合分析失速分离影响因素的意义所在。

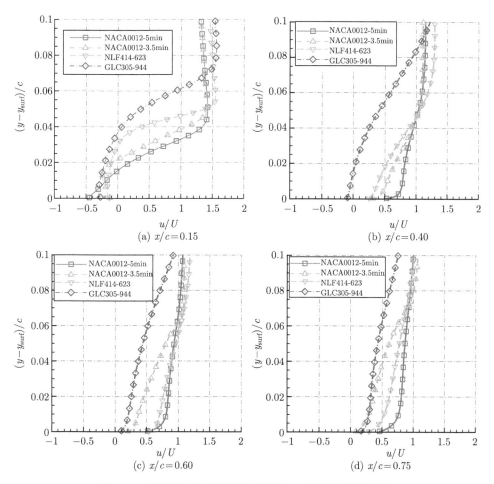

图 3-25　不同冰形–翼型组合各站位 u 向时均速度型对比

图 3-26 提取了不同冰形–翼型组合各监测点 u 向速度分布相关特征量。大体而言，虽然各项特征量的量值大小有所差异，但沿流向变化的基本特征却较为

一致。图 3-26(a) 与 (b) 给出的近壁面回流区域法向高度及速度峰值体现了来流迎角–冰形张角两者对分离流场的综合影响。各组合回流区域高度均低于冰角，或与冰角高度相当，回流速度峰值分布于来流速度的 15%~50% 范围内。除 D 组合外，各组合回流区域/强度的变化趋势基本相反，即迎角–冰形的综合扰动越强，则回流区域范围越大，强度相应越低。图 3-26(c) 给出的 u 向加速过程法向距离表征了分离泡及其尾迹流动对近壁面速度特性的影响，该特征量的变化规律与冰形几何参数之间的关联性较弱，而与来流迎角单一因素改变的情况比较类似。图 3-26(d) 给出的 u 向速度法向最大差量则与图 3-26(c) 共同衡量了流场剪切–再附现象的强度，表明流向较大的剪切变化率对应较为提前和急促的再附现象；随着再附过程的完成，当地流动剪切水平迅速下降，在后缘附近再附区域趋于不变。

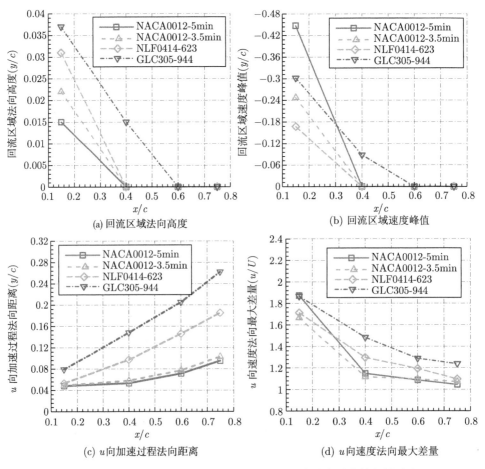

(a) 回流区域法向高度　　　　　　　　　　(b) 回流区域速度峰值

(c) u向加速过程法向距离　　　　　　　　(d) u向速度法向最大差量

图 3-26　不同冰形–翼型组合流向各监测点 u 向速度分布特征量对比

图 3-27 共提取了边界层名义厚度/位移厚度/动量厚度/涡量厚度四项特征量。图 3-27(a) 反映各组合名义厚度变化规律差异不大，均呈现沿流向逐次增长的趋势，表征了分离泡及尾迹对近壁面流动特征的综合影响。D 组合名义厚度相对于其余组合存在 0.04 左右的平移量，体现了冰形及张角共同作用下较大分离起始高度的影响。图 3-27(b) 表明，对于本节涉及的分离–再附流动而言，位移厚度分布均能够以再附点后方区域作为分界线，划分为量值逐渐降低、体现再附效应的下降阶段，以及量值重新增长、体现近壁面速度降低的上升阶段，这与 Broeren 等 [40] 获得的试验结果基本一致。其中 B/C 组合均于流动再附之后表现出了相对较强的近壁面速度衰减，对应于翼型最大厚度位置/曲率突变位置后方的潜在分离。与图 3-27(b) 类似，图 3-27(c) 反映临近再附位置之前动量厚度量值变化较为有限，表明此时相应的剪切层涡系基本拟序、相对稳定，而再附位置之后，

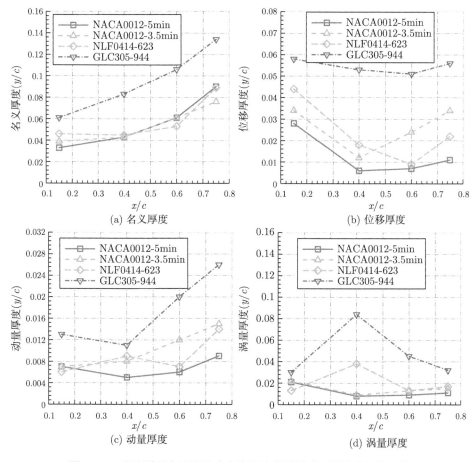

图 3-27　结冰翼型失速阶段分离泡湍流流场近壁面厚度特征量对比

随着剪切层涡系的拉伸、变形和破碎，当地湍流结构复杂度进一步提升，影响区域随之不同程度地扩张，这以 C 组合的分离–再附–潜在二次分离为典型代表。图 3-27(d) 显示各组合再附点附近均存在涡量厚度较高的区域，指示了法向流动混合效应与分离泡再附过程的密切联系，而峰值量值则与分离区域高度直接相关。注意到 C/D 组合涡量厚度峰值特征均相对显著，表明虽然此时 C 组合分离泡影响比较有限，但存在一定程度的展向拉伸趋势。

上述结果表明，虽然结冰状态随机性导致冰形形貌特征差异巨大，基础翼型的几何特征也各不相同，但是对于前缘角冰翼型而言，分离–再附平均流场的基本拓扑结构及细观分布特征均呈现类似的分布规律。结冰触发分离起始区域的速度分布特征是由冰形参数和来流迎角共同决定的，来流迎角及冰形高度/张角对分离泡结构生长的促进效应是基本类似的，并且在来流状态确定的前提下，冰形几何参数改变对分离流场宏观特征只有定量影响。而再附点附近及下游流动发展变化过程则由翼型当地几何特征，特别是弯度–曲率分布主导，相对靠近后缘的翼型最大厚度位置/较大的翼型弯度共同构成的壁面约束，能够在一定程度上抵消由前缘扰动增长导致的分离泡弦向拉伸现象。相反，当分离泡位于弯度/厚度效应不显著的壁面区域或越过最大厚度/曲率突变点时，则将激励分离泡的扩张过程。对于存在上表面特别是后缘附近曲率突变的翼型而言，不仅需要考虑分离泡直接影响下的前缘分离特征，还尤其应当关注前缘分离–后缘二次分离之间的耦合效应，这对于大型客机通常采用的超临界翼型而言更为重要。

3.2.3　湍流平均统计量分布特征对比

图 3-28 分别以 u_{RMS} 及 v_{RMS} 分布的形式给出了不同冰形–翼型组合湍流流场平均统计量的对比情况，各组合宏观湍流流场分布沿弦向大致可划分为初始形成区域–湍流核心区域–壁面作用区域–尾迹耗散区域。参考 3.1 节翼型失速阶段湍流统计特征，初始形成区域位于冰角后方剪切层失稳起始位置，主要现象表现为准二维涡管卷起生成三维发卡涡的过程，湍流脉动特征尚未显性；湍流核心区域大尺度发卡涡相干结构已经发展成熟且具备拟序特征，还未体现出壁面约束影响，因而在相当长的弦向距离上能够维持较高的脉动量值；壁面作用区域与空间发卡涡结构与近壁面边界层融合驱动下的再附过程直接相关，此时脉动量值快速降低；下游区域脉动强度沿流向逐渐衰减，且在法向趋于各向同性，体现尾迹耗散的基本特征。

A 组合较早地表现出了流动失稳激发当地湍流脉动的现象，脉动核心位于翼型前部，作用区域相对贴近壁面，表征了相对急骤且完全的流动再附过程，之后湍流强度沿流向迅速衰减，影响区域则沿法向迅速发展。在较高的自由来流马赫数影响下，B 组合湍流脉动激发区域及核心区域均相对靠后，越过了翼型最大厚度位置，影响范围一直延伸到尾迹区域，类似于 Bolgar 等 [199] 针对后台阶流动开展变马赫数 PIV 试验得到的相关现象。虽然 C 组合湍流核心区域脉动量值相对较高，并且在起始阶段表现出了一定程度的脱离壁面趋势，但由于翼型当地厚度逐渐增加的几何特征与湍流传播特性能够匹配，所以脉动区域仍然能够较早地与近壁面流动汇合，在 $x/c = 0.30$ 附近完成再附，并且在壁面作用区域后方迅速衰减，但由于后缘附近翼型曲率效应的激发作用，使得当地湍流强度又重新提升。D 组合湍流脉动的影响则遍及整个下游流场，核心区域及尾迹耗散区域的覆盖范围均较大，体现了壁面几何特征–自由来流状态双重影响下充分发展的湍流结构生成及扩散效应。相对于 $u_{\rm RMS}$ 分布，不同冰形–翼型组合相应的 $v_{\rm RMS}$ 分布呈现出湍流脉动区域距壁面稍远、与壁面之间过渡区明显、扩散效应较弱、影响区域相对集中的特点。

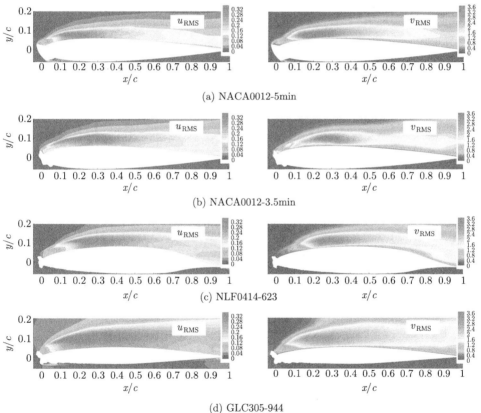

(a) NACA0012-5min

(b) NACA0012-3.5min

(c) NLF0414-623

(d) GLC305-944

图 3-28 不同冰形–翼型组合 $u_{\rm RMS}$ 及 $v_{\rm RMS}$ 分布的对比

图 3-29 分别给出了不同冰形–翼型组合各监测点 $u_{\rm RMS}$ 及 $v_{\rm RMS}$ 分布的对比情况，图 3-30 反映了 $u_{\rm RMS}$ 及 $v_{\rm RMS}$ 脉动峰值位置和量值沿流向的变化趋势。各站位湍流脉动平均统计分布符合结冰翼型分离–再附流动的预期情况，即分离区

域脉动峰值强度及法向位置基本维持不变或略有降低，而再附区域峰值强度则沿弦向表现出不同程度的持续衰减趋势，位置相应逐步抬升。上述现象表明，虽然此时冰形/翼型/来流状态均存在差异，但壁面附近的强湍流脉动仍然是再附效应的直接表征[193]。

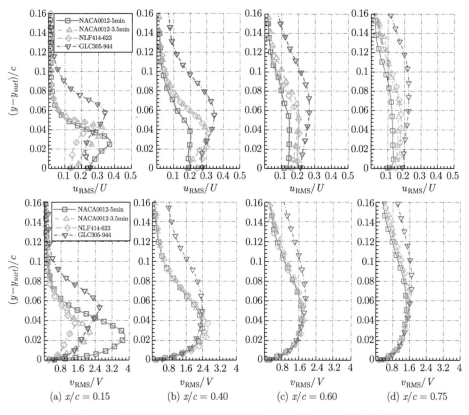

图 3-29　不同冰形–翼型组合各监测点 u_{RMS} 及 v_{RMS} 分布的对比

　　就湍流特征量的流向分布情况而言，对于处在脉动初始激发区域的 $x/c = 0.15$ 监测点，湍流脉动的两分量均具备显著的峰值特征，随迎角/冰形扰动影响的增加，脉动量值降低、影响范围扩大，在一定程度上表明，来流迎角及冰形高度/张角增加对冰角后方当地湍流分布的作用是一致的。而对于处在壁面作用区域的 $x/c = 0.40$ 监测点，就邻近上游再附/尚未完成再附的流动形态而言，当地 u_{RMS} 分布峰值特征仍然明显；但对于较早完成再附的 A 组合，脉动分布已经表现为得到充分发展的分离泡尾迹形态。除脉动峰值起始位置较高的 D 组合外，其余组合下游 $x/c = 0.60$ 和 $x/c = 0.75$ 监测点的湍流空间分布规律基本类似，逐渐体现法向上的脉动均匀性，峰值特征趋于消失；且经过相同距离的衰减率和抬升量也大致相同，这在 v_{RMS} 分布中体现得尤为明显，不同组合的脉动峰基本收束到同一量值，表明在流动能够完成再附的前提下，分离泡尾迹的扩散趋势都是较为类似的。

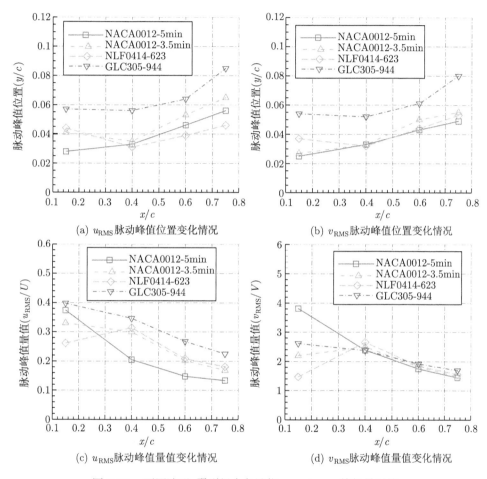

(a) u_{RMS} 脉动峰值位置变化情况

(b) v_{RMS} 脉动峰值位置变化情况

(c) u_{RMS} 脉动峰值量值变化情况

(d) v_{RMS} 脉动峰值量值变化情况

图 3-30 不同冰形–翼型组合各站位 u_{RMS}/v_{RMS} 特征量对比

3.2.4 瞬态流场结构对比

图 3-31 以 U 向速度分布及空间流线的形式给出了不同冰形/翼型组合的瞬态流场概貌。与 3.1 节失速过程算例类似，各组合瞬时再附位置附近均体现出多尺度旋涡结构输运影响下的非均匀速度分布。但是，区别于 D 组合失速点之后冰形–来流迎角对分离流场综合扰动效应较强，速度分布非线性、不规则特征显著的特点，对于冰形–迎角综合影响较小的 A、B、C 组合，再附位置附近的流动拓扑

相对简单，可以较为清晰地辨识出接近时均再附位置的瞬时再附点，并且回流区域瞬时边界及速度分布特征与时均分离泡也较为接近。反映此时流场的时间相关效应相对较弱，前缘附近的分离泡还并不足以对全局气动特性产生强非定常、颠覆性影响。此外，分离泡尾迹区域的空间流线分布同样表明，此时 C 组合壁面约束有效控制了前缘分离的影响范围，这与时均速度分布结果一致。

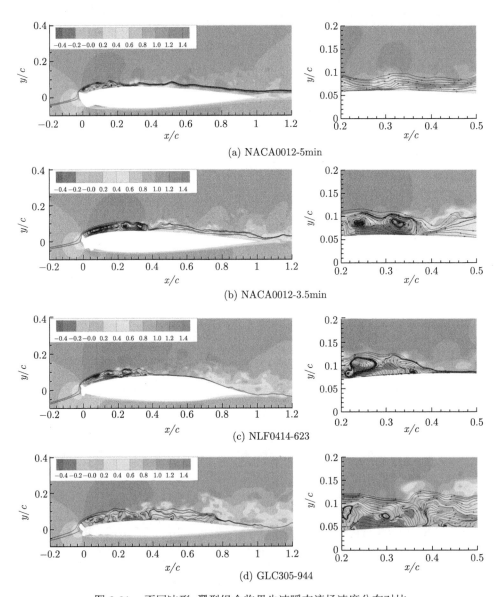

图 3-31   不同冰形–翼型组合临界失速瞬态流场速度分布对比

图 3-32 分别以展向及流向涡量分布的形式对比了不同冰形–翼型组合瞬态流场的多尺度旋涡结构，特别是给出了再附点附近剪切层涡系与壁面附近流动的作用特征。由于以冰形几何–来流状态为代表的前缘扰动及以翼型当曲率分布为代表的壁面约束特征之间影响权重各不相同，从而冰角顶端剪切层的失稳卷起、剪切层涡系向下游的演化和输运特征、剪切层涡与壁面之间的作用规律，以及尾迹区域的旋涡耗散过程等都存在差异。在相对较低的来流迎角/马赫数下，A 组合冰角后方剪切层迅速失稳，由于此时冰角高度略低于翼型上表面最大厚度，冰角–翼型之间形成了类凹腔结构，剪切层失稳后生成的底层旋涡结构经过短暂的发展变化之后，在 $x/c = 0.2$ 附近即与当地边界层流动充分汇合，促使再附过程迅速完成。外层旋涡向下游的输运过程中伴随有限的法向扩张和显著的耗散，在翼型后缘附近即演化成为尺度更小、强度较低的尾迹涡。B 组合在冰形张角扰动效应的影响下，剪切层涡与壁面之间的距离相对于 A 组合有所增加；并且在较高的自由来流马赫数下表现出脱落剪切层强度较高、失稳位置向下游移动的特点，这与朱文庆等在低速喷流结构数值模拟研究中反映的剪切层失稳随马赫数增加而延迟的现象一致。尽管流动于 $x/c = 0.3$ 附近已经基本完成了再附，但再附点之后旋涡强度仍然较高，相当部分剪切层涡脱落进入下游，并在尾迹区域形成了大尺度周期性涡街。虽然在来流迎角影响下 C 组合剪切层脱落角较上述组合更大，但是由于翼型具备较大的当地弯度，使得剪切层涡能够在 $x/c = 0.4$ 附近与当地边界层流动汇合并完成再附过程。但是，由于该汇合点已经接近最大弯度位置，此后分离泡将呈现较为显著的拉伸特征。

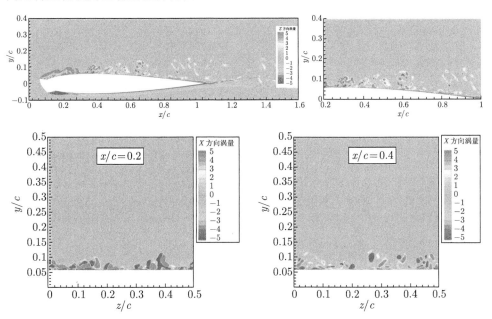

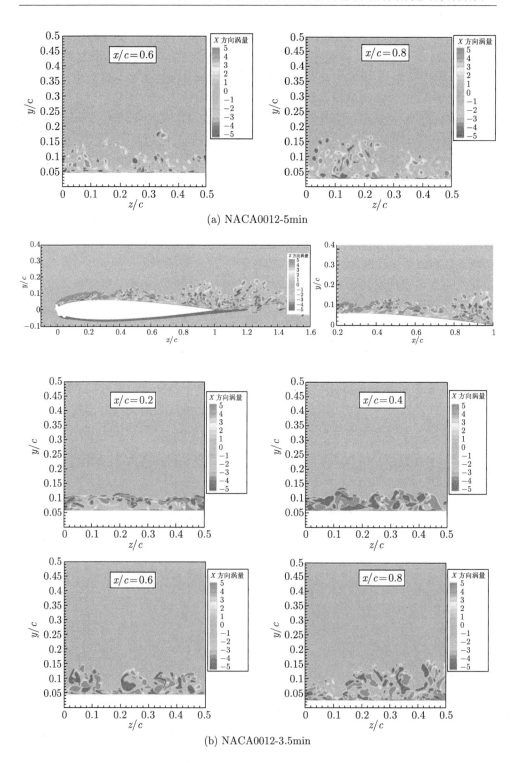

(a) NACA0012-5min

(b) NACA0012-3.5min

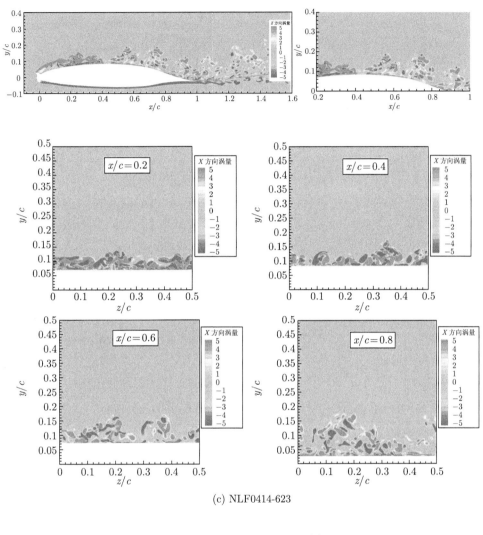

(c) NLF0414-623

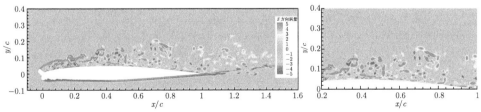

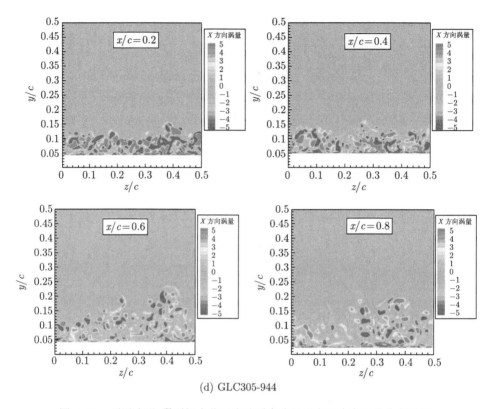

(d) GLC305-944

图 3-32　不同冰形–翼型组合临界失速瞬态流场展向及流向涡量分布对比

　　不同于 B 组合与剪切层涡输运相关的后缘涡系增长过程，C 组合后缘附近旋涡结构是在当地压力梯度的驱动下重新生长形成的，生成原理类似于 Deck[93] 提出的第二类分离触发机制。相对于其余冰形/翼型组合大部分剪切层涡均参与再附过程、直接进入尾迹区域旋涡结构占比较少的特点，D 组合分离流场中相当部分剪切层涡是以外层旋涡的形式直接进入尾迹区域，同时表现出一定程度的耗散特征，对应于相对较长的再附空间历程与体积较大的时均分离泡结构。

　　图 3-33 以 Q 等值面的形式给出了不同冰形–翼型组合瞬态流场的多尺度旋涡空间结构；图 3-34 给出了 $y/c = 0.10$ 站位相应的低速条带及法向涡量分布情况。大体而言，不同冰形/翼型组合剪切层涡系的空间发展变化过程，仍然均具备 K-H 不稳定性影响下冰角后方剪切层失稳–准二维涡管卷起–准二维涡管涡头上升、涡腿拉伸形成发卡涡结构的典型流动特征。但是，由于自由来流条件和冰形/翼型几何特征各异，多尺度旋涡的空间发展过程存在相应区别。

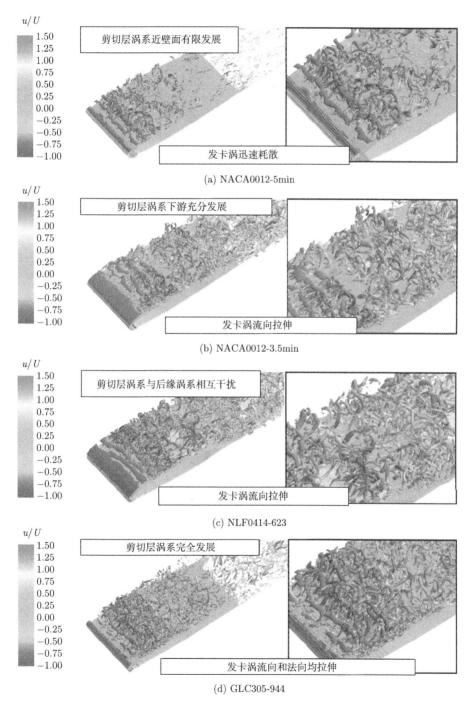

图 3-33 不同冰形–翼型组合瞬态流场 Q 等值面分布对比 $(Q = 10.0)$

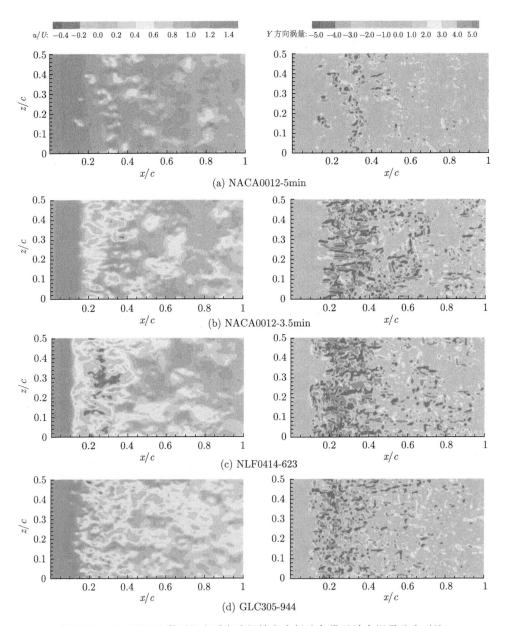

图 3-34　　不同冰形–翼型组合瞬态流场等高度低速条带及法向涡量分布对比

　　A 组合瞬态流场主要体现了前缘附近剪切层涡的驱动作用，在冰角后方较短距离处即形成典型发卡涡涡包相干结构，但大部分近壁面发卡涡经过短暂的流向演化后即汇入当地边界层，仅有少量外层发卡涡结构完整地进入分离泡尾迹区域，这与迅速完成再附过程的短分离泡结构直接相关。由于此时大多数内层发卡涡的生命周期相对较短，且输运高度较为接近壁面；因此对于所监测的高度位置，在回流范围内没有观察到明显的低速条带分布，而再附位置后方却存在流向长度约为 $0.2c$ 的条带区域，并且条带数量相对稀疏，流向延续性也较为短暂。

B 组合多尺度旋涡演化过程大致可根据流动瞬时再附位置分为前后两部分，两者之间存在一定宽度的过渡区域。再附位置之前主要体现剪切层失稳–卷起现象延迟、发卡涡涡腿流向拖曳效应较强的特点，体现了当地流动较强的水平剪切效应，因而时均分离泡主要呈现拉伸特征。再附位置之后则主要体现尾迹流动向下游的不断发展和扩张过程，虽然此时当地湍流结构仍然能够保留一定程度的发卡涡特征；但在旋涡相互干扰及耗散效应的影响下，尾迹流场的涡系基本形态已经与具备较强拟序特征的涡包结构有较大差异，相应再附点之前低速条带的展向界限并不清晰。

虽然 C 组合在来流迎角的影响下，剪切层失稳形成发卡涡的过程中表现出了一定程度的涡头上抬现象，但在翼型当地弯度–曲率效应的影响下，近壁面低速流动对涡腿的水平拉伸作用体现得更为显著，发卡涡仍然能够为分离区域注入能量，从而促进流动再附，抑制了分离泡的空间膨胀过程。与 A 组合特征恰好相反，由于当地发卡涡涡包的抬升高度较大，此时近壁面条带分布更接近于连片低速区。相对于 B 组合而言，C 组合后缘附近具备更强的压力梯度，因此发卡涡涡包呈现出一定程度的二次发展现象，并且能够延续到后缘下游空间区域。

D 组合与 A 组合的涡系空间结构相对类似，但在前缘冰角–来流迎角的综合驱动下，剪切层失稳后涡系结构得以在空间自由发展，发卡涡涡包相对成熟，且涡头抬升量较大、涡腿拉伸量较长，直接输运进入尾迹区的旋涡结构占比较高，使得再附效应相对弱化，时均速度场混合区长度相对增加，因此生成的分离泡体积相对较大，并且呈现出最为清晰和完整的近壁面低速条带分布，法向涡量集中于再附位置之前，再附过程完成后则体现持续的旋涡衰减及耗散效应。

总而言之，对于常见结冰环境中生成的前缘角状冰及民机常用翼型而言，结冰状态下的翼型分离流场宏观拓扑及剪切层旋涡结构生成演化规律具备内蕴的关联性和相似性，不仅由冰形及来流参数决定，并且还与翼型本体几何特征密切相关。结合上述不同冰形–翼型组合数值模拟分析结果，可以初步归纳出能够延拓于冰形–翼型几何随机性条件下的一般性影响规律，图 3-35 简要给出了上述影响机制的示意图。

(1) 冰形高度/张角/来流迎角的增加，本质上均促进了冰角触发的发卡涡涡包向下游的抬升发展过程，引起动量输运过程的推迟和减弱，从而导致大尺度分离泡结构的拉伸–膨胀现象。因此，翼型前缘结冰状态下，以冰形高度和张角为代表的几何扰动和以来流迎角为代表的外加扰动对剪切层失稳初始阶段多尺度涡系结构演化过程及分离泡形貌特征的影响事实上是高度等价的。

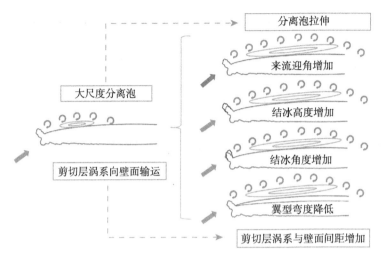

图 3-35　不同冰形–翼型组合扰动特征对剪切层涡系结构演化过程的影响示意图

(2) 内层发卡涡汇合进入下游边界层为当地流动注入动量是促使再附现象产生的直接原因，那么汇合区域附近的翼型弯度/曲率分布无疑会在很大程度上影响再附现象的发生位置、过渡形式及稳定程度等重要特征，并且决定再附之后是否会出现二次分离等更为复杂的流动现象。

基于上述两点，降低结冰对翼面气动特性影响的一般性原则是，通过有效控制当地弯度分布特征，尽可能降低前缘扰动的传播距离，使得剪切层失稳触发生成的发卡涡涡包尽快与下游边界层融合，从而抑制宏观分离泡的生长，特别是拉伸过程。这是第 7 章基于前缘变弯度的容冰气动力设计研究所遵循的空气动力学理论依据。

3.3　本 章 小 结

本章结合复杂流场精细分析方法，揭示了结冰翼型失速阶段大尺度分离泡再附–拉伸–膨胀时均统计过程流场拓扑与剪切层多尺度旋涡结构演化之间的链路关系，厘清了冰形–翼型几何随机性影响下决定分离流场基本特征的共性因素及作用机制。主要结论包括以下方面。

(1) 翼型结冰状态下的失速特性由弱压力梯度影响下前缘分离泡的持续拉伸和膨胀过程主导，而非干净翼型在较强逆压梯度影响下产生的边界层后缘/前缘分离。失速过程中剪切层涡系湍流脉动的流向和法向范围均随迎角大幅扩张，并逐渐向远离壁面的背景流动方向移动，脉动核心空间位置抬升、近壁面湍流强度降低。

(2) 典型展向相干发卡涡涡包是冰角诱导剪切层失稳多尺度涡系中蕴含的主

要湍流结构。发卡涡涡包上抛–下扫所产生的法向动量输运是驱动混合层流动,导致动量厚度–涡量厚度增长的主要动力。当来流迎角效应影响较为有限时,内层发卡涡能够汇合进入下游边界层,为当地流动注入动量,促使再附现象产生。

(3) 来流迎角的增加促进了发卡涡涡包向下游的抬升发展过程,导致剪切层涡系与壁面边界层流动之间的相互作用逐渐降低,动量输运过程推迟和减弱,这是驱动失速过程分离泡结构演化、再附效应衰减的空气动力学根源。

(4) 结冰触发分离起始区域的流场特征由冰形参数和来流迎角共同决定,而再附点附近及下游流动发展变化过程则由翼型当地几何特征主导。自由来流迎角及冰角几何特征共同影响发卡涡涡包的输运过程,而当地曲率分布则影响发卡涡汇合进入下游边界层的历程。

(5) 冰形–翼型几何随机性影响下的分离流场宏观拓扑及旋涡结构生成演化规律具备内在的关联性和相似性。以冰形高度和张角为代表的几何扰动和以来流迎角为代表的外加扰动对剪切层失稳初始阶段多尺度涡系结构演化过程及分离泡形貌特征的影响高度等价。

(6) 仅凭冰角形状和位置参数不足以全面地反映冰形–翼型几何特征对分离流场的综合效应。翼型局部壁面约束特别是弯度–曲率分布效应直接决定了内层发卡涡汇合进入当地边界层的时机及形式,进而主导再附现象的发生位置、过渡形式及稳定程度,从而对失速阶段分离流场的演化过程造成深刻影响。

第 4 章 大型客机后掠翼结冰状态宏观失速特性研究

高亚声速大型客机后掠翼结冰状态下的空气动力学特性,不仅体现翼型特征,并且还受到展向横流效应的显著影响;进一步地,还与具体气动布局形式及部件气动耦合特征密切相关。本章基于具备典型大型客机特征的背景飞机翼面结冰构型,综合数值模拟方法及小尺度缩比模型风洞试验,以期综合验证结冰状态下全机气动特性评估手段的可用性,厘清结冰对民用飞机全机气动特性,尤其是失速特性的影响概貌,从而为民机结冰致灾机理研究提供更为详尽的空气动力学依据,也为更为深入的翼面结冰分离流场演化规律研究提供先期的气动特性宏观描述。

4.1 大型客机机翼结冰构型构造及风洞测力试验

能够准确可靠地反映典型现役民机型号的基本特征,是开展结冰状态下机翼空气动力学和分离流场特性研究的先决条件。NASA GTM 构型 [57] 结冰状态风洞试验研究的出发点,即是针对接近于实际大型客机构型的标准模型,系统地分析结冰对全机气动特性的影响特征及其内在机制。面向国家重大科技专项 "大型飞机工程",基于 A320/B737/C919 量级的 150 座中短程双发单通道窄体民用运输机的气动布局 [200,201] 数据,构造了包含机翼/机身/短舱/吊挂/垂尾/平尾/小翼在内的大型客机三维几何构型,将其定义为研究背景飞机,其气动外形如图 4-1 所示,气动布局参数如表 4-1 所示。

背景飞机基本翼的超临界翼型配置、弯扭分布等设计特点符合 $Ma = 0.78$ 的高亚声速巡航条件 [202],大涵道比翼吊布局发动机短舱几何参数与 CFM LEAP 系列商用涡扇发动机基本一致。该构型作为 "973" 计划的通用平台,广泛应用于结冰生成过程、结冰影响分析、防/除冰技术应用、飞行安全边界等课题研究 [203]。

用于结冰影响分析的二维冰形由上游研究专题发放,基于背景飞机后掠翼模型及典型结冰环境数值模拟获得,模拟条件如表 4-2 所示。图 4-2 给出了几何外形光顺处理后的典型站位冰形。该组冰形反映了典型前缘双角冰沿后掠翼展向分布的三维几何特征,机翼外侧结冰程度较内侧严重,上冰角高度沿展向从 $0.01c$ 增加到 $0.03c$ 以上,张角分布于 $20° \sim 50°$。冰形高度相对量值和展向分布特征,与通常结冰风洞试验和飞行试验的测量结果定性一致,接近于 CRM65 机翼结冰

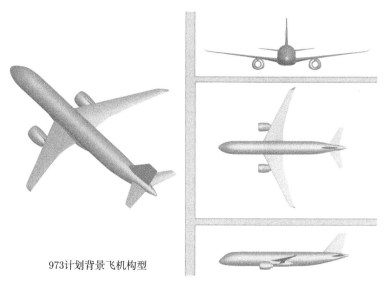

973计划背景飞机构型

图 4-1 大型客机翼面结冰影响研究背景飞机的构型

表 4-1 背景飞机及现役主要单通道窄体客机的机翼气动布局参数

飞机构型	参考面积	1/4 弦线后掠角	翼展	平均气动弦长	梢根比
A320-200	122.4m^2	25°	33.9m	4.288m	0.24
B737-800	124.6m^2	25°	34.3m	4.170m	0.28
背景飞机	123.0m^2	25°	34.0m	4.250m	0.25

影响研究所采用的冰形几何尺寸及张角。沿展向对上述冰形光顺连接后,与干净构型接合,形成用于空气动力学特性影响分析的机翼结冰构型。

表 4-2 背景飞机翼面结冰影响研究的翼型结冰数值模拟条件

来流速度	来流迎角	过冷水滴粒径	液态水含量	结冰温度	结冰时长
120m/s	2°	20μm	0.45g/m^3	263.15K	22.5min

在中国空气动力研究与发展中心 ϕ3.2m 低速开式回流风洞 (FL-14)[204] 中完成了全机缩比模型带模拟冰形测力试验[205]。风洞开式试验段长度 5m、直径 3.2m,具备 11.5~115m/s 风速范围的试验能力,来流湍流度低于 0.3%。根据背景飞机的三维结冰数模完成了缩比尺度 5%的碳纤维模型加工制造,腹撑风洞试验模型如图 4-3 所示。试验自由来流速度为 30m/s,采用动压控制系统进行稳定,试验测量可靠性通过多次重复验证。在较大范围的迎角/侧滑角内进行了干净构型及带冰构型的三轴气动力和力矩测量,并完成了支架干扰修正。除上述静态测力试验外,还基于该平台系统开展了三自由度虚拟飞行试验[206,207]。

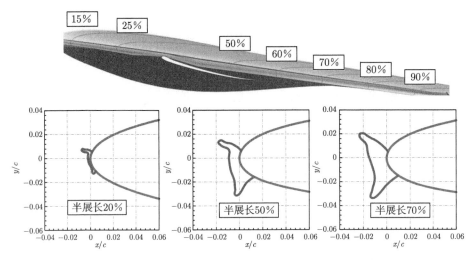

图 4-2   背景飞机翼面结冰影响研究的冰形及翼面结冰构型

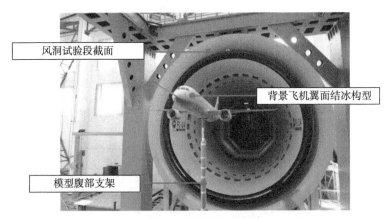

图 4-3   背景飞机翼面结冰构型风洞测力试验[205]

4.2   机翼结冰状态失速特性变化规律

4.2.1   全机构型多块结构化计算网格

采用 ICEM-CFD Hexa 生成全机构型多块结构化计算网格，网格拓扑结构参考典型翼吊布局运输机的干净构型 (DLR-F6/NASA CRM) 生成[208,209]，计算域为 $200c \times 200c \times 150c$ 的长方体区域。网格生成策略为：首先完成干净构型全机网格拓扑，在此基础上结合双角冰几何特征对翼面前缘附近的局部结构块进行重新划分、关联和调整，完成结冰构型网格拓扑。图 4-4 给出了计算域及远场网格拓扑示意图。

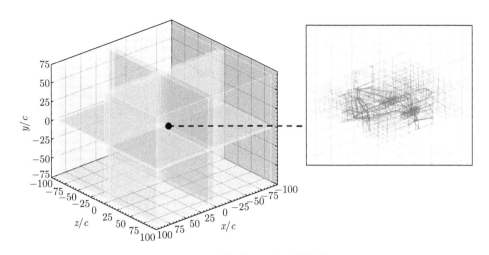

图 4-4 计算域及远场网格拓扑

参考 RANS 网格敏感性分析结果，基于中网格尺度对上冰角后方空间计算网格分布进行细化，即前缘附近分离区域网格单元尺度低于 $1/8H(0.005c)$，翼中附近区域适当松弛。近壁面首层网格的高度定义为 $10^{-5}c$，法向拉伸系数为 1.05，以确保 y^+ 不大于 1，整个计算域的网格结点总数约为 1.0×10^7。图 4-5 给出了近场网格拓扑以及干净构型和结冰构型计算网格对比情况。

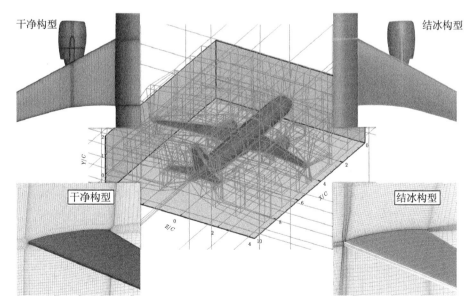

图 4-5 近场网格拓扑以及干净构型和结冰构型计算网格

4.2.2　数值模拟方法验证及雷诺数效应影响分析

考虑本次风洞试验模型具备较小的缩比尺度,导致试验雷诺数较飞行雷诺数低两个量级,首先需要分析雷诺数效应对干净构型/结冰构型气动特性的影响,从而在校核数值模拟方法可靠性的同时评估风洞试验结果的适用范围。基于第 3 章形成的 RANS 模拟方法,分别在风洞试验条件 $Ma = 0.10$,$Re = 5.0 \times 10^5$ 与低速飞行条件 $Ma = 0.20$,$Re = 2.0 \times 10^7$ 下,开展干净构型与结冰构型纵向气动特性对比分析,以剖析雷诺数效应对全机气动力,特别是失速特性和分离特性的影响。计算几何参考值如表 4-1 所示,俯仰力矩参考点按照腹撑模型选取,为真实尺寸坐标系下距机头 17.2m 位置。

1) 雷诺数效应对干净构型纵向气动特性的影响分析

图 4-6 基于数值模拟方法反映了雷诺数效应对干净构型纵向气动特性的影响,同时给出了数值模拟结果与风洞试验的对比情况。表 4-3 统计了雷诺数效应对干净构型失速特性特征量的影响量。表明在雷诺数差异达到两个数量级时,气动力结果不仅在线性段升阻力系数量值方面存在一定差异,低估了实际飞行条件下的升力/阻力特性;特别是获得的失速迎角/最大升力系数/俯仰力矩拐点等气动边界特征量均出现了 30% 左右的减缩,无法反映真实飞行条件下失速迎角较大、失速位置明确的基本特性,这与 NASA GTM 运输机标模试验的结论基本一致[57]。因此后续关于干净构型/结冰构型气动特性变化及分离流场特征的对比分析研究均应当基于飞行雷诺数。但是,本轮低雷诺数风洞试验结果仍然可以用于 RANS 方法可靠性的校核评估,表 4-4 给出了干净构型失速特性特征量试验值与计算值的对比情况,数值方法不仅在线性段附近取得了与试验值吻合良好的结果,预测得到的失速特性特征量与试验结果之间的差异控制在 10% 以内,基本能够反映全

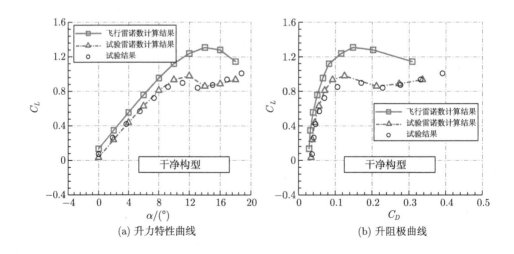

(a) 升力特性曲线　　　　　　　　　(b) 升阻极曲线

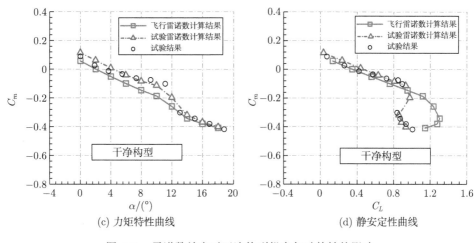

(c) 力矩特性曲线　　　　　　　　(d) 静安定性曲线

图 4-6　雷诺数效应对干净构型纵向气动特性的影响

表 4-3　雷诺数效应对干净构型失速特性特征量的影响

雷诺数	特征量					
	失速迎角	失速迎角变化量	最大升力系数	最大升力系数变化量	力矩拐点	力矩拐点变化量
试验雷诺数	11°	—	0.98	—	11°	—
飞行雷诺数	14°	27.3%	1.31	33.7%	14°	27.3%

表 4-4　干净构型失速特性特征量试验值与计算值对比情况

	特征量					
	失速迎角	失速迎角误差	最大升力系数	最大升力系数误差	力矩拐点	力矩拐点误差
试验值	11°	—	0.90	—	11°	—
计算值	12°	9.1%	0.98	8.9%	10°	−9.1%

机构型失速点附近气动特性的变化趋势，符合 NASA Langley 研究中心的相关结论[79]。

图 4-7 给出了雷诺数效应对干净构型翼面失速分离流动形态的影响情况。虽然试验雷诺数下获得的分离始发迎角和位置与飞行雷诺数基本一致，但由于干净构型翼面分离模式为压力梯度影响下后缘附着边界层失稳、分离点弦向前移，在 10^5 量级雷诺数条件下，翼面边界层厚度较大、不稳定性较强，综合机翼后掠引起的翼梢边界层堆积效应，致使 12° 左右时外翼即产生了显著的后缘分离，14° 时分离即遍及全部翼面，当地流动猝发分离现象显著，未能体现飞行雷诺数条件下相对明显的内外翼分离梯次，这是干净构型试验雷诺数条件下失速点大幅前移的直接原因。

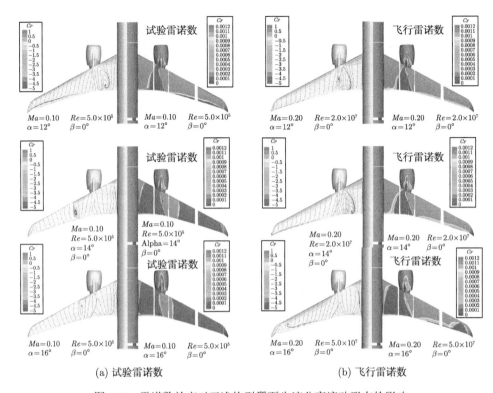

图 4-7　雷诺数效应对干净构型翼面失速分离流动形态的影响

2) 雷诺数效应对结冰构型纵向气动特性的影响分析

图 4-8 以与图 4-6 相同的形式给出了雷诺数效应对结冰构型纵向气动特性的影响。不同于干净构型雷诺数效应对失速特性评估干扰作用明显的特点,试验雷诺数下结冰构型的气动特性变化是可预期、可修正的,能够反映线性段升力/俯仰力矩的基本变化趋势及量值大小,失速点相对于飞行雷诺数的减缩程度较为有限,获得的失速迎角、最大升力系数及俯仰力矩拐点偏差分别为 1°(11.1%)、0.04(5.1%) 和 1°(12.5%)(表 4-5),并且能够体现过失速状态下的气动力变化特征,上述失速形态及雷诺数影响规律与 Broeren 等 [210] 基于结冰后掠翼变雷诺数测力试验获得的结论基本一致,也与 NASA 基于 GTM 构型开展的结冰状态空气动力学特性影响研究相符合 [57]。结合表 4-6 中的失速特征量对比情况可知,与第 3 章基于结冰翼型标准算例获得的结论类似,基于 SST 模型的 RANS 方法能够较为准确地反映风洞试验状态下失速点之前的宏观气动力变化特征,失速点的预测结果与试验的差异很小,主要误差体现在过失速条件下的俯仰力矩特性方面,与 Stebbins 等 [77] 采用 RANS 方法分析结冰后掠翼气动力获得的相关结果相符。

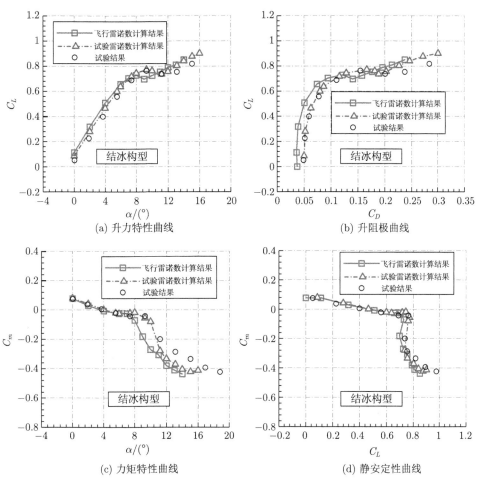

(a) 升力特性曲线　　　　　　　　　　　(b) 升阻极曲线

(c) 力矩特性曲线　　　　　　　　　　　(d) 静安定性曲线

图 4-8　雷诺数效应对结冰构型纵向气动特性的影响

表 4-5　雷诺数效应对结冰构型失速特性特征量的影响

雷诺数	特征量					
	失速迎角	失速迎角变化量	最大升力系数	最大升力系数变化量	力矩拐点	力矩拐点变化量
试验雷诺数	9°	—	0.77	—	8°	—
飞行雷诺数	8°	−11.1%	0.73	−5.1%	7°	−12.5%

表 4-6　结冰构型失速特性特征量试验值与计算值对比情况

	特征量					
	失速迎角	失速迎角误差	最大升力系数	最大升力系数误差	力矩拐点	力矩拐点误差
试验值	9°	—	0.76	—	9°	—
计算值	9°	—	0.77	1.3%	8°	−11.1%

　　图 4-9 给出了雷诺数效应对结冰构型翼面失速分离流动形态的影响情况，表明不同雷诺数条件下首次分离区域的触发位置、覆盖区域及再附位置等关键特征均大致相同，雷诺数效应主要影响流动再附之后的二次分离现象。如前文所述，由于结冰状态下翼面分离流动特性主要由剪切层涡的生成演化规律决定，与附着流动区域边界层特性关联性不强，因此受雷诺数效应的影响相对较低。上述基本分离形态及分离区域的弦向推进过程，同样与图 4-10 所示的 NASA CRM65 结冰

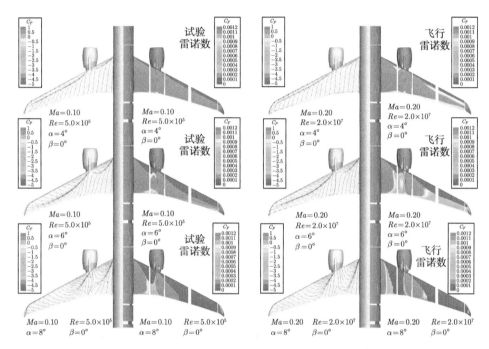

图 4-9　雷诺数效应对结冰构型翼面失速分离流动形态的影响

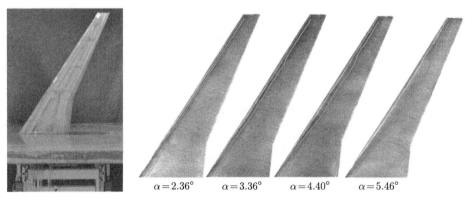

图 4-10　NASA CRM65 结冰后掠翼分离形态的低雷诺数油流试验结果 $(Re = 3.0 \times 10^5)$

后掠翼分离形态演化过程的低雷诺数油流试验结果接近，再次验证了 RANS 方法描述结冰状态下宏观分离流场样貌的可靠性。

4.2.3 机翼结冰状态失速特性变化规律

图 4-11 给出了机翼结冰前后全机宏观纵向气动力的变化情况，表 4-7 和表 4-8 分别统计了翼面结冰对全机线性段气动特性及失速特性的影响量。干净构型具备 14° 左右的失速迎角与 1.31 左右的最大升力系数，过失速状态下升力系数和缓下降、低头力矩增量有限，没有显著的纵向力矩中立安定/力矩上仰现象，失速特性总体上与类似布局的民用飞机相当。翼面结冰不仅导致线性段升力特性退化、阻力量值增加、静安定性损失，并且触发了极为典型的失速特性全方位恶化现象。

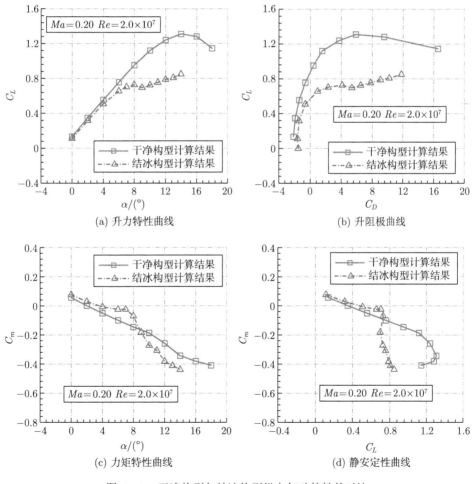

图 4-11　干净构型与结冰构型纵向气动特性的对比

表 4-7　　翼面结冰对全机线性段气动特性的影响

构型	特征量					
	升力线斜率	升力线斜率变化量	零升阻力系数	零升阻力系数变化量	力矩静安定度	力矩静安定度变化量
干净构型	6.02	——	0.02904	——	26.0%	——
结冰构型	5.66	−6.0%	0.03722	28.2%	21.3%	−18.1%

表 4-8　　翼面结冰对全机失速特性的影响

构型	特征量					
	失速迎角	失速迎角变化率	最大升力系数	最大升力系数变化率	力矩拐点	力矩拐点变化率
干净构型	14°	——	1.31	——	14°	——
结冰构型	8°	−42.9%	0.73	−44.3%	7°	−50.0%

失速点之前气动特性即表现出了一定程度的非线性变化，全机失速迎角提前 6°，最大升力系数降低 0.58，力矩拐点提前 7°，各项特征量平均降低幅度达到 40% 以上。过失速状态下升力系数小幅降低之后又缓慢爬升，指示的失速点相对模糊；同时失速点附近还伴随一定程度的俯仰力矩中立安定现象，之后低头力矩量值迅速增长。

　　图 4-12 分别针对干净构型和结冰构型内侧机翼/外侧机翼/平尾进行了升力/俯仰力矩部件力提取，表 4-9 统计了结冰对部件失速特性的影响量。表明结冰并不影响各部件对全机气动力的基本贡献特征，无论是对于干净构型抑或结冰构型，全机的整体升力特性变化趋势均能在外翼部件力结果中得到反映，但具体失速点位置却由内翼指示，体现了结冰状态下内外翼失速形态的本质区别。外翼失速点附近升力/力矩变化规律相对于干净构型全面变异，失速特征量退化程度大于全机，特别是最大升力系数/力矩拐点的损失量超过 50%，同时，失速点之前升力/力矩非线性的提前出现，以及失速点之后升力/力矩的缓慢攀升现象与全机气动力变化特征基本类似，因而可以认为此时外翼失速特性在很大程度上主导了全机气动性能。此外，外翼力矩上仰点先于平尾力矩下俯点出现，这是临界失速状态下全机力矩中立安定现象产生的直接因素。结冰对内翼失速特性的影响则以升力猝发降低、抬头力矩量值显著损失为主要特征，这近似于干净构型 14° 以后的失速特性，对线性段气动特性的影响较为有限。由于内翼升力断崖式下降，对后方流场的下洗作用骤然减弱；导致平尾当地流动迎角增加，升力效率显著提升，从而导致较大的低头力矩产生，这与干净构型平尾 12° 之后的力矩特性比较接近。总体而言，结冰对部件气动特性的影响类似于迎角状态上的向前平移，而失速形态的具体变异特征则主要由外翼决定，机翼–平尾之间的气动耦合特性是决定全机力矩安定性的主要因素。

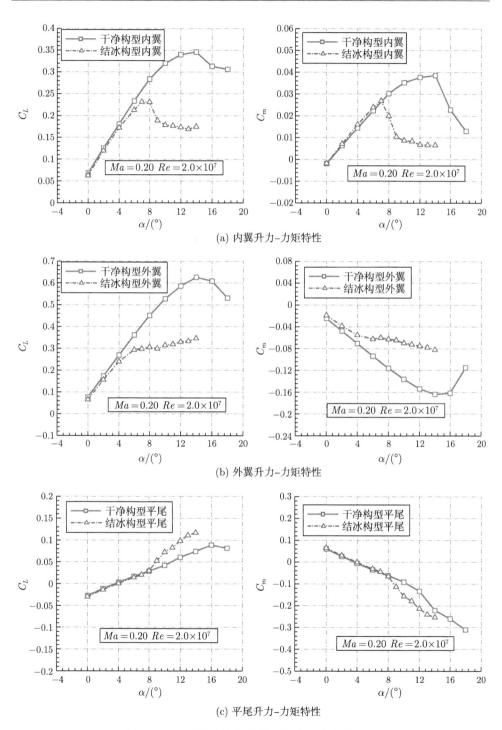

(a) 内翼升力-力矩特性

(b) 外翼升力-力矩特性

(c) 平尾升力-力矩特性

图 4-12 干净构型与结冰构型纵向部件力的对比

表 4-9　　翼面结冰对全机和部件失速特性的影响

部件	特征量					
	失速迎角	失速迎角变化量	最大升力系数	最大升力系数变化量	力矩拐点	力矩拐点变化量
全机	8°	−42.9%	0.73	−44.3%	7°	−50.0%
内翼	8°	−50.0%	0.23	−34.3%	7°	−50.0%
外翼	8°	−42.9%	0.30	−52.4%	6°	−57.1%
平尾	—	—	—	—	8°	−33.3%

4.3　后掠翼结冰失速分离基本流动形态

4.3.1　失速阶段翼面分离流动结构演化过程

图 4-13 给出了干净构型与结冰构型的翼面失速分离流动演化过程的对比情况。干净构型的翼面分离始发迎角约为 8°，始发位置位于短舱及吊挂内侧，表现为狭窄的局部后缘分离。随着迎角增加，分离区域沿弦向逐渐向前扩张，但展向增长速度相对较慢，影响区域局限于机翼后缘拐折 (KINK) 内侧，与失速临界迎角附近的升力蠕增现象相对应，体现了良好的内翼失速告警–缓慢卸载特征；直到 14° 时，外侧翼面才产生了相对明显的后缘分离，与全机失速迎角基本一致，保证了失速点附近的俯仰力矩安定性，也保证了临界迎角附近的横航向操稳特性，体现了常规布局民用飞机期望获得的低速分离始发位置及发展变化梯次顺序。

结冰状态下，翼面分离始发迎角、起始位置、分离沿展向/弦向的发展变化过程均与干净无冰状态存在本质差异。在来流迎角较小的条件下 ($\alpha = 2°$)，角状冰在外翼首先触发前缘分离，分离区域表现为沿展向均匀分布的细长条带，再附过程此时能够很快完成，再附线与水平线之间的夹角略大于前缘后掠角，翼面整体仍能维持准二维附着状态，后掠效应对流动形态的影响很小。随着迎角增加，4° 时内翼翼身结合部前缘及外翼 KINK 前缘均呈现出典型的展向大尺度旋涡卷起现象，外翼再附线沿弦向逐渐推进，生成宽度约为当地弦长 1/4 左右的分离区，同时再附线后方也开始呈现出一定程度的展向流动趋势。6° 临界失速状态外翼外段再附线已经抵达半弦长附近，此时分离/再附区域均体现了较强的展向横流效应，导致再附区域产生了潜在的二次分离征兆，但 KINK 外侧展向大涡卷起位置分离弦向扩展相对较慢。虽然 8° 失速点外翼外段分离已拓展至后缘，呈现展向涡主导下的大范围回流形态，但此时短舱后方及外侧流动仍然能够维持附着。因此，在短舱干扰效应的影响下，可以认为展向分离区域被天然分割成为两个彼此独立的部分。较之于外翼，由于内翼冰形高度相对较低，同时当地流动还受到机身三维效应的影响，抑制了前缘分离的弦向推进，因此中小迎角下初始分离区域集中于短舱内侧，且弦向长度相对较短，展向横流对分离形态的影响较小。但临界迎角附近分离区域的拓展却表现出显著的猝发特征，导致 8° 失速点内翼产生弦向回流形式的全局分离。总而言之，此时干净构型预设的分离梯次及形态完全湮没于结冰触发前缘分离的发展变化过程之中，同时受到分离弦向拓展及后掠展向大涡的深刻影响。

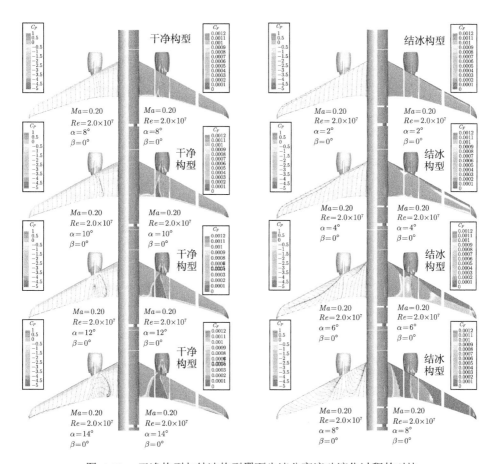

图 4-13　干净构型与结冰构型翼面失速分离流动演化过程的对比

选取图 4-14 所示的 20%、50%、70% 和 90% 半展长 4 个代表性展向站位，以进一步分析结冰构型失速点附近翼面流动再附特征的发展变化情况，表明 RANS 在各站位倾向于给出相对急促的带间断摩阻分布形态，这与第 2 章后台阶分离流动算例中获得的相关结论一致，但是，此时近壁面摩阻分布的正负跳变点仍然能够用于定性指示失速过程中的大致再附位置。对于前缘分离得以充分发展的 20%/70%/90% 站位而言，再附位置表现出了显著的非线性增长趋势，即来流迎角越接近失速临界值，分离区域的弦向推进量越大，这与结冰翼型的相关结论基

本一致；同时上述弦向推进过程总伴随着区域摩阻的持续降低，再次反映展向

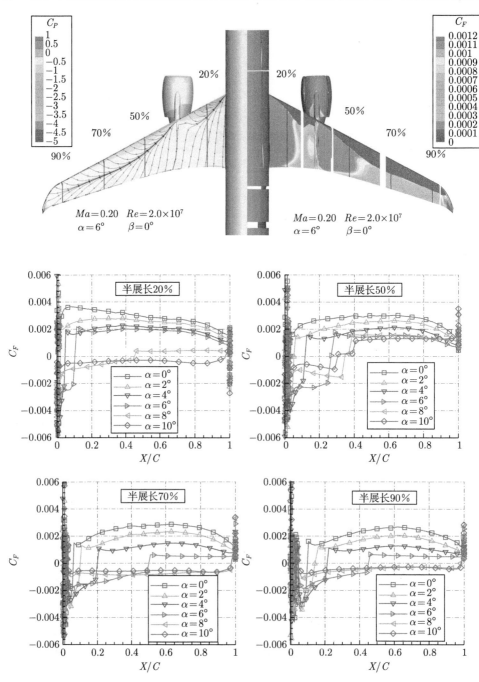

图 4-14　结冰构型各站位翼面摩阻分布的变化规律

效应不仅影响再附过程，并且干扰再附线后方的流动形态。但是，位于 KINK 外侧的 50% 站位再附特征对来流迎角的变化相对不敏感，推进过程较为缓慢，分离区域长度直到过失速状态仅为 40% 弦长左右，体现了展向涡横向运动及短舱下洗综合效应对分离弦向发展的抑制作用。

图 4-15 及图 4-16 就干净构型与结冰构型失速点附近展向各站位的压力分布发展变化过程进行了对比。干净构型各站位的压力分布均呈现较大迎角下的典型前缘吸力峰特征，失速点之前负压峰值持续攀升、弦向逆压梯度相应增加，因而是诱导后缘分离、触发失速现象的直接因素。其中内翼在 12° 迎角下首先出现后缘局部等压区，指示了当地分离的始发位置，吸力峰最大值出现于等同于失速点的 14° 迎角，后缘分离点的前向移动相对和缓。前缘吸力峰于 16° 迎角时崩溃，此时内翼对于后方流场的下洗效应骤然降低，使得平尾当地迎角增加、效率提升，从而能够产生较大的纵向恢复力矩，保证失速点附近的力矩安定性。外翼各站位压力分布形态特征在失速点附近仍然能够得到维持，中外翼站位直到 18° 时才产生较大范围的压力平台，不仅在一定程度上保证了失速临界迎角附近的横航向操纵特性，并且避免了当地升力损失可能导致的纵向力矩上仰–发散现象，体现了常规布局民机期望的失速点附近压力分布发展变化规律。

虽然 RANS 模化获得的压力分布结果无法反映结冰状态下翼面前缘压力平台的推进现象，但是仍然能够辨识出结冰对机翼上表面吸力的增长过程的抑制和截断作用。在来流迎角从 2° 增加到 6° 的过程中，内翼前缘吸力峰缓慢攀升，而外翼各站位吸力峰几乎维持不变，达到的最大负压峰值仅为干净构型的 1/8 左右，相应上表面加载增量也较小，这是结冰构型相对于干净构型失速点大幅提前、最大升力系数严重损失的直接因素。进一步地，由于内外翼吸力峰值均于 6° 停止增长，干净构型预设的失速梯次完全消失，造成此时内外翼同步卸载，平尾产生的附加低头力矩增量不足以完全抵消由外翼升力损失产生的抬头矩增量，因而在临界失速状态下出现了纵向力矩的中立安定以至于上仰现象。失速点之后前缘峰值立即小幅回落，弦向梯度趋于消失，此时升力的非线性增长主要源于后缘附近负压量值的缓慢变化，而低头力矩的大幅增加主要源于机翼后方流动下洗效应减弱–平尾效率增加的耦合机制。

虽然内翼升力占比权重更大，结冰造成的当地升力损失对全机升力特性的影响更为显著；但由于当地结冰效应表现为提前触发失速，在平尾未因结冰而失效的前提下，一定程度上能够促进低头恢复力矩的提前产生，反而有助于维持纵向安定性；同时由于当地翼面前缘半径的绝对量值较大，水滴收集效应相对于外翼较弱，结冰量通常较少，因此防/除冰意义相对有限。就外翼各站位压力分布的对比来看，由于处在冰形高度/张角扰动效应极为显著的翼梢附近区域，90% 半展长站位的气动力损失最为明显；但由于当地翼面面积占比较小，对全机升力量值的影

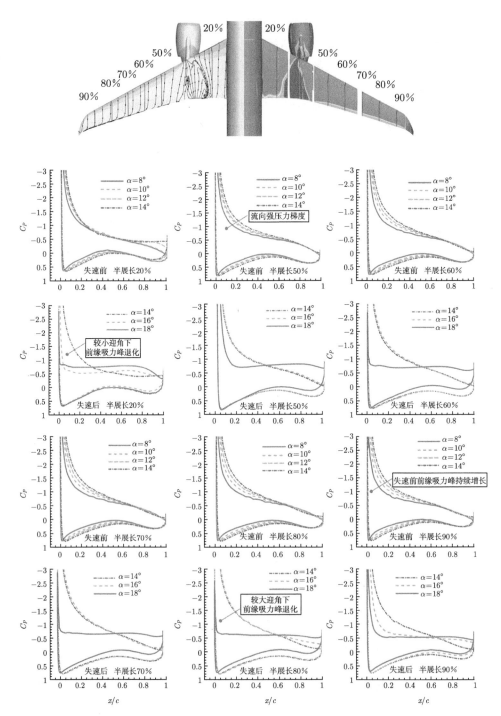

图 4-15　干净构型翼面典型展向站位失速点附近压力分布的发展变化过程

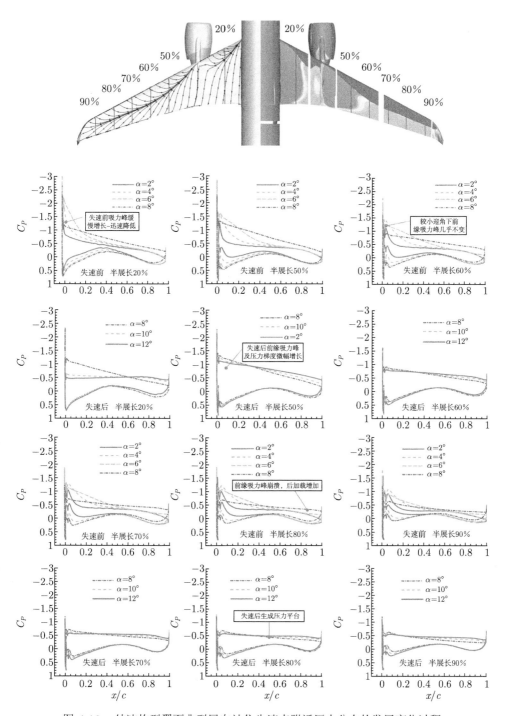

图 4-16   结冰构型翼面典型展向站位失速点附近压力分布的发展变化过程

响基本可控。50%半展长站位由于处在展向流动初始发展区域，同时受到短舱下洗流动的影响，流向压力梯度仍然能够在一定程度上得到维持。而 60%~80%半展长区域不仅呈现结冰影响下显著的气动力损失特征，并且直接决定了全机的失速时机及升力/力矩变异形态，因此是防/除冰系统及容冰气动力设计需要重点关注的区域。上述特征与国外新型民机型号的机翼防/除冰系统设计思路相一致，即短舱内外均不防/除冰，而对机翼中外侧区域进行重点防护[211]。

　　鉴于展向压力梯度对后掠翼结冰状态分离流动演化过程的显著影响，以 25%平均气动弦长 (MAC)、25° 后掠角为基准，分别沿 25%、50% 和 75%MAC 位置截取如图 4-17 所示的上翼面展向压力分布。由于短舱/吊挂的分界作用，压力分布可以天然地划分为内外翼两个区域。其中内翼压力梯度效应相对有限，且在失速点之前梯度几乎恒定不变；而外翼压力梯度能够以 KINK 及 70%半展长位置分界，近似呈现三段线性分布；位于 $z/c = 2.0$ 附近的展向顺压梯度从 6° 失速临界迎角开始，在 25%MAC 位置迅速显性，符合此时表面极限流线中呈现出的典型横流流动形态；向外侧逐渐发展为相对和缓的逆压梯度及近似等压区。由于展向压力梯度沿弦向逐渐衰减，因此对前缘分离泡内部及再附线附近流动的影响大于再附区域。失速点之后内翼压力梯度迅速消失，而外翼 25%MAC 位置压力梯度分布特征则基本维持不变，表明展向横流效应的深刻影响伴随着整个失速过程。

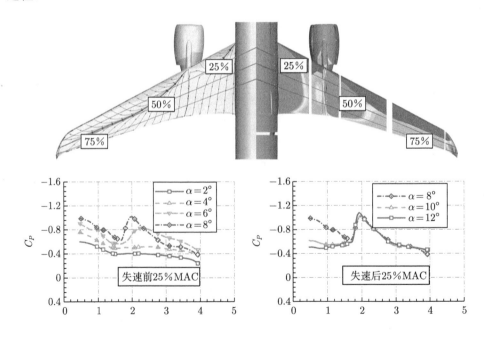

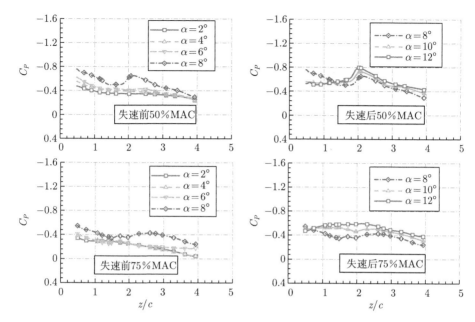

图 4-17 结冰构型翼面弦向各站位失速点附近压力分布的发展变化过程

4.3.2 失速阶段分离流场空间结构演化过程

图 4-18 以空间流线的形式简要表征了结冰构型失速点附近翼面分离流场空间结构的演化过程。在翼面当地几何特征/冰形展向分布/机身及短舱干扰的多重影响下，内外翼呈现出迥然不同的失速分离模式。内翼分离区域的弦向扩张过程具备典型的猝发–爆破特征，由 6° 迎角下的小尺度前缘分离泡快速发展到 8° 时的空间回流涡，并在 10° 时急骤膨胀成为高度达到半弦长的大尺度流动结构。外翼分离拓扑则由 KINK 外侧展向大涡扫掠角的逐渐增加以及再附线的弦向推进过程共同主导，8° 时扫掠范围已经拓展到后缘附近，形成遍及整个外翼的大面积回流区域；但分离影响仍然相对贴近翼面，流向–展向二维拉伸，而非空间膨胀效应占据主导地位；此后随着迎角的进一步增加，分离区域的再度扩增相对有限。

图 4-19 进一步以展向各站位流场空间速度剖面叠加物面压力分布的形式对分离流场空间结构进行刻画。表明后掠翼结冰状态下，失速点附近的分离泡演化过程仍然能够相对粗略地划分为以再附点后移–长度增加为主要特征的拉伸阶段，以及以高度增加–体积扩张为主要特征的膨胀阶段。结合不同冰形–翼型组合分析获得的相关结论，由于此时超临界翼型配置具备上表面中部低曲率–后缘附近大曲率的特点，因此分离泡再附位置易于随迎角推进，产生较强的弦向拉伸–法向膨胀效应。

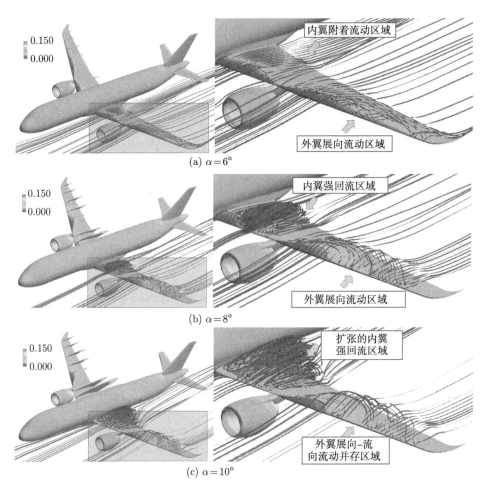

图 4-18　结冰构型失速点附近空间分离流场结构的演化过程

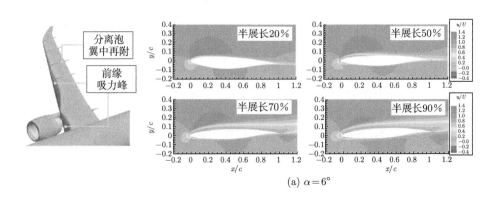

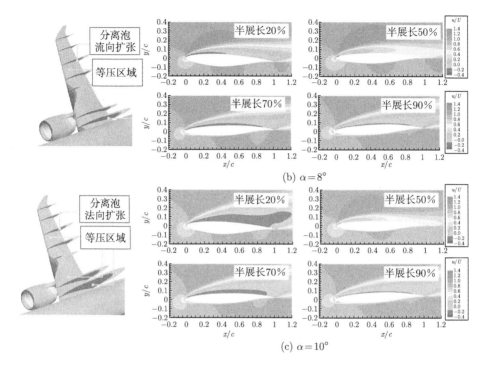

图 4-19 结冰构型失速点附近展向典型站位空间速度分布的对比

不同于翼型结冰算例，上述临界失速状态结果表明，此时虽然展向各站位基本能够完成再附过程，但是再附点之后均显示出了不同程度的潜在分离征兆，进而引发失速点附近的翼面全局分离。上述现象不能简单地参照结冰翼型分离流动的相关演化机制加以阐释，而是与大尺度展向涡的生成演化过程密切关联。

4.4　本章小结

本章基于接近大型客机工程实际的背景飞机构型以及低速风洞测力试验结果，澄清了小尺度缩比模型试验评定不同构型失速特性的适用范围，校核了数值模拟方法关于全机结冰构型气动力，尤其是失速特性分析的可用性，给出了结冰状态后掠翼宏观气动力耦合变化特征，以及失速分离流场演化的基本模式，初步剖析了结冰构型失速特性相对于干净构型发生本质改变的空气动力学机制。

主要结论包括以下方面。

(1) 不同于干净构型雷诺数效应对失速特性评估干扰作用显著的特点，试验雷诺数下结冰构型的气动力结果是可预期、可修正的，不仅能够反映线性段升力/俯仰力矩的量值大小，并且能够如实刻画失速阶段气动特性的基本变化趋势。

(2) 与缩比模型风洞试验结果的对照情况表明，结合与分离流动形态相适应的计算网格及匹配的数值模拟策略，RANS 方法能够较为准确地反映大型客机全机构型翼面结冰状态失速点前后的宏观气动力变化特征。

(3) 相对于干净构型，翼面结冰将触发失速点大幅前移、最大升力系数严重损失、临界迎角附近力矩安定性丧失等现象，导致失速特性全方位恶化。上述特征集中表现为内翼气动力断崖式下降、外翼气动力蠕增–退化，以及相关的气动耦合效应。

(4) 结冰对机翼前缘吸力峰随迎角增长过程的强烈抑制和截断作用，是失速点前移的直接因素。由此造成失速梯次完全消失、内外翼同步卸载，因而平尾回复力矩不足以完全抵消由外翼升力损失产生的抬头矩增量。这是导致结冰临界失速状态产生纵向力矩中立安定以至于上仰现象的部件气动耦合机制。

(5) 不同于干净后掠翼较大迎角下预设的内外翼梯次失速特征，以及弦向逆压梯度导致的后缘分离，结冰后掠翼的基本分离拓扑由冰角触发前缘分离泡的弦向推进过程决定，同时受到展向大涡卷起后翼面横流效应的深刻影响，短舱/机身等部件触发的气动干扰进一步增加了分离流动演化特征的空间复杂度。

第 5 章　结冰条件下人机闭环系统建模方法

5.1　驾驶员操纵行为分析与建模

结冰条件下，驾驶员的操纵行为直接影响飞机的运行轨迹。在驾驶员、飞机系统、结冰条件组成的人–机–环系统下，驾驶员行为与结冰后飞机的协调性，直接影响飞机性能的发挥。随着控制理论的发展，驾驶员模型也在不断发展。应用经典控制理论，McRuer[212] 提出了用传递函数表示的交叉频率模型，屈香菊等 [213] 利用 McRuer 模型对驾驶员和飞机的匹配特性进行了分析，并对飞行品质进行了研究。随着最优控制理论的发展，Kleinman 等 [214,215] 提出了驾驶员的最优控制模型，对飞机着陆阶段的飞行品质评价方法进行了研究。针对人的行为的不确定性，还提出了模糊控制模型和神经网络模型等 [216-218]。

本节主要分析在结冰条件下驾驶员的操纵过程及驾驶员的操纵行为，研究飞行仿真中的驾驶员操纵行为参数的分布特性；建立能够反映驾驶员操纵行为的参数模型，并研究飞行仿真时操纵参数的提取方法。

5.1.1　驾驶员补偿操纵行为特性分析

驾驶员的操纵行为主要与飞机完成的指令任务有关。在人–机–环闭环系统中，驾驶员、飞机控制系统、飞机本体与环境共同影响。根据飞行任务的不同，主要分为补偿系统、预先认知系统、追踪系统和预先显示系统。补偿系统体现了驾驶员行为与飞机操稳特性的匹配修正过程，为最常用的模型。

飞机遭遇结冰后，飞机的操稳特性改变，飞机响应的改变反馈给驾驶员进行修正，即为补偿模型。飞机遭遇结冰时，驾驶员的操纵时机、操纵行为直接决定飞机能否安全飞行。因而建立合理的结冰条件下的驾驶员模型是十分必要的。驾驶员在飞机遭遇结冰后，操纵可分为三个阶段：

(1) 驾驶员发现飞机由结冰而导致状态突变，延迟 t_p 秒后开始偏转驾驶杆；

(2) 驾驶员偏转并保持驾驶杆，直至运动参数反向变化，过程经历 ΔT；

(3) 飞机姿态稳定，驾驶员通过修正驾驶杆，使飞机角速度和倾斜角为零，恢复正常飞行。

构建的反映结冰后驾驶员补偿操纵行为特性模型，如图 5-1 所示。

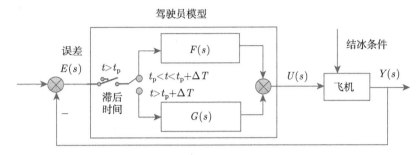

图 5-1　结冰后驾驶员补偿操纵行为特性模型

$E(s)$，$U(s)$ 为驾驶员模型的输入输出，$F(s)$ 与 $G(s)$ 分别描述驾驶员初始操纵特性和最终的修正操纵特性。$F(s)$ 与 $G(s)$ 选用 McRuer 驾驶员模型，因而驾驶员的输入输出可以描述为

$$U(s) = \begin{cases} 0, & t \leqslant t_{\mathrm{p}} \\ F(s) \cdot (R(s) - Y(s)), & t_{\mathrm{p}} < t \leqslant t_{\mathrm{p}} + \Delta T \\ G(s) \cdot (R(s) - Y(s)), & t > t_{\mathrm{p}} + \Delta T \end{cases} \tag{5.1}$$

5.1.2　驾驶员操纵行为参数模型

驾驶员的补偿操纵行为主要是依据外部信息与现有信息对比进行修正，但驾驶员的操纵行为不仅与其接受外部信息有关，还与驾驶员自身的心理、生理、经验知识等有关，其操纵行为受到人、飞机与环境的三者耦合效应的影响。其中驾驶员的补偿行为操纵过程建模可以表示三者相互作用的模型。驾驶员操纵的行为特性主要包括：反应时间的延迟特性、滞后与超前特性、频率特性、噪声干扰特性、有限的运算特性和自适应特性等。研究人的生理与心理活动，对驾驶员操纵模型的研究十分有效。为研究操纵行为特性，本书对 McRuer 传递函数模型中的操纵行为特性参数进行研究。McRuer 驾驶员模型公式为

$$G(s) = \frac{K_{\mathrm{p}}\mathrm{e}^{-\tau s}(T_1 s + 1)}{(T_2 s + 1)}\left[\frac{(T_k s + 1)\omega_n^2}{(T_{k1} s + 1)(T_{\mathrm{N}} s + 1)(s^2 + 2\xi_n\omega_n s + \omega_n^2)}\right] \tag{5.2}$$

式中，参数 K_{p}、τ、T_1、T_2 和 T_{N} 为驾驶员的操纵行为特性参数，反映驾驶员在飞行过程中对飞机响应的操纵行为特性。不同的操纵行为对象、不同的飞行任务以及不同的驾驶员，其操纵行为参数也不同。K_{p} 表示驾驶员的静态增益参数，取值范围在 1~100；τ 表示驾驶员感知飞机姿态改变的滞后反应时间，与驾驶员的水平有关，其一般取值范围为 0.06~0.3s，普通驾驶员约为 (0.2 ± 0.02)s；T_1 为驾驶员的超前补偿时间常数，反映驾驶员对飞机动态响应的预测，取值范围为 0~1s；

T_2 为飞行参数的传递和处理的时间延迟常数，取值范围为 0~1s，反映驾驶员承受负荷的程度；中括号中公式用来表示手臂肌肉神经系统的动态特性，T_N 表示肌肉神经滞后时间，取值范围为 (0.1 ± 0.02)s。参数典型值为 $T_N = 0.1$ s、自然频率 $\omega_n = 16.5$rad/s、阻尼比 $\xi_n = 0.12$，$(T_k s + 1) / (T_{k1} s + 1)$ 表示频率较低的滞后和超前分量。在工程应用中，一般采用下式：

$$G(s) = \frac{K_p e^{-\tau s} (T_1 s + 1)}{(T_2 s + 1)(T_N s + 1)} \tag{5.3}$$

由于驾驶员自身的心理、生理、经验知识等因素，无论是在常规飞行，还是在结冰条件下的特殊情况飞行，其操纵行为特性均不相同，具有很大的随机性。根据真实飞行情况下的驾驶员的采样数据分析驾驶员的操纵行为参数的随机性，十分有效。本书根据真实驾驶员飞行模拟数据对驾驶员操纵行为参数进行辨识，建立了驾驶员操纵行为数据库。

通过驾驶员在回路的飞行模拟试验数据，辨识出 K_p、τ、T_1、T_2 和 T_N 五种操纵行为参数。统计表明，驾驶员的行为特性参数近似服从正态分布。驾驶员真实操纵静态增益参数 K_p 的直方图如图 5-2 所示。分别采用正态分布和对数正态分布进行参数拟合，计算 K_p 的分布密度，其对比曲线在图 5-2 中。通过对比发现，K_p 的对数正态分布模型的拟合效果更准确。

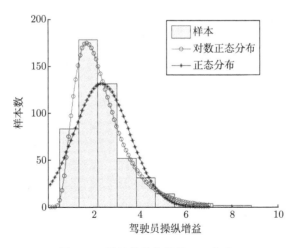

图 5-2 驾驶员静态增益 K_p 分布

驾驶员操纵行为参数 τ、T_1、T_2 和 T_N 的取值范围存在最小值和最大值。以各参数的操纵特性的取值范围为界，对拟合的正态分布进行截尾处理，驾驶员的操纵参数的正态分布模型转化为截尾正态分布模型。以驾驶员的滞后时间 τ 值分布为例，其分布的密度如图 5-3 所示。将结果与驾驶员的真实操纵参数直方图进行对比得出，基于截尾正态分布的时间延迟 τ 值分布模型能够准确地反映驾驶员真实操纵行为特性中滞后时间的分布规律。

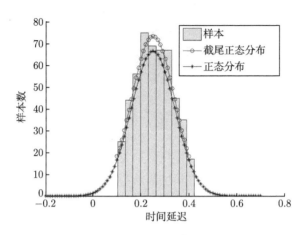

图 5-3　时间延迟 τ 的截尾正态分布

5.1.3　驾驶员操纵行为参数提取

通过辨识驾驶员的操纵行为参数，建立了反映驾驶员操纵行为随机性的分布模型，构建了驾驶员行为特征数据库。在进行飞行仿真中要对驾驶员行为特性参数进行提取。本书采用蒙特卡罗法对参数进行提取。蒙特卡罗方法是基于参数概率统计特性的抽样方法。依照参数的分布规律，根据其参数的概率来抽取样本，解决样本的随机性问题[219,220]。针对飞行仿真中的动态过程，蒙特卡罗法能有效地解决复杂系统的不确定性，并能准确地反映参数的随机性分布。本节对反映驾驶员操纵参数模型的对数正态分布和截尾正态分布模型，利用蒙特卡罗法进行模拟仿真和参数提取。

已知分布模型进行蒙特卡罗法进行抽样，首先要依据蒙特卡罗法产生基于 [0,1] 均匀分布的伪随机变量。基于随机变量分布的定理，对于服从标准正态分布的独立随机变量的样本 $X = (x_1, x_2, \cdots, x_n)$，$E(X) = 0$，$D(X) = 1$。令 $y_i = \sigma x_i + \mu$，$1 \leqslant i \leqslant n$，则有

$$EY = E\left(\sigma x_i + \mu\right) = E\left(\sigma x_i\right) + E(\mu) = \mu \tag{5.4}$$

$$DY = D\left(\sigma x_i + \mu\right) = D\left(\sigma x_i\right) + D(\mu) = \sigma^2 \tag{5.5}$$

则 $Y = (y_1, y_2, \cdots, y_n)$ 是服从 $N(\mu, \sigma)$ 分布的随机变量。

对数正态分布的概率分布函数可表示为

$$F_x = \int_{-\infty}^{x} \frac{1}{x\sigma\sqrt{2\pi}} \exp\left[-\frac{1}{2\sigma^2}(\ln x - \ln \mu)^2\right] \mathrm{d}x \tag{5.6}$$

通过变量替换，令 $\hat{\mu} = \ln \mu$，$\hat{x} = \ln x$，则

$$F_x = \int_{-\infty}^{e^{\hat{x}}} \frac{1}{\sigma\sqrt{2\pi}} \exp\left[-\frac{1}{2\sigma^2}(\hat{x} - \hat{\mu})^2\right] \mathrm{d}\hat{x} \tag{5.7}$$

由公式可知，$X = (x_1, x_2, \cdots, x_n)$ 服从 $N(\hat{\mu}, \sigma)$ 的正态分布。反之可得，服从 $N(\hat{\mu}, \sigma)$ 的正态分布的随机变量 $Y = (y_1, y_2, \cdots, y_n)$，令 $z_i = \mathrm{e}^{y_i}$，则随机变量 $Z = (z_1, z_2, \cdots, z_n)$ 服从对数正态分布。

针对截尾正态分布的随机变量的产生，假设随机变量 p_i 服从 [0,1] 均匀分布，当 $p_i < 0.5$ 时，落入左截尾区间；当 $p_i \geqslant 0.5$ 时，落入右截尾区间。在左截尾区间时，其截尾正态分布的概率计算公式如下：

$$\begin{aligned} p_i &= \int_{D_{\min}}^{x} \frac{1}{c_1\sigma_1\sqrt{2\pi}} \exp\left[-\frac{1}{2\sigma_1^2}(x - \mu_1)^2\right] \mathrm{d}x \\ &= \int_{-\infty}^{x} \frac{1}{c_1\sigma_1\sqrt{2\pi}} \exp\left[-\frac{1}{2\sigma_1^2}(x - \mu_1)^2\right] \mathrm{d}x \\ &\quad - \int_{-\infty}^{D_{\min}} \frac{1}{c_1\sigma_1\sqrt{2\pi}} \exp\left[-\frac{1}{2\sigma_1^2}(x - \mu_1)^2\right] \mathrm{d}x \end{aligned} \tag{5.8}$$

式中，$c_1 = (0.5 - p_i)/0.5$。

对公式 (5.8) 进行变换：

$$\begin{aligned} c_1 p_i &= \int_{-\infty}^{x} \frac{1}{\sigma_1\sqrt{2\pi}} \exp\left[-\frac{1}{2\sigma_1^2}(x - \mu_1)^2\right] \mathrm{d}x \\ &\quad - \int_{-\infty}^{D_{\min}} \frac{1}{\sigma_1\sqrt{2\pi}} \exp\left[-\frac{1}{2\sigma_1^2}(x - \mu_1)^2\right] \mathrm{d}x \end{aligned} \tag{5.9}$$

$$c_1 p_i + p_0 = \int_{-\infty}^{x} \frac{1}{\sigma_1\sqrt{2\pi}} \exp\left[-\frac{1}{2\sigma_1^2}(x - \mu_1)^2\right] \mathrm{d}x \tag{5.10}$$

式中，p_0 为在正态分布下，小于参数最小值 $D_{\min}$ 的概率。则根据 $N(\hat{\mu}, \sigma)$ 正态分布，可得到截尾正态分布 $X = x_i$ 的概率：

$$F(X = x_i) = P\{x < x_i\} = c_1 p_i + p_0 \tag{5.11}$$

同理,对落入右侧截尾区域的 p_i 进行处理,则 $X = (x_1, x_2, \cdots, x_n)$ 为服从截尾正态分布的样本。对于建立的对数正态分布模型和截尾正态分布模型,采用蒙特卡罗法,抽取驾驶员的操纵行为参数,得到八组抽样数据,如表 5-1 所示。计算各行为参数的均值和方差,与驾驶员的真实操纵行为参数相对误差不超过 8.5%。以第一次抽样获得的驾驶员操纵特性数据为例,真实驾驶员进行阶跃脉冲操纵,而对于人机闭环系统输入标准阶跃脉冲信号,其输出响应与真实驾驶员的操纵响应对比曲线如图 5-4 所示。从图中可以看出,抽样得到的操纵行为参数能够反映真实驾驶员的操纵特性。因而,在进行飞行仿真中,采用上述方法对驾驶员的操纵行为参数进行抽样。

表 5-1   驾驶员操纵行为参数

次数	行为参数				
	K_p	τ	T_1	T_2	T_N
1	2.119	0.110	0.222	0.274	0.096
2	1.643	0.209	0.103	0.333	0.317
3	2.319	0.079	0.229	0.167	0.178
4	1.267	0.272	0.114	0.245	0.044
5	2.126	0.213	0.315	0.122	0.184
6	1.371	0.335	0.514	0.099	0.095
7	5.613	0.109	0.214	0.622	0.056
8	1.283	0.181	0.146	0.265	0.114
均值	2.218	0.188	0.232	0.266	0.135
方差	2.054	0.008	0.018	0.027	0.08

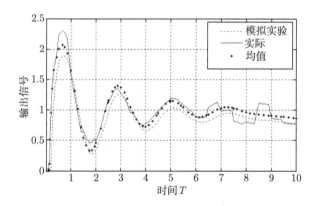

图 5-4   驾驶员模型的输出信号

5.2 飞机本体动力学建模

5.2.1 飞机本体模型

飞机本体方程包括飞机动力学方程和运动学方程。方程计算需用到的坐标系有：地面坐标系 $Ox_gy_gz_g$、机体坐标 $Ox_by_bz_b$、气流坐标系 $Ox_ay_az_a$ 和航迹坐标系 $Ox_ky_kz_k$。其中只有地轴系固定于地面不动，称为惯性坐标系；其他三种随飞机运动，称为动坐标系。本书选用欧美坐标系，详细介绍见文献 [221]。

飞机动力学六自由度全量方程包括质心运动方程和绕质心转动方程。基于机体坐标系，飞机的质心运动方程为

$$m(\dot{u} + q\omega - rv) = -mg\sin\theta + X + F_T$$
$$m(\dot{v} + ru - pw) = mg\sin\phi\cos\theta + Y \tag{5.12}$$
$$m(\dot{w} + pv - qu) = mg\cos\phi\cos\theta + Z$$

式中，u, v, w 为飞机飞行速度在体轴系上的分量；p, q, r 表示飞机的角速度在体轴系上三轴的分量；mg 表示飞机的重量；X, Y, Z 为飞机受到的气动力在体轴系上的分量；F_T 表示发动机的推力，沿机体坐标系的 Ox_b 轴方向。

飞机绕质心转动方程为

$$I_x\dot{p} + (I_z - I_y)qr - I_{xz}(pq + \dot{r}) = L$$
$$I_y\dot{q} + (I_x - I_z)rp + I_{xz}(p^2 - r^2) = M \tag{5.13}$$
$$I_z\dot{r} + (I_y - I_x)pq + I_{xz}(qr - \dot{p}) = N$$

式中，I_x, I_y, I_z 为飞机对 Ox_b、Oy_b 和 Oz_b 轴的转动惯量；I_{xz} 为飞机对 Ox_b 与 Oz_b 轴的惯性积；L, M, N 分别为滚转、俯仰和偏航力矩。

飞机的运动学方程包括质心运动方程和绕质心转动的运动方程，表示如下：

$$\dot{x}_g = u\cos\theta\cos\psi + v(\sin\theta\sin\phi\cos\psi - \cos\phi\sin\psi)$$
$$\qquad + w(\sin\theta\cos\phi\cos\psi + \sin\phi\sin\psi)$$
$$\dot{y}_g = u\cos\theta\sin\psi + v(\sin\theta\sin\phi\sin\psi + \cos\phi\cos\psi) \tag{5.14}$$
$$\qquad + w(\sin\theta\cos\phi\sin\psi - \sin\phi\sin\psi)$$
$$\dot{z}_g = -u\sin\theta + v\sin\phi\cos\theta + w\cos\phi\sin\theta$$

$$\dot{\phi} = p + \tan\theta(q\sin\phi + r\cos\phi)$$

$$\dot{\theta} = q\cos\phi - r\sin\phi \tag{5.15}$$

$$\dot{\psi} = \frac{1}{\cos\theta}(q\sin\phi + r\cos\phi)$$

式中，x_g, y_g, z_g 表示飞机在地面坐标系的位移；ϕ, θ, ψ 表示机体坐标系与地面坐标系的夹角 (即欧拉角)，分别为滚转角、俯仰角和偏航角。

为避免飞机作大机动俯仰角达到 $\pm 90°$ 时，解方程出现奇点，采用四元素法代替飞机的欧拉角。四元素和欧拉角的转换公式为

$$\begin{bmatrix} q_0 \\ q_1 \\ q_2 \\ q_3 \end{bmatrix} = \begin{bmatrix} \cos(\phi/2)\cos(\theta/2)\cos(\psi/2) + \sin(\phi/2)\sin(\theta/2)\sin(\psi/2) \\ \sin(\phi/2)\cos(\theta/2)\cos(\psi/2) - \cos(\phi/2)\sin(\theta/2)\sin(\psi/2) \\ \cos(\phi/2)\sin(\theta/2)\cos(\psi/2) + \sin(\phi/2)\cos(\theta/2)\sin(\psi/2) \\ \cos(\phi/2)\cos(\theta/2)\sin(\psi/2) - \sin(\phi/2)\sin(\theta/2)\cos(\psi/2) \end{bmatrix} \tag{5.16}$$

四元数之间还需满足约束条件：

$$q_0{}^2 + q_1{}^2 + q_2{}^2 + q_3{}^2 = 1 \tag{5.17}$$

综上所述，基于四元素法的飞机六自由度动力学方程可表示为

$$\begin{cases} \dot{u} = rv - qw + \dfrac{1}{m}(X + F_T) + 2(q_1q_3 - q_0q_2)g \\[2mm] \dot{v} = pw - ru + \dfrac{1}{m}Y + 2(q_2q_3 + q_0q_1)g \\[2mm] \dot{w} = qu - pv + \dfrac{1}{m}Z + (q_0^2 - q_1^2 - q_2^2 - q_3^2)g \end{cases} \tag{5.18}$$

$$\dot{p} = \frac{1}{I_x}L - \frac{(I_z - I_y)}{I_x}qr + \frac{I_{xz}}{I_x}(pq + \dot{r})$$

$$\dot{q} = \frac{1}{I_y}M - \frac{(I_x - I_z)}{I_y}rp - \frac{I_{xz}}{I_y}(p^2 - r^2) \tag{5.19}$$

$$\dot{r} = \frac{1}{I_z}N - \frac{(I_y - I_x)}{I_z}pq - \frac{I_{xz}}{I_z}I_{xz}(qr - \dot{p})$$

$$\begin{bmatrix} \dot{x}_g \\ \dot{y}_g \\ \dot{z}_g \end{bmatrix} = \frac{1}{2}\begin{bmatrix} q_0^2 + q_1^2 - q_2^2 - q_3^2 & 2(q_1q_2 - q_0q_3) & 2(q_1q_3 + q_0q_2) \\ 2(q_1q_2 + q_0q_3) & q_0^2 - q_1^2 + q_2^2 - q_3^2 & 2(q_2q_3 - q_0q_1) \\ 2(q_1q_3 - q_0q_2) & 2(q_2q_3 + q_0q_1) & q_0^2 - q_1^2 - q_2^2 + q_3^2 \end{bmatrix}\begin{bmatrix} u \\ v \\ w \end{bmatrix}$$

$$\tag{5.20}$$

$$\begin{bmatrix} \dot{q}_0 \\ \dot{q}_1 \\ \dot{q}_2 \\ \dot{q}_3 \end{bmatrix} = \frac{1}{2} \begin{bmatrix} 0 & -p & -q & -r \\ p & 0 & r & -q \\ q & -r & 0 & p \\ r & q & -p & 0 \end{bmatrix} \begin{bmatrix} q_0 \\ q_1 \\ q_2 \\ q_3 \end{bmatrix} \tag{5.21}$$

求解四元素法方程时，采用修正公式 (5.22)，来消除累积误差。

$$\mathrm{d}q = q_0\dot{q}_0 + q_1\dot{q}_1 + q_2\dot{q}_2 + q_3\dot{q}_3 \tag{5.22}$$

5.2.2 发动机模型

发动机的推力计算公式为

$$F_{\mathrm{T}} = f(H, V, \delta_{\mathrm{t}}, T) \tag{5.23}$$

式中，δ_{t} 为飞机油门偏度；T 为环境温度；V 为飞机空速；H 为飞机所处的高度。发动机推力采用 4 维插值计算得到，数据库来自全机测力试验。

5.2.3 增稳控制律

飞行控制系统包括阻尼器、增稳系统、控制增稳系统和自动飞行控制系统。关于飞机的增稳控制系统，本书的纵向俯仰增稳控制系统，引入迎角和俯仰角速度反馈；横侧向增稳控制系统，引入侧滑角和滚转角速度反馈。其升降舵、方向舵和副翼的控制律如式 (5.24) 所示：

$$\Delta\delta_{\mathrm{e}} = K_\alpha \Delta\alpha + K_q \Delta q$$
$$\Delta\delta_{\mathrm{r}} = K_r \Delta r + K_\beta \Delta\beta \tag{5.24}$$
$$\Delta\delta_{\mathrm{a}} = -K_\beta \Delta\beta$$

各舵机通道均采用一阶惯性环节：

$$G(s) = \frac{20}{s + 20} \tag{5.25}$$

各舵面限制角度如表 5-2 所示，其中襟翼偏角 δ_{f} 是固定非连续的。

表 5-2 舵面限制角度

升降舵	方向舵	副翼	襟翼
$-28°\sim15°$	$-24°\sim24°$	$-25°\sim25°$	$0°, 15°, 25°, 35°$

飞机的自动飞行控制系统应用于飞机姿态的稳定和轨迹的控制。飞行控制系统通道主要分为纵向与横航向通道。纵向通道的控制回路包括俯仰姿态保持、高

度保持、速度保持等。横航向通道的控制回路包括滚转角保持、航迹保持和协调转弯控制等。飞行控制系统的最终目的是飞机在允许的误差下，保持跟踪预定的飞行轨迹。结冰条件下的飞机气动特性改变，将影响飞机控制系统的效能。结冰条件下，飞行包线的减小，在原有自动飞行控制系统模式下，可能会导致飞行事故。本节通过建立自动控制系统中基本的俯仰角姿态保持、高度保持和滚转角姿态保持，对结冰条件下自动驾驶飞行过程进行分析。

1. 俯仰姿态保持模式

俯仰姿态保持模式作为纵向控制通道的内回路，其控制效果直接影响外回路效果。其原理结构如图 5-5 所示。

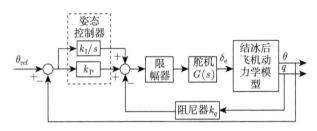

图 5-5　结冰后俯仰姿态保持模式原理结构图

通过增加俯仰角速率反馈，作为控制增稳，增加俯仰姿态保持下飞机的稳定性和阻尼。通过俯仰角指令与飞机当前俯仰角反馈的差值，控制飞机跟踪保持俯仰姿态指令。其控制律可以表示为

$$\Delta\delta_{\mathrm{e}} = G(s)(k_{\mathrm{P}}\Delta\theta + k_{\mathrm{I}}\int \Delta\theta \mathrm{d}t - k_q \Delta\dot{\theta}) \tag{5.26}$$

2. 高度保持模式

高度保持模式是飞机的控制系统中的重要组成部分。在飞机的爬升、巡航和着陆初始阶段都需要保持高度的稳定。高度保持模式下，飞机能自动维持在某一固定高度。通过直接引入期望高度，得到高度差信号，经过俯仰姿态保持内回路，控制飞机姿态变化，实现对飞行高度的控制。其结构原理如图 5-6 所示。

其控制律可以表示为

$$\theta_{\mathrm{ref}} = k_{HP}\Delta H + k_{HI}\int \Delta H \mathrm{d}t - k_{\dot{H}}\Delta\dot{H} \tag{5.27}$$

式中，ΔH 为飞机高度指令与飞机当前高度的高度差，即 $\Delta H = H_{\mathrm{ref}} - H$。图中结冰后飞机纵向内回路即为结冰后的俯仰姿态保持回路。

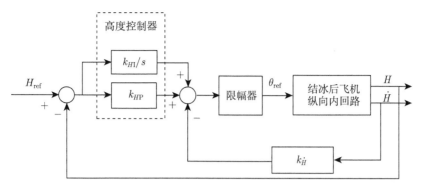

图 5-6 结冰后高度保持模式原理结构图

3. 滚转姿态角保持模式

飞机滚转角保持模式下，飞机通过对副翼的控制使飞机跟踪滚转角期望值。飞机滚转姿态保持，主要是依据飞机的全状态反馈，增加飞机的滚转阻尼和稳定性，使飞机对滚转姿态角进行跟踪。由于飞机的横向和侧向存在耦合，飞机滚转姿态保持要通过横向和航向两个通道进行调节。在横侧向自动控制模式下，一般设置航向的侧滑角为 0。由于滚转姿态角的存在，在协调转弯时，还要保证飞机的垂直方向上的升力分量与重力平衡，水平方向上的分量与飞机的离心力平衡。基本结构如图 5-7 所示。

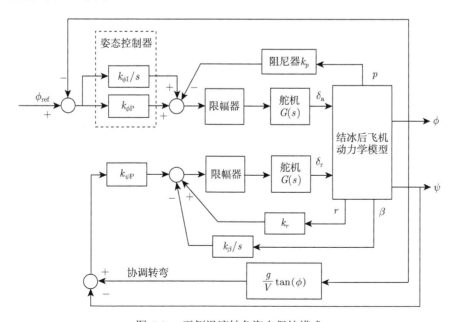

图 5-7 无侧滑滚转角姿态保持模式

其控制律可以表示为

$$\Delta\delta_{\mathrm{a}} = G(s)\left[k_{\phi\mathrm{P}}\Delta\phi + k_{\phi\mathrm{I}}\int\Delta\phi\mathrm{d}t + k_p p\right]$$
$$\Delta\delta_{\mathrm{r}} = G(s)\left[k_{\psi\mathrm{P}}\left(\psi - \frac{g}{V}\tan\phi\right) + k_r r - k_\beta\int\beta\mathrm{d}t\right]$$

(5.28)

5.3　结冰影响建模

5.3.1　翼面结冰影响分析

1. 翼面结冰对升阻特性的影响

翼面结冰会导致翼型的气动外形破坏,粗糙度改变,导致翼面的升力系数明显降低,阻力系数明显增大,阻力系数增大幅度远大于升力系数下降幅度。在防/冰系统未开启的状态下,阻力系数能增大到 $100\% \sim 200\%$。

根据冰形的不同,其结冰对翼面气动特性的影响不同。NASA 格伦研究中心对 NACA23012 翼型进行结冰实验,由结冰物理过程不同而形成的霜冰、明冰和回流冰的升阻特性如图 5-8 所示[222]。从图中可以看出,结冰后翼型的升力系数降低,失速迎角减小,阻力系数明显增大;随着迎角的增大,结冰影响越来越严重,其中明冰对气动特性影响最严重。

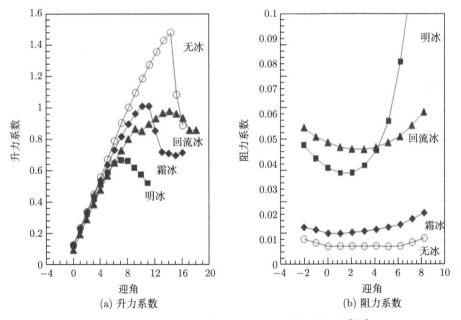

(a) 升力系数　　　　　　　　　(b) 阻力系数

图 5-8　NACA23012 翼型不同冰形下的气动特性[222]

NASA 格伦研究中心对 NACA23012 翼型进行结冰条件下的流场仿真，并进行了风洞结冰实验 [223]。在 $Ma = 0.1$、$Re = 1 \times 10^6$ 和迎角为 $0°$ 条件下，NACA23012 翼型在干净条件，以及结冰严重的霜冰和明冰条件下的流场分布情况如图 5-9～图 5-11 所示。结果与实验进行对比，其上下翼面的压力分布仿真和实验结果如下图所示。

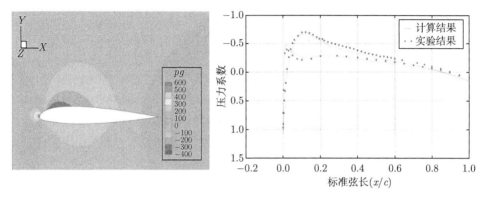

图 5-9 NACA23012 翼型未结冰下的流场分布和上下翼面压力分布图

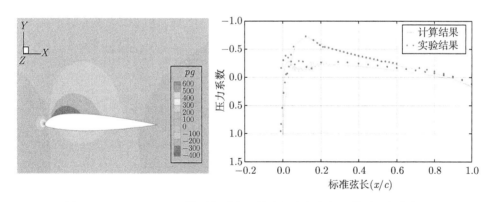

图 5-10 NACA23012 翼型在霜冰下的流场分布和上下翼面压力分布图

从 NACA23012 翼型流场分布和上下表面的压力分布曲线可以看出，在迎角为 $0°$ 时，霜冰对流场分布影响不大，在机翼前缘上翼面压力略有变化。明冰导致的气动外形改变较大，流场的分布变化明显。明冰情况下，上下翼面压力均降低，下翼面压力降低幅度大，两翼面压力差明显减少。明冰导致翼型的升力系数明显降低，如图 5-11 所示。

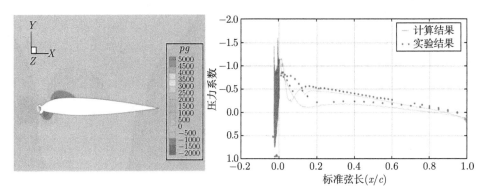

图 5-11   NACA23012 翼型在明冰下的流场分布和上下翼面压力分布图 [223]

按照结冰的几何外形分类，针对 NACA 23012 翼型，其粗糙冰、角状冰 (horn ice)、流向冰和展向冰脊四种冰形的升阻特性如图 5-12 所示。从图中可以看出，冰脊对翼型气动特性的影响程度最大，最大升力系数由 1.8 降低到了 0.5，失速迎角由 18° 降低至 6°。阻力明显增大。俯仰力矩系数在失速后也发生明显变化。其他冰形的严重程度由大到小依次为角状冰、粗糙冰和流向冰。

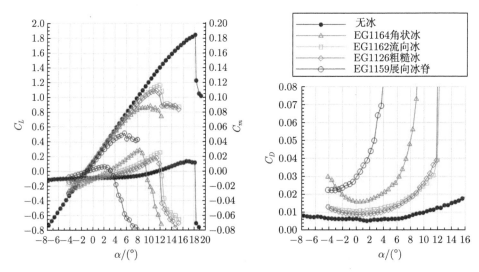

图 5-12   NACA 23012 翼型在不同冰形下的升阻特性曲线

综合分析，不同结冰冰形对翼型气动特性的影响差别较大。结冰时间的不同，导致最终形成的结冰几何外形不同。以对气动特性影响严重的明冰为例，明冰形成过程中，冰形和升力、阻力系数随时间的变化分别如图 5-13 与图 5-14 所示。数据来源于 NASA 格伦研究中心对 NACA 23012 翼型的结冰风洞实验 [224]。

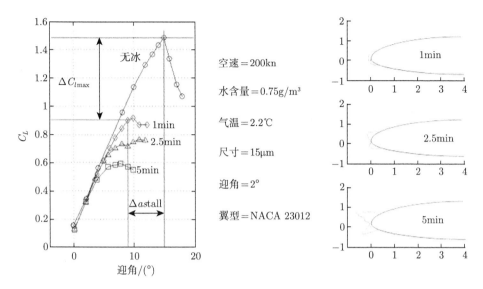

图 5-13　NASA 冰风洞升力系数实验结果

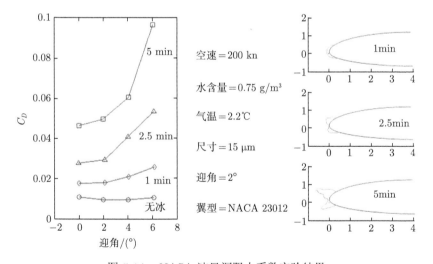

图 5-14　NASA 冰风洞阻力系数实验结果

随着结冰时间的增长,翼型表面结冰的冰形不断变化。在明冰形成过程中,结冰 1min 时,冰形为对气动影响较小的流向冰;结冰 5min 时,冰形发展为对气动特性影响严重的角状冰。

2. 翼面结冰对失速特性的影响

随着飞机迎角的增大,飞机翼面的前缘结冰导致附面层增大,使气流提前分离,导致飞机的升力线斜率下降,飞机失速速度增加,失速迎角减小。由 5.3.1 节

1. 亦可看出，结冰后，大迎角近失速区的升力系数和阻力系数变化明显，失速迎角明显减小。对于飞机，结冰引起的失速问题可分为机翼失速和尾翼失速。

机翼失速主要是由于机翼前缘结冰引起的失速迎角减小。飞机迎角增大时，超过机翼的失速迎角，引起机翼表面的气流提前分离，提前进入失速。飞行过程中，因为无法判断由结冰引起的失速迎角减少的程度，易引发飞行事故。

平尾失速与机翼失速原理相同，由平尾迎角超过平尾失速迎角引起。根据迎角正负，分为正失速迎角和负失速迎角。平尾失速和机翼失速的不同在于，平尾失速主要发生在平尾负迎角小于平尾负失速迎角时。引起平尾下翼面气流提前分离，上下翼面压差减小，无法提供飞机维持俯仰平衡的负升力，导致机头下俯，严重时导致飞机丧失俯仰操纵能力。由于飞机机翼、机身，推进系统的影响，飞机平尾附近流场非常复杂。实际飞行中，飞行姿态、飞行速度、襟翼偏角，以及发动机状态等都对平尾迎角 α_t 产生影响。平尾的实际迎角为

$$\alpha_t = \alpha - \varepsilon + n \tag{5.29}$$

式中，α_t 表示平尾实际迎角；α 表示飞机机翼迎角；ε 表示飞机对平尾产生的下洗角；n 表示飞机平尾安装角，一般取为 0。下洗角表示为 $\varepsilon = \arctan(W_t - V_\infty)$，这里 W_t 表示飞机对平尾产生的下洗速度，主要受翼尖尾涡和襟翼产生的洗流影响；V_∞ 表示飞机的来流速度。下洗角 ε 也可以表示为

$$\varepsilon = \varepsilon_0 + \frac{\mathrm{d}\varepsilon}{\mathrm{d}\alpha} \cdot \alpha \tag{5.30}$$

式中，ε_0 是 0° 迎角的下洗角；$\mathrm{d}\varepsilon/\mathrm{d}\alpha$ 主要与襟翼偏角有关。

NASA、FAA 在 1994 年就开始了针对平尾结冰的研究，将平尾失速问题列为研究重点。有研究[58]指出，襟翼偏角对平尾产生的下洗角，会使平尾负迎角增大，加速平尾失速。飞行速度的增大和发动机推力的增加，对平尾失速有一定的作用。升降舵的配平角度和铰链力矩的大小，可以作为指示平尾由结冰引起性能下降的参数。由结冰引起的平尾失速的事故示意图如图 5-15 所示，襟翼偏角由 32° 增大至 40°，使平尾下洗增大，平尾负迎角大于平尾失速迎角，引发飞机平尾失速。平尾无法提供维持飞机平衡的负升力，导致飞机低头俯冲，引发飞行事故。

3. 翼面结冰对飞机铰链力矩的影响

铰链力矩是指作用于飞机舵面上，相对于舵面铰链轴由气动力产生的力矩。飞机结冰时，尤其是翼型前缘结冰，所产生的冰结构会引起分离涡的产生，导致表面压力分布改变，从而影响舵面的铰链力矩。铰链力矩可分为定常 C_h 和非定常 $C_{h,\mathrm{RMS}}$；$C_{h,\mathrm{RMS}}$ 为由结冰引起的非定常铰链力矩的均方根值，计算公式为

$$C_{h,RMS} = \sqrt{\frac{1}{n} \sum \left(C_h - \bar{C}_h\right)^2} \tag{5.31}$$

式中，n 为测量 C_h 的次数；$\bar{C}_h$ 为平均值。

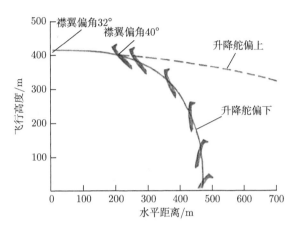

图 5-15　1977 年瑞典斯德哥尔摩的飞行事故示意图

Bragg 教授团队研究不同典型结冰条件下的铰链力矩变化，得出了机翼结冰对铰链力矩的影响[225]。其中 NACA 23012 翼型的升力系数、襟翼铰链力矩系数随迎角的变化如图 5-16 所示 ($Re = 1.8 \times 10^6$, $\delta_f = 0°$ 状况下)。

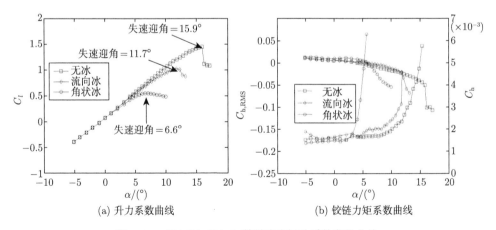

(a) 升力系数曲线　　　　　　(b) 铰链力矩系数曲线

图 5-16　NACA 23012 翼型结冰气动系数变化曲线

对比发现，$C_{h,RMS}$ 在失速迎角之前，就产生显著变化。这对于飞机告警，避免进入失速有重要作用。实验结果也表明，不同结冰情况均会导致铰链力矩的显著变化。这为飞机结冰的告警与边界保护设计提供了裕度。由于机翼结冰和平尾结冰分别影响副翼铰链力矩和升降舵铰链力矩，因而通过探测副翼和升降舵的铰链力矩 [226,227] 也可以来识别是机翼结冰还是尾翼结冰。

5.3.2 翼面结冰影响模型

用风洞实验、数值计算和飞行试验的方法研究结冰对气动特性的影响，其实验与计算结果较为准确。但计算和实验过程需要大量时间，才能得到结冰对飞机气动参数的影响，无法应用到实时的飞行仿真过程中。因而需要将实验计算所得到的结冰对气动特性的影响进行分析，应用于实时仿真的地面飞行仿真中，来研究结冰对飞机动力学的影响。

本书选用的飞机，机翼为大展弦比梯形翼，气动布局为：升力系数较大的翼型配置在翼尖，升力系数较小的翼型配置在翼根，保证飞机气流分离从翼根向翼尖逐渐扩散。飞机翼尖失速时，即整个机翼失速。由于结冰实验条件的限制和本书研究方向侧重于结冰后飞机动力学特性的研究，本书选用与翼尖翼型接近的 NACA 23012 翼型结冰数据来建模 [125]。

1. 翼面结冰对纵向气动系数影响建模

结冰对飞机气动特性的影响主要体现在升力减少、阻力增大和操纵效率降低。结冰同时会影响飞机的失速特性，使飞机失速迎角减少。因而有必要改进飞机的失速区域的模型。由于飞机遭遇结冰时间的不同，对气动特性影响不同。本书选取 NASA 对 NACA 23012 翼型结冰数据中结冰影响严重的明冰结冰数据。其 C_L, C_D 在不同结冰时间下随迎角的数据变化曲线如图 5-17 所示。将飞机结冰 5min 后，视为严重结冰情况。

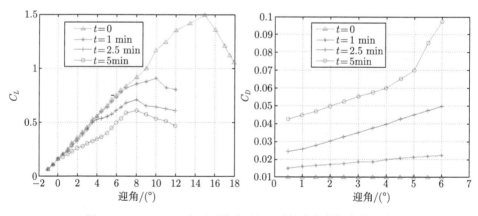

图 5-17　C_L、C_D 在不同结冰时间下随迎角的数据变化曲线

由于结冰后的飞机纵向气动特性变化复杂。本书分线性阶段和失速阶段分别建模。针对结冰影响的失速区建模，从图 5-17 中看出，近失速区难以用函数进行

描述建模，本书采用二维插值表的方法。依据 NASA 结冰数据，本书将结冰对气动导数的影响进行标准化处理，以未结冰为标准，得到结冰影响修正因子，实时仿真中，采用二维插值方法修正飞机失速区的 C_L、C_D 气动数据。标准化后 C_L 的二维插值数据影响因子 K_{CL} 如表 5-3 所示，阻力系数影响因子 K_{CD} 如表 5-4 所示。

表 5-3　升力系数失速区插值表修正系数

迎角/(°)	1	3	5	7	9	11	13	15
未结冰	1	1	1	1	1	1	1	1
结冰 1min	1	1	0.9959	0.9700	0.9887	0.9592	0.8695	0.6703
结冰 2.5min	1	0.9312	0.9013	0.9469	0.8528	0.7953	0.6541	0.5040
结冰 5min	1	0.7993	0.8061	0.6494	0.6188	0.6883	0.5641	0.4152

表 5-4　阻力系数失速区插值表修正系数

迎角/(°)	1	2	3	4	5	6
未结冰	1	1	1	1	1	1
结冰 1min	1.600	1.700	1.800	2.000	2.100	2.200
结冰 2.5min	1.625	1.765	1.944	2.000	2.143	2.273
结冰 5min	1.731	1.667	1.571	1.525	1.556	1.940

针对 C_L、C_D 气动数据线性区，采用修正公式进行修正。升力系数和阻力系数的修正因子 k_L 与 k_D 分别为公式 (5.32) 与公式 (5.33)，其为迎角和结冰时间的函数。

$$k_L(\alpha, t) = -0.0015 \cdot t \cdot |\alpha|^{1.75} + 1 \tag{5.32}$$

$$k_D(\alpha, t) = 0.05 \cdot t \cdot |\alpha|^{1.7} + 0.275 \cdot t + 1 \tag{5.33}$$

根据修正系数，以所选飞机襟翼偏角 0° 时 0.2 马赫空中飞行状态为例，C_L 与 C_D 在不同结冰情况下随迎角变化曲线如图 5-18 所示。

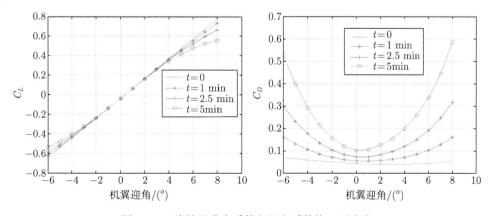

图 5-18　线性区升力系数和阻力系数修正后曲线

　　结冰对于飞机俯仰力矩系数的影响，在线性区采用下降百分比表示。在飞机接近失速迎角时，其变化也是十分复杂，本书对失速区亦采用二维插值修正系数法。其气动系数 $C_{m\alpha}$ 的修正系数如表 5-5 所示。

表 5-5　俯仰力矩对迎角导数失速区插值表

迎角/(°)	0	6	7	8	9	10	12	16	30
未结冰	1	1	1	1	1	1	0.95	0.85	0.75
结冰 1min	1	1	1	1	0.95	0.95	0.75	0.75	0.75
结冰 2.5min	1	1	0.95	0.95	0.85	0.75	0.75	0.75	0.75
结冰 5min	1	0.95	0.95	0.85	0.75	0.75	0.75	0.75	0.75

　　以修正结冰后升力系数为例，在 MATLAB 中 Simulink 建模，其建模如图 5-19。首先针对飞机未结冰时的升力系数和迎角，得出线性区修正方程系数和二维查表插值系数。再对升力系数进行修正。阻力系数和俯仰力矩系数的 Simulink 程序模块与此类似。

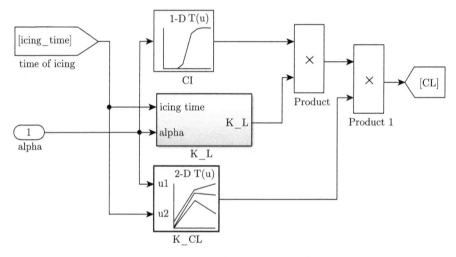

图 5-19　Simulink 中结冰升力系数修正模型

　　则针对所选飞机襟翼偏角 0° 时 0.2 马赫空中飞行状态，其不同结冰时间下的升力系数和阻力系数如图 5-20 所示。

2. 翼面结冰对其他气动导数影响建模

　　飞机的升力、阻力和俯仰力矩系数可以由 NASA 数据来修正，结冰影响主要取决于结冰时间和飞机迎角。而对于飞机的其他气动导数，NASA 公开数据包含较少。NASA 对于"双水獭"DHC-6 飞机，通过试飞进行了详尽的研究。其气动数据以增加或降低百分比的形式给出，Lampton 将其应用在 Cessna 飞机上，通过试飞验证了数据的合理性和可用性。本书其他气动导数变化依据此数据，气动数据变化见表 5-6 与表 5-7。

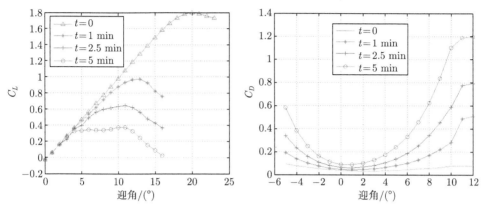

图 5-20　修正后升力和阻力系数曲线

表 5-6　结冰对稳定导数的影响

稳定导数	ΔC_{Z_q}	ΔC_{m_a}	ΔC_{m_q}	ΔC_{Y_β}	ΔC_{l_β}	ΔC_{l_p}	ΔC_{l_r}	ΔC_{n_β}	ΔC_{n_r}
变化量	-1.20%	-10%	-3.50%	-20%	-10%	-10%	0%	-20%	-6.10%

表 5-7　结冰对操纵导数的影响

操纵导数	$\Delta C_{z_{\delta e}}$	$\Delta C_{m_{\delta e}}$	$\Delta C_{Y_{\delta r}}$	$\Delta C_{l_{\delta a}}$	$\Delta C_{l_{\delta r}}$	$\Delta C_{n_{\delta r}}$
变化量	-9.50%	-10%	-8%	-10%	-8%	-8.30%

假定这些气动导数随时间呈线性变化，以 ΔC_{Y_β} 为例，结冰导致数值减少 20%，视为严重结冰情况，即结冰 5min 所达到的状况。因而结冰条件下气动导数 C_{Y_β} 的修正系数 $k_{C_{Y_\beta}}$ 表示为

$$k_{C_{Y_\beta}}(t) = 1 - (20\%/5) \times t \tag{5.34}$$

式中，t 表示结冰时间，单位为 min。同理，所有气动导数可表示如下：

$$\begin{cases} k_{C_{Z_q}}(t) = 1 - (1.2\%/5) \times t, & k_{C_{m_q}}(t) = 1 - (3.5\%/5) \times t \\ k_{C_{l_\beta}}(t) = 1 - (10\%/5) \times t, & k_{C_{l_p}}(t) = 1 - (10\%/5) \times t \\ k_{C_{n_\beta}}(t) = 1 - (20\%/5) \times t, & k_{C_{nr}}(t) = 1 - (6.1\%/5) \times t \\ k_{C_{Z_{\delta e}}}(t) = 1 - (9.5\%/5) \times t, & k_{C_{m_{\delta e}}}(t) = 1 - (10\%/5) \times t \\ k_{C_{Y_{\delta r}}}(t) = 1 - (8\%/5) \times t, & k_{C_{l_{\delta a}}}(t) = 1 - (10\%/5) \times t \\ k_{C_{l_{\delta r}}}(t) = 1 - (8\%/5) \times t, & k_{C_{n_{\delta r}}}(t) = 1 - (8.3\%/5) \times t \end{cases} \tag{5.35}$$

以 $k_{C_{Y\beta}}$ 为例，横航向和操纵导数的修正系数 Simulink 仿真模块和 $k_{C_{Y\beta}}$ 子模块如图 5-21 所示。

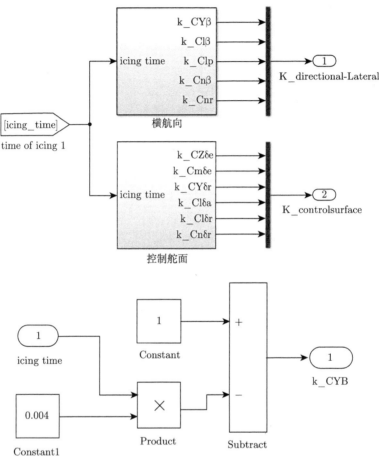

图 5-21　横航向和操纵导数的修正系数 $k_{C_{Y\beta}}$ 计算模块和计算子模块

3. 翼面非对称结冰影响建模

飞机翼面结冰因分布不同可分为机翼结冰、平尾结冰和机翼的非对称结冰，其对飞机动力学特性影响是不同的。不同飞机对机翼结冰和尾翼结冰的敏感程度也是不同的。因而对于结冰分布对飞机动力学特性的影响的讨论是必要的。

无论是机翼结冰还是平尾结冰，都是由升力面结冰引起的。由结冰引起的升力面升力系数降低，阻力增大，在 5.3.1 节 1. 已经讨论。实际飞行中，飞机机翼一侧防除冰设备失效或者机翼一侧除冰不完全，都会导致飞机不对称结冰。由左右机翼的不对称结冰而产生的升力阻力差，将对飞机产生滚转和偏航力矩，导致飞行事故的发生。这种不对称结冰情形的建模过程如下所述。

假设飞机右侧机翼防除冰系统发生故障，导致飞机右侧机翼结冰，而左侧机翼正常。其左右机翼产生的升力和阻力系数差可表示为

$$\Delta C_{Lice} = 1/2C_L - 1/2C_{Lice} \qquad (5.36)$$

$$\Delta C_{Dice} = 1/2C_D - 1/2C_{Dice} \qquad (5.37)$$

式中，ΔC_{Lice}，ΔC_{Dice} 分别表示左右机翼不对称结冰后引起的升力系数与阻力系数差。则产生的附加的滚转和偏航力矩表示为

$$\Delta L_{ice} = QS_w\Delta C_{Lice}d \qquad (5.38)$$

$$\Delta N_{ice} = QS_w\Delta C_{Dice}d \qquad (5.39)$$

式中，$d(0 < d < B)$ 表示单侧机翼结冰作用点到飞机体轴系 X 轴距离。本书选取最严重的翼尖部位结冰，即 d 为展长 B 的一半。

5.3.3 平尾结冰影响分析

大气环境不同、飞行状态不同、过冷水滴冻结部位不同，以及平尾结冰飞行时间不同等，都会导致平尾结冰冰形不同。根据平尾结冰物理过程，分为霜冰、明冰和混合冰。而 NASA 根据平尾结冰实际飞行情况，将平尾结冰冰形分为残留冰形、除冰失效冰形、操稳性验证冰形，如图 5-22 所示。

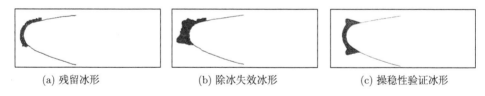

(a) 残留冰形　　　　　　(b) 除冰失效冰形　　　　　　(c) 操稳性验证冰形

图 5-22　依据实际飞行情况分类的结冰冰形

平尾结冰强度与程度是衡量平尾结冰严重程度的重要指标。平尾结冰强度即结冰在平尾部件结构上的增长速率，按照增长速率的不同可将平尾结冰强度分为弱结冰、轻度结冰、中度结冰以及强结冰，其具体结冰增长速率范围如表 5-8 所示。

表 5-8　平尾结冰强度等级

等级	弱	轻度	中度	强
结冰强度/(mm/min)	<0.6	0.6~1.1	1.1~2.0	>2.0

仅依据平尾结冰强度不能准确判断平尾结冰严重程度，这是由于没有充分考虑到结冰时间对平尾结冰严重程度的影响，例如当飞机遭遇弱结冰时，结冰时间很长也会导致飞行事故发生。因此引入平尾结冰程度这一指标，平尾结冰程度即在一定飞行时间内平尾结冰的最大厚度，其等级划分如表 5-9 所示。

表 5-9　平尾结冰程度等级

等级	弱	轻度	中度	强
最大厚度/mm	0.1～5.0	5.1～15	15.1～30	>30

1. 平尾结冰对升力系数的影响

NASA/FAA 平尾结冰研究项目给出了不同平尾结冰冰形条件下平尾升力系数随平尾迎角的变化关系，如图 5-23 所示。

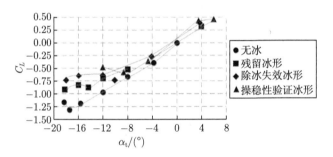

图 5-23　不同平尾结冰冰形下的升力系数变化曲线

由图 5-23 可以看出，平尾结冰严重降低了平尾升力系数，且不同平尾结冰冰形对平尾结冰后的升力系数影响不同，对升力系数影响最小的冰形是残留冰形，其次是除冰失效冰形，对升力系数影响最大的冰形是操稳性验证冰形，且操稳性验证冰形使平尾最大负升力系数由 1.25 降低到 0.6 左右，平尾失速负迎角由 17° 降低到 8° 左右。

2. 平尾结冰对阻力系数的影响

平尾结冰破坏了平尾的气动特性，减小平尾升力的同时，也对阻力产生显著影响。NASA/FAA 平尾结冰项目 (TIP) 给出了不同平尾结冰冰形条件下阻力系数随平尾迎角的变化关系，如图 5-24 所示。

由图 5-24 可以看出，平尾结冰显著增大了阻力系数，对其影响最小的冰形是残留冰形，其次是除冰失效冰形，对阻力系数影响最大的冰形是操稳性验证冰形，它使最大阻力系数由 0.18 增大到 0.35 左右。

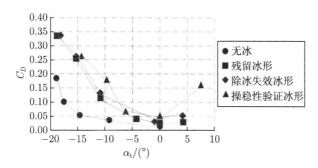

图 5-24　不同平尾结冰冰形下的阻力系数变化曲线

3. 平尾结冰对平尾失速特性的影响

由 5.3.3 节 1. 可以看出，平尾结冰后，平尾临界负迎角明显减小，导致平尾负迎角超过平尾临界负迎角的概率增大，当平尾结冰严重到一定程度之后，极易引发平尾失速，图 5-25 给出了平尾迎角示意图。

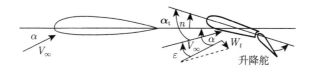

图 5-25　机翼和平尾流动几何关系

由图 5-25 可知，平尾迎角表达式为

$$\alpha_t = \alpha - \varepsilon + n \tag{5.40}$$

式中，α_t 为平尾迎角；α 为机翼迎角；ε 为平尾处下洗角；n 为平尾安装角，大小设置为 0。平尾下洗角 ε 表达式为

$$\varepsilon = \varepsilon_0 + \frac{\mathrm{d}\varepsilon}{\mathrm{d}\alpha} \cdot \alpha \tag{5.41}$$

式中，ε_0 是 0° 迎角的下洗角；$\mathrm{d}\varepsilon/\mathrm{d}\alpha$ 主要与襟翼偏角有关。

当平尾结冰后，平尾气动特性被改变，平尾处气流发生分离，使平尾临界负迎角减小；且平飞时平尾提供负升力使飞机平衡，而平尾结冰导致平尾负升力的减小，因此需要增加升降舵偏角来获得更大的平尾负升力，而升降舵偏转导致平尾弯度的变化，平尾临界负迎角减小加剧。表 5-10 为在三种平尾冰形下进行风洞实验测得的平尾临界负迎角的改变值 $\Delta\alpha_{\mathrm{stall}}$，从表 5-10 中可以看出，Intercycle 残留冰形会导致平尾临界负迎角减小 2.3°，Failed Boot 除冰带失效冰形会导致平尾临界负迎角减小 7.3°，S&C 操稳性验证冰形会导致平尾临界负迎角减小 9.5°。

同时，NASA/FAA 通过试验验证，平尾前缘即使有少量结冰，平尾临界负迎角也会显著下降。

表 5-10　平尾结冰后的平尾临界失速负迎角变化值

冰形	$\Delta\alpha_{stall}/(°)$
Intercycle 残留冰形	2.3
Failed Boot 除冰带失效冰形	7.3
S&C 操稳性验证冰形	9.5

而平尾失速是指平尾负迎角大于平尾临界负迎角，俯仰平衡被破坏，进而导致非指令的、不可补偿的严重俯冲。可分为两种，一种是正平尾失速，其发生概率小，主要集中在起飞阶段，通过增加速度、释放襟翼来改出；另一种是负平尾失速，其概率相对较大，且主要集中在进近与着陆阶段，通过减小和收起襟翼、降低速度、拉杆操纵改出。平尾结冰导致的失速属于负平尾失速，常发生在进近与着陆阶段，襟翼处于释放状态，且飞机高度低，驾驶员处置时间短，极易造成飞行事故。例如在 1977 年瑞典斯德哥尔摩发生的由平尾结冰失速导致的飞行事故，事后调查结果显示：在进近与着陆阶段飞机发生平尾结冰，当驾驶员将襟翼角度由 32° 释放至 40° 后，平尾负迎角超过平尾临界负迎角，进而引起平尾失速。

4. 平尾结冰对操纵性的影响

平尾发生结冰后，操纵杆力特性、需用升降舵偏转角以及升降舵铰链力矩会随之发生变化，且对升降舵操纵性能起着决定性作用。因此本节着重分析平尾结冰对升降舵操纵杆力特性、需用升降舵偏转角以及铰链力矩的影响。首先根据 "双水獭" 飞机风洞实验数据，给出其在平尾结冰严重程度为 $\eta = 0.2$ 时对操纵导数的影响，如表 5-11 所示。

表 5-11　平尾结冰对操纵导数的影响

操纵导数	平尾未结冰	平尾结冰	变化量
$\Delta C_{z_{\delta e}}$	-0.608	-0.565	-7.07%
$\Delta C_{m_{\delta e}}$	-1.740	-1.593	-8.45%
$\Delta C_{Y_{\delta r}}$	0.15	0.138	-8%
$\Delta C_{l_{\delta a}}$	-0.15	-0.135	-10%
$\Delta C_{l_{\delta r}}$	0.015	0.0138	-8%
$\Delta C_{n_{\delta r}}$	-0.12	-0.11	-8.33%

由表 5-11 可以看出：平尾结冰对操纵导数的影响较大，其中 $\Delta C_{m_{\delta e}}$ 减小了 8.45%，表明平尾结冰降低了升降舵操纵效率，增大了驾驶员操纵难度。

驾驶员评价飞机的操纵性好坏，最直接的就是看操纵杆力特性如何。图 5-26 给出四种情况下的操纵杆力特性曲线。

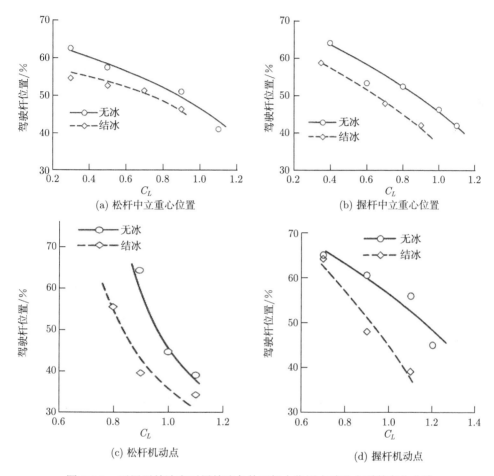

(a) 松杆中立重心位置

(b) 握杆中立重心位置

(c) 松杆机动点

(d) 握杆机动点

图 5-26 平尾无结冰和平尾结冰条件下杆力作用点随升力系数变化曲线

图 5-26 总结了平尾无结冰和平尾结冰条件下松杆中立重心位置和握杆机动点随升力系数的变化。从图 5-26(a) 可以看出，在松杆情况下，静稳定裕度平均会有 3%~5% 的减小量；从图 5-26(b) 可以看出，在握杆情况下，静稳定裕度大致会有 7%~8% 的减小量。风洞数据表明平尾结冰后机动裕度会减小：从图 5-26(c) 可以看出，在升力系数约为 0.9 时，松杆机动点向前移动大约 15%，在升力系数接近失速时，向前移动约 7%；从图 5-26(d) 可以看出，在低升力系数下，握杆机动点向前移动大约 3%，在失速临界升力系数附近会有 12%~15% 的减小量。综合来看，平尾结冰对操纵杆力特性的影响较大，在握杆及松杆情况下，静稳定裕度和机动裕度会明显减小。

5.3.4　平尾结冰影响模型

采用平尾结冰后的气动参量模型：

$$C_{(A)\text{iced}} = \left(1 + \eta_{\text{ice}} K'_{CA}\right) C_{(A)} \tag{5.42}$$

式中，$C_{(A)}$ 为某一气动导数，$C_{(A)\text{iced}}$ 为平尾结冰后该导数值；K'_{CA} 为结冰因子，与平尾外形、平尾结冰环境等有关；η_{ice} 是平尾结冰的严重程度，仅与气象条件有关。

然而由于 K'_{CA} 与气象条件和飞机平尾构型都有关，很难得到它的取值，并且在使用 η_{ice} 确定具体的平尾结冰后导数时，由于不能获得真实的飞行结冰条件，给计算带来了较大困难。因此引入参数 η 和 K_{CA}：

$$K'_{CA} = \frac{\eta}{\eta_{\text{ice}}} K_{CA} \tag{5.43}$$

式中，K_{CA} 为气动导数对平尾结冰的灵敏度，仅与飞机有关，是从"双水獭"飞机的结冰和未结冰数据换算而来；η 是平尾结冰严重程度，仅与气象条件有关。

由上述两式可得

$$C_{(A)\text{iced}} = \left(1 + \eta K_{CA}\right) C_{(A)} \tag{5.44}$$

由于没有大量平尾结冰数据可用于本书模型飞机，又考虑本书飞机模型与"双水獭"有近似的气动布局，因此依靠此近似公式计算平尾结冰后的气动导数，虽然与实际情况存在一定误差，但对仿真结果的影响在允许的误差范围内。

5.4　本　章　小　结

本章主要介绍了结冰条件下人机闭环系统建模方法，建立了驾驶员操纵行为参数模型、飞机本体动力学模型、发动机模型，设计了增稳控制律，构建了翼面结冰和平尾结冰影响模型，为第 6 章开展结冰条件下飞行动力学特性研究打下了基础。

第 6 章　结冰条件下飞行动力学特性分析

6.1　结冰条件下飞行品质分析

飞机飞行品质是评价飞机性能的重要指标，品质等级的高低也间接地反映了飞行的安全程度，对飞机结冰后飞行品质进行量化分析，有助于更全面、深入地理解结冰对飞行安全带来的影响。本节利用等效系统拟配的方法，对飞机的典型模态特性参数进行拟合计算，进一步研究结冰对飞行品质及飞行安全的影响。

6.1.1　等效系统拟配

现代飞机中多采用电传操作系统，系统阶次高、附加模态多，用常规飞机的评价准则来评价其飞行品质问题，难度较大，通常可以采用低阶等效系统拟配的方法来解决这一问题。给定一个低阶系统模型，并且满足在相同操纵输入作用下，原系统响应输出与给定系统响应输出的差值在某种意义上达到最小，则可称给定的系统模型为原系统的低阶等效系统。这样的低阶等效系统在一定程度内与原系统具有相同的响应特性，因此可以通过求取低阶等效系统的特征参数来间接评价原高阶系统的品质问题。对于现代高阶增稳飞机，通常采用频域拟合或者时域拟合的方法来求得相应的低阶等效系统，进而评价飞机的飞行品质问题。

频域等效系统拟配是一种较为常见、基础的方法，但是该方法对高阶系统的模型具有较强的依赖性，易受模型精度的影响。而现代高阶增稳飞机中包含了许多非线性因素，以及一些被忽略的高频特性，都会对高阶系统的模型精度产生影响，而利用时域拟合方法则可以弥补这一缺点，并且方法简单易实现。本节主要是利用时域拟合的方法求取低阶等效系统特征参数来分析结冰对飞行品质的影响，因此不对频域拟合过程进行赘述。

已知高阶系统的响应输出和低阶系统模型，利用最小二乘非线性拟合算法使得下面的性能指标最小，从而求得低阶等效系统的特征参数：

$$J = \frac{1}{k} \sum_{t_1}^{t_k} [\Delta y(t_i)]^2 \tag{6.1}$$

式中，$\Delta y(t_i) = y(t_i)_h - y(t_i)_l$ 为原高阶系统与低阶系统模型响应输出的差值；J 为失配参数，值越小表示拟合效果越好。

6.1.2 纵向飞行品质

模态特性参数是评价飞机飞行品质过程中常用的性能指标,而飞机的纵向运动特性通常是由初始阶段的短周期模态和后续阶段的长周期模态共同决定的。通过等效系统拟配,将结冰飞机在纵向俯仰运动上的输出响应等效为两种运动模态的叠加组合,从而求取出飞机纵向运动的模态特性参数,进而评价飞机结冰后的纵向飞行品质问题。以俯仰角速率为例,在时域范围上的响应输出为

$$q = q_{\mathrm{sp}}\mathrm{e}^{-\xi_{\mathrm{sp}}\omega_{\mathrm{sp}}t}\cos(\omega_{\mathrm{sp}}\sqrt{1-\xi_{\mathrm{sp}}^2}t+\psi_{\mathrm{sp}}) + q_{\mathrm{p}}\mathrm{e}^{-\xi_{\mathrm{p}}\omega_{\mathrm{p}}t}\cos(\omega_{\mathrm{p}}\sqrt{1-\xi_{\mathrm{p}}^2}t+\psi_{\mathrm{p}}) \quad (6.2)$$

式中,ξ_{sp}、ω_{sp} 和 ψ_{sp} 分别表示短周期模态的阻尼比、自振频率和相位偏角;而 ξ_{p}、ω_{p} 和 ψ_{p} 则为长周期模态的阻尼比、自振频率和相位偏角。

假设初始飞行条件为高度 $H=3000\mathrm{m}$、速度 $V=160\mathrm{m/s}$,并进行配平,在 $t=0\mathrm{s}$ 时飞机遭遇了不同严重程度的结冰 ($\eta = 0, 0.1, 0.3, 0.5$)。在某一时刻驾驶员给升降舵一个脉冲激励信号,对飞机的俯仰角速率响应进行仿真模拟,并将仿真结果与公式 (6.2) 进行拟配,从而计算出飞机的模态特性参数。需要值得注意的是,在截取飞机俯仰角速率响应参数的过程中,通常会有时间延迟的产生,因此在进行等效拟配计算时要增加时间延迟项 Δt,以减小误差。图 6-1 为不同结冰条件下俯仰角速率的响应曲线与拟合曲线。

从图 6-1 中的拟配曲线可以看出,低阶等效系统的输出与仿真得到的俯仰角速率响应的拟合效果较好,表明计算所得的各模态特性参数可以用来进行飞机飞行品质的评价问题,计算结果如表 6-1 所示。还可以看出,在未结冰和结冰严重程度较弱时,俯仰角速率响应能够在较短的时间内收敛到 0 值附近,而随着结冰严重程度的增加,俯仰角速率响应收敛变慢,且稳态值不再为 0。

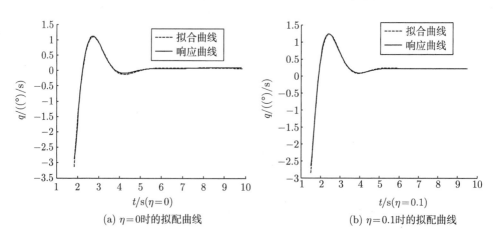

(a) $\eta=0$时的拟配曲线　　　　　　　　　(b) $\eta=0.1$时的拟配曲线

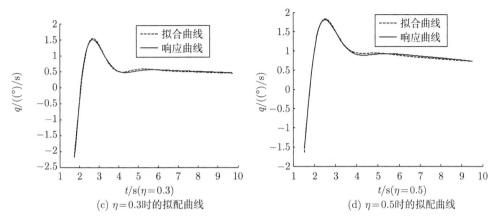

(c) $\eta=0.3$时的拟配曲线　　　　　(d) $\eta=0.5$时的拟配曲线

图 6-1　不同结冰条件下的拟配效果图

表 6-1　纵向模态特性参数拟配结果

参数	$\eta = 0$	$\eta = 0.1$	$\eta = 0.3$	$\eta = 0.5$
q_{sp}	47.8930	24.3665	13.3665	9.7461
q_{p}	0.0855	0.3077	0.3425	0.6425
ξ_{sp}	0.5497	0.5314	0.5014	0.4934
ξ_{p}	0.0093	0.2075	0.2175	0.2396
ω_{sp}	2.4180	2.0554	1.5179	1.1291
ω_{p}	0.3996	0.4444	0.4581	0.4977
ψ_{sp}	0.2228	1.4688	2.4046	2.9131
ψ_{p}	3.1416	3.1411	3.0124	3.0017
$\Delta t/\mathrm{s}$	1.8357	1.7123	1.6852	1.6494
J	0.1734	0.1419	0.3431	0.4045

　　根据表 6-1 计算的结果可以得知,飞机结冰后操纵性和稳定性均有所下降,并且随结冰严重程度的增加,短周期运动的响应幅值显著减小,阻尼比和自振频率均有不同程度的下降,相位偏角则有所增长;而长周期运动俯仰角速率的响应幅值、阻尼比和频率均不断增大,但相位偏角无明显变化。结冰导致飞机的纵向飞行品质有所下降,对飞行安全产生了极大威胁。

6.1.3　横航向飞行品质

　　飞机的横航向复杂运动通常可以简化为滚转模态、螺旋模态和荷兰滚模态三种典型运动模态的叠加组成,下面从时域角度对滚转角响应进行说明:

$$\gamma = \gamma_{\mathrm{R0}}\mathrm{e}^{-\frac{t}{\tau_{\mathrm{R}}}} + \gamma_{\mathrm{S0}}\mathrm{e}^{-\frac{t}{\tau_{\mathrm{S}}}} + \gamma_{\mathrm{d0}}\mathrm{e}^{-\xi_{\mathrm{d}}\omega_{\mathrm{nd}}t}\cos(\omega_{\mathrm{nd}}\sqrt{1-\xi_{\mathrm{d}}^2}\,t + \psi_{\mathrm{d}}) \qquad (6.3)$$

式中,τ_{R} 和 τ_{S} 分别表示滚转模态时间常数和螺旋模态时间常数;ω_{nd}、ξ_{d} 和 ψ_{d} 分别表示荷兰滚模态的自振频率、阻尼比和相位偏角。由于滚转模态衰减迅速,与其他模态叠加计算时误差较大，因此采用阶跃操纵副翼的方式来确定滚转模态时间常数，图 6-2 为阶跃操纵副翼后滚转角速率的响应曲线。

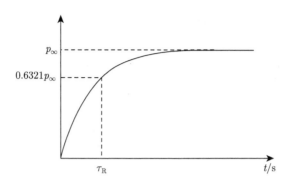

图 6-2　阶跃操纵副翼后滚转角速率的响应曲线

滚转角速度的表达式如下：

$$p = p_\infty \left(1 - \mathrm{e}^{-\frac{t}{\tau_\mathrm{R}}}\right) \tag{6.4}$$

当 $t = \tau_\mathrm{R}$ 时，$p = 0.6321 p_\infty$，由此可以近似计算出滚转模态时间常数 τ_R。

某时刻驾驶员给方向舵一个倍脉冲的激励信号，对不同结冰严重程度下的滚转角响应进行仿真模拟，并将仿真结果与公式 (6.3) 进行拟合计算，从而求得飞机的横航向模态特性参数，拟配计算的效果图和参数分别如图 6-3 和表 6-2 所示。

同样，滚转角响应曲线与拟合曲线的拟合程度较好，所计算的结果可用于横航向飞行品质的评价问题。根据表中拟配计算结果及 GJB 185—1986 的规定，可以得知飞机在干净外形条件下，螺旋模态时间常数 $\tau_\mathrm{S} = 42.34\mathrm{s} > 20\mathrm{s}$、滚转模态时间常数 $\tau_\mathrm{R} = 0.08\mathrm{s} < 1.4\mathrm{s}$，而荷兰滚模态特性参数 $\xi_\mathrm{d} = 0.184 > 0.08$、$\xi_\mathrm{d} \cdot \omega_\mathrm{nd} = 0.273 > 0.15$，均满足 GJB 185—1986 中关于等级 1 的规定。

伴随着飞机结冰及严重程度的增加，滚转模态时间常数 τ_R 和初始振荡幅值 γ_R0 逐渐增大；荷兰滚模态自振频率 ω_nd 和阻尼比 ξ_d 减小，初始振荡幅值 γ_d0 减小，阻尼特性变差；螺旋模态时间常数 τ_S 逐渐减小，初始振荡幅值 γ_S0 增大。当结冰因子 $\eta = 0.8$ 时，模态特性参数 $\tau_\mathrm{S} = 6.85\,\mathrm{s} < 8\,\mathrm{s}$，$\tau_\mathrm{R} = 1.78\mathrm{s} > 1.4\,\mathrm{s}$，飞机的飞行品质等级已降为 3 级，飞行安全受到严重威胁。此外，从图 6-3 中还可以看出，随着结冰因子 η 的增大，滚转角响应由收敛逐渐变为发散，极易造成飞机失控现象的发生。

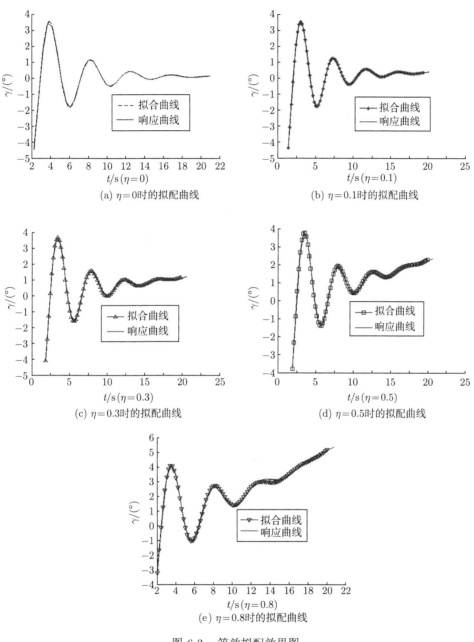

(a) $\eta=0$时的拟配曲线

(b) $\eta=0.1$时的拟配曲线

(c) $\eta=0.3$时的拟配曲线

(d) $\eta=0.5$时的拟配曲线

(e) $\eta=0.8$时的拟配曲线

图 6-3 等效拟配效果图

表 6-2　横航向模态特性参数拟配结果

参数	$\eta = 0$	$\eta = 0.1$	$\eta = 0.3$	$\eta = 0.5$	$\eta = 0.8$
$\gamma_{S0}/(°)$	0.065	0.149	0.367	0.524	0.747
$\gamma_{R0}/(°)$	-2.31	-2.32	-2.49	-2.85	-3.57
τ_S/s	42.34	8.81	8.60	7.49	6.85
τ_R/s	0.08	0.13	1.68	1.72	1.78
$\gamma_{d0}/(°)$	26.01	12.56	7.55	-7.97	-8.02
ξ_d	0.184	0.173	0.171	0.168	0.150
$\omega_{nd}/(rad/s)$	1.483	1.432	1.404	1.317	1.278
ψ_d/rad	1.70	-0.74	2.13	-1.17	-0.94
$\Delta t/s$	2.27	2.17	2.08	1.96	2.01
J	0.004	0.004	0.043	0.145	0.197

6.2　翼面结冰对飞行品质影响及案例分析

6.2.1　小扰动方程线性化

为对飞机的飞行品质进行分析，将飞机的纵向与横航向进行解耦。依据小扰动原理，将飞机全量方程线性化，飞机运动可分为在平衡点处的基准运动和小扰动运动。飞机动力学方程可解耦为纵向与横航向状态方程。

纵向小扰动方程表示如下：

$$
\begin{bmatrix} \Delta \dot{V} \\ \Delta \dot{\alpha} \\ \Delta \dot{q} \\ \Delta \dot{\theta} \end{bmatrix} = \begin{bmatrix} X_V & X_\alpha + g & 0 & -g \\ -Z_V & -Z_\alpha & 1 & 0 \\ \bar{M}_V - \bar{M}_{\dot{\alpha}} \cdot Z_V & \bar{M}_\alpha - \bar{M}_{\dot{\alpha}} \cdot Z_\alpha & \bar{M}_q - \bar{M}_{\dot{\alpha}} & 0 \\ 0 & 0 & 1 & 0 \end{bmatrix} \begin{bmatrix} \Delta V \\ \Delta \alpha \\ \Delta q \\ \Delta \theta \end{bmatrix}
$$

$$
+ \begin{bmatrix} X_{\delta_e} \\ -Z_{\delta_e} \\ \bar{M}_{\delta_e} - \bar{M}_{\dot{\alpha}} \cdot Z_{\delta_e} \\ 0 \end{bmatrix} \Delta \delta_e \tag{6.5}
$$

横航向小扰动方程表示如下：

$$
\begin{bmatrix} \Delta \dot{\beta} \\ \Delta \dot{p} \\ \Delta \dot{r} \\ \Delta \dot{\phi} \end{bmatrix} = \begin{bmatrix} \bar{Y}_\beta & \alpha_* + \bar{Y}_p & \bar{Y} - 1_r & g\cos\theta_*/V_* \\ \bar{L}_\beta & \bar{L}_p & \bar{L}_r & 0 \\ \bar{N}_\beta & \bar{N}_p & \bar{N}_r & 0 \\ 0 & 1 & \tan\theta_* & 0 \end{bmatrix} \begin{bmatrix} \Delta \beta \\ \Delta p \\ \Delta r \\ \Delta \phi \end{bmatrix} + \begin{bmatrix} 0 & \bar{Y}_{\delta_r} \\ \bar{L}_{\delta_a} & \bar{L}_{\delta_r} \\ \bar{N}_{\delta_a} & \bar{N}_{\delta_r} \\ 0 & 0 \end{bmatrix} \begin{bmatrix} \Delta \delta_a \\ \Delta \delta_r \end{bmatrix}
$$

$$
\tag{6.6}
$$

式中，$X_*, \bar{Y}_*, Z_*, \bar{L}_*, \bar{M}_*, \bar{N}_*$ 为有量纲气动参数。在结冰状态下，将各气动参数乘以相应的结冰修正因子，构成结冰条件下的飞机小扰动方程。

6.2.2 翼面结冰对飞机模态特性的影响

飞机的纵向运动可分为短周期模态与长周期模态，飞机的横航向运动可分为滚转模态、荷兰滚模态与螺旋模态。飞机易结冰高度为 3000~5000m，本书选取飞机在海拔 3000m，以 120m/s 速度平飞状态下，此时配平迎角 $\alpha = 1.47°$，对模态特性参数分析。通过求解飞机的纵向四阶方程得到特征根为

$$\lambda_{1,2} = -0.8989 \pm 1.6257, \quad \lambda_{3,4} = -0.0084 \pm 0.1015$$

计算得到其短周期模态自然频率与阻尼比为

$$\omega_{\text{sp}} = 1.8577, \quad \zeta_{\text{sp}} = 0.4839$$

计算得到其长周期模态自然频率与阻尼比为

$$\omega_{\text{p}} = 0.1018, \quad \zeta_{\text{p}} = 0.0825$$

通过求解飞机的横航向四阶方程，得到特征根：

$$\lambda_1 = -2.9249, \quad \lambda_2 = 0.0024, \quad \lambda_{3,4} = -0.2131 \pm 1.1062\text{i}$$

计算得到飞机的滚转模态时间常数为

$$\tau_{\text{R}} = 0.3419\text{s}$$

飞机的荷兰滚模态下的自然频率与阻尼比为

$$\omega_{\text{d}} = 1.1265, \quad \zeta_{\text{d}} = 0.1892$$

飞机的螺旋模态时间常数为

$$\tau_{\text{S}} = 416.67\text{s}$$

同时选取飞机在海拔 3000m，以 90m/s 平飞，配平迎角 $\alpha = 5.33°$ 状态，对飞机的模态特性进行分析，作为不同迎角情况的对比。不同结冰状态下，对飞机纵向飞行品质进行分析。选取未结冰至结冰 10min 时的对比数据进行计算，得到飞机纵向模态参数随时间变化曲线，如图 6-4 和图 6-5 所示。

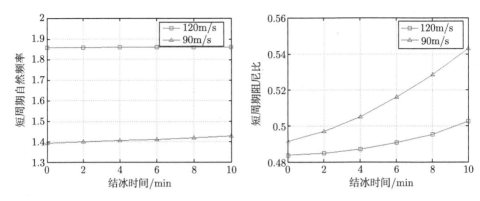

图 6-4　短周期模态自然频率与阻尼比随结冰时间变化曲线

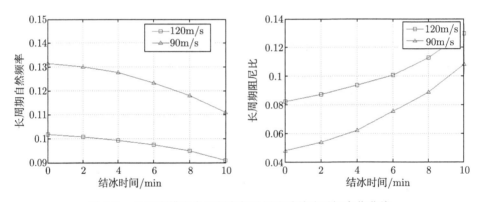

图 6-5　长周期模态自然频率与阻尼比随结冰时间变化曲线

　　从图中可以看出，随着结冰严重程度的增加，飞机短周期模态自然频率基本保持不变，在较大迎角下，自然频率有所上升。长周期模态自然频率均有所下降。短周期与长周期阻尼比均有所上升，且在 90m/s 即较大迎角下，阻尼比上升明显。这是由于在平飞状态下，飞机迎角较小，结冰对飞机升阻影响并不明显。而随着迎角增大，结冰对飞机飞行性能影响更加明显。同样方法，可以得横航向模态参数随时间变化曲线图 6-6 与图 6-7。

　　从图中可以看到，荷兰滚模态下，随着结冰时间的变化，其自然频率基本保持不变，阻尼比有所上升。滚转模态时间常数变化不大。说明在飞机机翼对称结冰情形下，小迎角时，其对横航向的滚转模态与荷兰滚模态影响不大。随着结冰时间的变化，对飞机的螺旋时间常数影响较大，但由于飞机本身较稳定，其螺旋时间常数仍满足一级飞行品质。随着结冰时间的增加，飞机各模态参数会发生变化。飞机平飞状态，迎角较小时，结冰对飞机气动影响较小，因而对小迎角下飞行品质影响较小；当飞机以低速大迎角飞行时，结冰对飞行品质影响较明显。

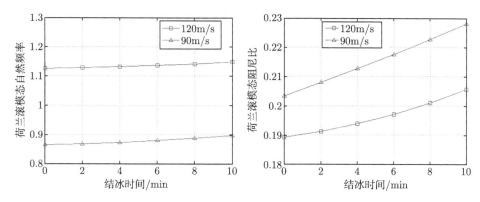

图 6-6 荷兰滚模态下自然频率与阻尼比随结冰时间变化曲线

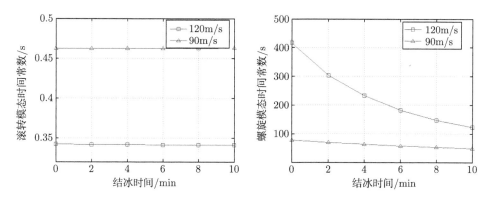

图 6-7 滚转模态与螺旋模态下时间常数随结冰时间变化曲线

6.2.3 翼面结冰对飞机配平状态的影响

以飞机在海拔 3000m，120m/s 速度平飞状态为例，对结冰从 0min 到 10min，进行飞机配平。配平后飞机状态参数如表 6-3 所示。

表 6-3 不同结冰情况飞机配平信息

结冰时间/min	迎角	俯仰角	升降舵偏角	油门位置
0	1.4682	1.4684	0.7369	0.3580
2	1.8678	1.8681	0.6068	0.3962
4	2.3232	2.3237	0.4528	0.4706
6	2.8409	2.8421	0.2733	0.5938
8	3.4261	3.4272	0.0625	0.7337
10	4.0597	4.0218	−0.1320	0.9597

对比表中配平信息，随着结冰时间的增加，飞机升阻系数不断下降，阻力系数不断增大，飞机要以更大的迎角来配平飞机。升降舵偏角不断减少，由后缘下

偏变为后缘上偏，以保持飞机俯仰平衡，但减小了操纵效能。阻力的增大，飞机维持速度，需要增大油门。从表中数据看出，结冰 10min 时，油门偏度已接近饱和。

6.2.4　高度保持模式结冰飞行仿真案例分析

研究飞机结冰对纵向动力学特性的影响，以飞机高度保持模式下飞行为例，对飞机在不同结冰情况下进行仿真分析。选取飞机在海拔 4000m，以 120m/s 的速度平飞，进入云层，对未结冰，以及结冰 2min、5min 进行仿真，设定高度保持 4100m。如图 6-8 所示为结冰与未结冰仿真曲线图。

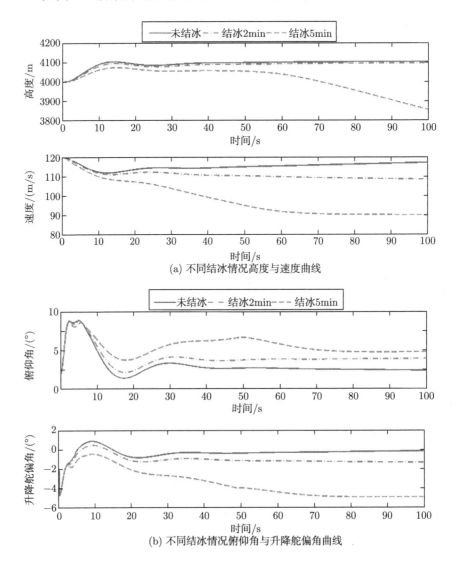

(a) 不同结冰情况高度与速度曲线

(b) 不同结冰情况俯仰角与升降舵偏角曲线

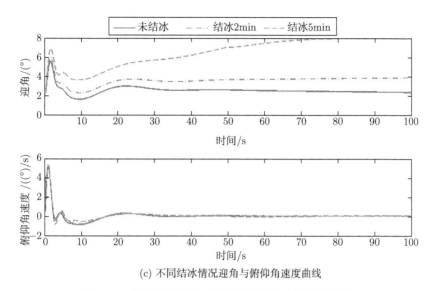

(c) 不同结冰情况迎角与俯仰角速度曲线

图 6-8　高度保持模式下不同结冰情况飞机状态曲线

对比不同结冰状态，结冰 2min 时，飞机能够保持正常飞行。由于飞机结冰，所受阻力增大，速度降低；结冰引起升降舵效率减小，需要增加升降舵负偏角；飞机的迎角增大，但变化不大。结冰 5min 时，飞机无法保持高度正常飞行。从图中可以看出，在 30s 之前，飞机仍能正常爬升，速度降低，俯仰角增大，升降舵负偏角增大。随着飞机的迎角增大，结冰导致飞机气动特性进一步恶化，引起飞机失速，导致飞机高度急剧下降。因而在高度保持模式下，飞机遭遇严重结冰，由于飞机失速迎角减小，易引起飞机失速。

6.2.5　滚转姿态保持模式结冰飞行仿真案例分析

研究飞机结冰对横航向动力学特性的影响，以滚转姿态保持模式下的飞行为例，对飞机在不同结冰情况下进行分析。选取飞机在海拔 4000m，以 120m/s 的速度平飞，进入云层，在结冰条件下，飞行 200s 后，以 20° 滚转角，进行协调转弯。仿真曲线如图 6-9 所示。

飞机在无侧滑滚转姿态保持模式下，随着结冰时间的增加，飞机气动特性进一步恶化，为保持飞行高度，飞机升降舵偏角增大，飞机迎角与俯仰角增大。严重结冰情况下，即结冰 5min，导致飞机无法保持正常飞行高度，飞行速度明显减小，表明飞机所受阻力明显增大。对比未结冰状态下，飞机的迎角明显增大，同时飞机结冰导致飞机失速迎角下降，致使飞机极易失速，导致飞机失控引发事故。因而在滚转姿态保持模式下，飞机遭遇严重结冰，无法维持正常飞行，极易引起飞机失速。

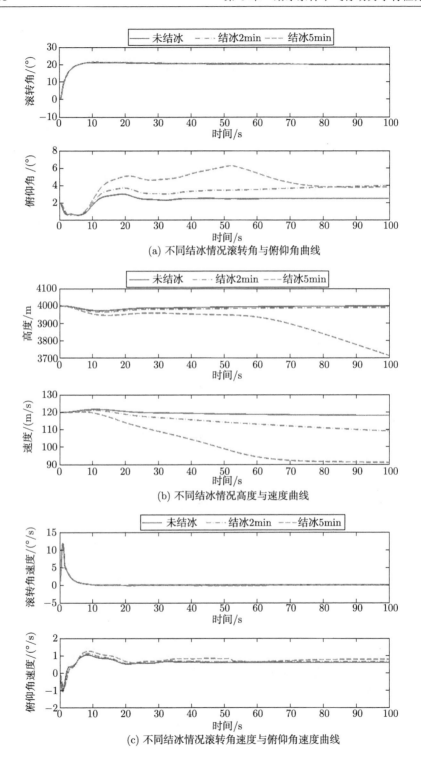

(a) 不同结冰情况滚转角与俯仰角曲线

(b) 不同结冰情况高度与速度曲线

(c) 不同结冰情况滚转角速度与俯仰角速度曲线

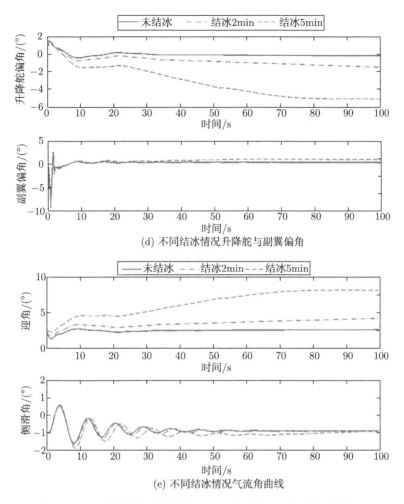

(d) 不同结冰情况升降舵与副翼偏角

(e) 不同结冰情况气流角曲线

图 6-9   滚转姿态保持模式下不同结冰情况飞机状态曲线

6.3   平尾结冰动力学仿真案例分析

随着近年来平尾结冰造成飞行事故数量的增加，使得平尾结冰动力学仿真分析尤为重要。本节计算不同平尾结冰严重程度下的飞机配平特性；仿真分析无操纵情况下平尾结冰对飞机平飞特性的影响；并对不同平尾结冰严重程度下的升降舵单位阶跃操纵响应特性进行仿真计算。

6.3.1   平尾结冰对配平状态影响案例分析

以某型飞机在 3000m 高度，120m/s 速度，0° 襟翼的平飞状态为算例，对平尾结冰严重程度 η 从 0 到 0.8 进行配平，结果如表 6-4 所示，其变化曲线如

图 6-10 所示。

表 6-4　不同平尾结冰严重程度配平特性

平尾结冰严重程度 η	飞机迎角/(°)	俯仰角/(°)	升降舵偏角/(°)	油门位置
0	1.4683	1.4684	0.7369	0.3580
0.2	1.5600	1.5602	1.0758	0.3996
0.4	1.6535	1.6538	1.4876	0.4507
0.6	1.7492	1.7495	1.9931	0.5114
0.8	1.8478	1.8483	2.6264	0.5709

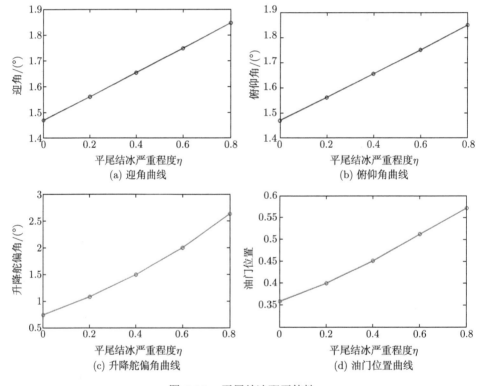

图 6-10　平尾结冰配平特性

从表 6-4 和图 6-10 可以看出：随着平尾结冰严重程度 η 的增大，升阻比不断减小；飞机配平迎角及俯仰角有一定程度增加；需用升降舵偏角逐渐增大，降低了升降舵操纵效率；同时为了保持飞行速度，油门逐渐增大。

6.3.2 平尾结冰巡航状态仿真案例分析

以某型飞机在高度 3000m，速度 120m/s 为初始条件，仿真分析了无操纵巡航状态下，$\eta = 0.15$ 时平尾结冰对飞行动力学特性的影响，仿真结果如图 6-11 所示。

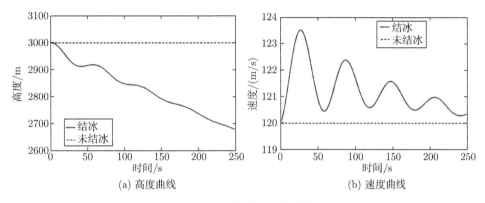

(a) 高度曲线　　　　　　　(b) 速度曲线

图 6-11　平尾结冰巡航特性

图 6-11 分别表示无操纵情况下平尾结冰对飞机高度和速度的影响。可以看出，由于平尾结冰，平尾表面粗糙度增加，平尾处气动特性被破坏，导致平尾提供的负升力减小，飞机纵向俯仰平衡状态被破坏，飞机进入俯冲阶段，高度由 3000m 降到 2650m 左右，同时飞行速度略有增加，最高达到近 123.5m/s，对飞机安全构成了一定威胁。

6.3.3 平尾结冰升降舵单位阶跃操纵仿真案例分析

以某型飞机在高度 3000m，速度 120m/s 为初始条件，仿真分析了巡航过程中，在 10s 时刻施加升降舵一个单位阶跃操纵时，不同平尾结冰严重程度对飞行动力学特性的影响，仿真结果如图 6-12 所示。由图 6-12 可以看出，给飞机升降

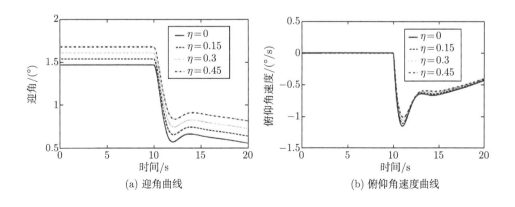

(a) 迎角曲线　　　　　　　(b) 俯仰角速度曲线

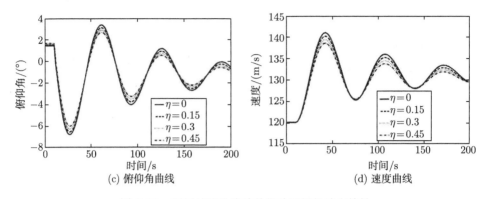

图 6-12　平尾结冰升降舵单位阶跃操纵响应特性

舵施加单位阶跃操纵后，随着 η 值增大，飞机短周期模态的主要扰动变量迎角和俯仰角速度的响应周期略有增大，响应变慢；飞机长周期模态的主要扰动变量俯仰角和速度的响应幅值减小，表征升降舵效率降低。

6.4　本章小结

　　本章主要分析了结冰对飞机纵向、横航向的飞行品质的影响，通过仿真案例细致分析了翼面结冰对飞机模态、配平特性，以及自动驾驶模式下高度保持、滚转姿态保持等的影响和平尾结冰对飞行动力学特性的影响规律，为理清结冰导致的飞机飞行性能恶化的内在规律提供了参考。

第 7 章 结冰条件下空气动力学与飞行力学非线性耦合仿真研究

结冰破坏了飞机原有的气动外形，引起飞机绕流流场发生变化，由于结冰的动态增长和发展，结冰后的流动表现出强烈的非定常、非线性和随机性，如边界层转捩位置的改变、大范围分离流动、不同尺度旋涡的产生及脱落等。这种复杂流动使得飞机部件表面的气动载荷处于不规则的变化之中，进而产生异常的气动力和力矩。异常气动特性作用下的飞机，其操纵性、稳定性等飞行力学特性被破坏，飞机的姿态和飞行状态往往会产生不可控的变化，这种变化又反作用于飞机的流场和气动特性，从而改变冰的演变过程。同时，结冰的动态增长又将导致飞机纵、横向气动特性的耦合程度加剧、飞行模态改变，甚至舵面操纵困难。因此，常规使用的线性化静态数据不能准确地刻画飞行器在强非定常、非线性流动下的气动力和运动规律。

为此，本章以背景飞机机翼前缘积冰为例，初步研究结冰条件下背景飞机气动/飞行的动态耦合特性，为探索不可控运动与流场及气动特性相互耦合特征对飞行安全的影响奠定基础。

7.1 气动/运动耦合数值计算方程

7.1.1 飞机运动与流场耦合控制方程组

飞机的动力学方程为典型的非线性常微分方程，有着成熟的数值解法。而纳维–斯托克斯 (N-S) 方程为非线性偏微分方程，求解十分复杂。建立描述飞机运动与非定常流场耦合的控制方程组，如公式 (7.1) 所示

$$
\begin{cases}
\dfrac{\partial \boldsymbol{Q}}{\partial t} + \dfrac{\partial \left(\boldsymbol{F} - \boldsymbol{F}^v\right)}{\partial x} + \dfrac{\partial \left(\boldsymbol{G} - \boldsymbol{G}^v\right)}{\partial y} + \dfrac{\partial \left(\boldsymbol{H} - \boldsymbol{H}^v\right)}{\partial z} = 0 \\[2mm]
\dfrac{\mathrm{d}\boldsymbol{U}}{\mathrm{d}t} = g(\boldsymbol{Q}, \boldsymbol{U}, \boldsymbol{X}) \\[2mm]
\dfrac{\mathrm{d}\boldsymbol{X}}{\mathrm{d}t} = h(\boldsymbol{Q}, \boldsymbol{U}, \boldsymbol{X})
\end{cases}
\tag{7.1}
$$

其中，$\boldsymbol{Q}$ 为流体的守恒变量；$\boldsymbol{U}$ 为动力学方程状态变量，分别是 V、α、β、p、q 和 r；$\boldsymbol{X}$ 为运动学方程的状态变量，分别是姿态角 ϕ、θ、ψ 和位移 x_g、y_g、z_g；g

和 h 为 N-S 方程、六自由度动力学/运动学微分方程的通量。

由式 (7.1) 可以看到，非定常 N-S 方程与飞行动力学方程组互相耦合，相互影响，互为输入。具体来说就是：由求解非定常 N-S 方程计算出飞行器的气动力及力矩系数，传递给飞行动力学方程，再由飞行动力学方程组解算得到姿态、位移等物理量并传递给非定常 N-S 方程组，作为流场初始状态的输入条件，然后更新网格进行解算。两者的耦合方式和时间推进方法将在后文进行介绍。

在耦合计算的过程中，飞机所受气动力及气动力矩系数可由 N-S 方程计算得到。根据有限体积法的思想，飞行器受到的气动力/力矩为物面所有微元所受气动力/力矩的总和，而每个微元所受气动力为该处应力张量 $\boldsymbol{P}$ 和外法向矢量 $\boldsymbol{n}$ 的点积，所受气动力矩为矢径与气动力的叉积。具体如公式 (7.2) 所示。

$$
\begin{cases}
F_x = \oiint_{\sigma} \mathrm{d}F_x = \sum_{\sigma} \left[n_x \tau_{xx} + n_y \tau_{xy} + n_z \tau_{xz} - p n_x \right] \mathrm{d}s \\[2mm]
F_y = \oiint_{\sigma} \mathrm{d}F_y = \sum_{\sigma} \left[n_x \tau_{yx} + n_y \tau_{yy} + n_z \tau_{yz} - p n_y \right] \mathrm{d}s \\[2mm]
F_z = \oiint_{\sigma} \mathrm{d}F_z = \sum_{\sigma} \left[n_x \tau_{zx} + n_y \tau_{zy} + n_z \tau_{zz} - p n_z \right] \mathrm{d}s \\[2mm]
M_x = \oiint_{\sigma} \mathrm{d}M_x = \sum_{\sigma} \left[(y - y_{\mathrm{ref}}) \mathrm{d}F_z - (z - z_{\mathrm{ref}}) \mathrm{d}F_y \right] \\[2mm]
M_y = \oiint_{\sigma} \mathrm{d}M_y = \sum_{\sigma} \left[(z - z_{\mathrm{ref}}) \mathrm{d}F_x - (x - x_{\mathrm{ref}}) \mathrm{d}F_z \right] \\[2mm]
M_z = \oiint_{\sigma} \mathrm{d}M_z = \sum_{\sigma} \left[(x - x_{\mathrm{ref}}) \mathrm{d}F_y - (y - y_{\mathrm{ref}}) \mathrm{d}F_x \right]
\end{cases}
\tag{7.2}
$$

其中，$(x_{\mathrm{ref}}, \ y_{\mathrm{ref}}, \ z_{\mathrm{ref}})$ 为飞机的气动中心位置。

根据式 (7.2) 可计算得到飞行器的气动力及力矩系数，如式 (5.3) 所示：

$$
C_{F_i} = \frac{2 F_i}{\tilde{\rho}_\infty \tilde{V}_\infty{}^2 \tilde{S}_{\mathrm{ref}}}, \quad C_{M_i} = \frac{2 \tilde{M}_i}{\tilde{\rho}_\infty V_\infty{}^2 \tilde{S}_{\mathrm{ref}} \tilde{L}_{\mathrm{ref}}}
\tag{7.3}
$$

其中，$\tilde{\rho}_\infty$、$\tilde{V}_\infty$、$\tilde{S}_{\mathrm{ref}}$ 和 $\tilde{L}_{\mathrm{ref}}$ 为无量纲化密度、远方自由来流速度、飞机的参考面积和参考长度。

7.1.2　非定常 N-S 方程时间推进方法

采用 Jameson 提出的双时间步的隐式格式离散流体控制方程的时间项，并基于 LU-SGS 方法求解离散方程。

一般三维非定常 N-S 方程进行空间离散后，写成如下的半离散形式：

$$\frac{\partial \overline{\boldsymbol{Q}}_{i,j,k}}{\partial t} + \boldsymbol{R}_{i,j,k}\left(\boldsymbol{Q}_{i,j,k}\right) = 0 \tag{7.4}$$

其中，$\overline{\boldsymbol{Q}}_{i,j,k} = \boldsymbol{J}^{-1}\boldsymbol{Q}_{i,j,k}$，$\boldsymbol{R}_{i,j,k}\left(\boldsymbol{Q}_{i,j,k}\right) = \left(\boldsymbol{Q}_{c,i,j,k} - \boldsymbol{Q}_{v,i,j,k}\right)/\mathrm{Vol}_{i,j,k}$，这里 $\boldsymbol{Q}_{i,j,k}$ 表示守恒量 $(\rho, \rho u, \rho v, \rho w, \rho e)^{\mathrm{T}}_{i,j,k}$，$\boldsymbol{Q}_{c,i,j,k}$、$\boldsymbol{Q}_{v,i,j,k}$ 分别表示控制体单元表面上净无黏通量和净黏性通量；$\mathrm{Vol}_{i,j,k}$ 代表控制体的体积；$\boldsymbol{J}$ 为直角坐标系到曲线坐标系变换的雅可比 (Jacobian) 行列式。需要注意的是，当进行非定常计算时，网格会发生运动，导致 $\boldsymbol{J}^{-1}$ 随时间变化，需要考虑 $\partial J^{-1}/\partial t$ 的变化率。为了书写方便，在以下叙述中省略小标 i、j 和 k。

不考虑网格运动情况下，在 $n+1$ 时刻，三维非定常 N-S 方程半离散形式可写为

$$\boldsymbol{J}^{-1}\frac{\partial \boldsymbol{Q}^{n+1}}{\partial t} + \boldsymbol{R}\left(\boldsymbol{Q}^{n+1}\right) = 0 \tag{7.5}$$

为提高第 n 层到第 $n+1$ 层的时间推进精度，使用双时间步长法对上述方程进行求解，引入伪时间导数项，则变为如下形式：

$$\boldsymbol{J}^{-1}\frac{\partial \boldsymbol{Q}^{p+1}}{\partial \tau} + \boldsymbol{J}^{-1}\frac{\partial \boldsymbol{Q}^{n+1}}{\partial t} + \boldsymbol{R}\left(\boldsymbol{Q}^{n+1}\right) = 0 \tag{7.6}$$

其中，τ、t 分别表示虚拟时间步长和真实物理时间步长；p、n 分别为虚拟时间迭代步数和真实物理时间迭代步数。这里对虚拟时间导数项采用一阶后差离散，对真实时间导数项使用二阶时间精度的隐式三点后差离散，具体到第 $p+1$ 步子迭代计算时，式 (7.6) 可写成

$$\boldsymbol{J}^{-1}\frac{\boldsymbol{Q}^{p+1} - \boldsymbol{Q}^p}{\Delta\tau} + \boldsymbol{J}^{-1}\frac{3\boldsymbol{Q}^{p+1} - 4\boldsymbol{Q}^n + \boldsymbol{Q}^{n-1}}{2\Delta t} + \boldsymbol{R}\left(\boldsymbol{Q}^{p+1}\right) = 0 \tag{7.7}$$

当 $\boldsymbol{J}^{-1}\left(\boldsymbol{Q}^{p+1} - \boldsymbol{Q}^p\right)/\Delta\tau = 0$ 时，式 (7.5) 获得的解即为二阶精度的非定常解。由于 $\boldsymbol{R}\left(\boldsymbol{Q}^{p+1}\right)$ 项是非线性的，进行线性化处理：

$$\boldsymbol{R}\left(\boldsymbol{Q}^{p+1}\right) = \boldsymbol{R}\left(\boldsymbol{Q}^p\right) + \boldsymbol{M}\left(\boldsymbol{Q}^p\right)\Delta\boldsymbol{Q}^p + o\left(\Delta t^2\right) \tag{7.8}$$

其中，$\Delta\boldsymbol{Q}^p = \boldsymbol{Q}^{p+1} - \boldsymbol{Q}^p$，$\boldsymbol{M}\left(\boldsymbol{Q}^p\right) = \partial\boldsymbol{R}/\partial\boldsymbol{Q}$，可表示为

$$\boldsymbol{M}\left(\boldsymbol{Q}^p\right) = \left[\delta_\xi\boldsymbol{A} + \delta_\eta\boldsymbol{B} + \delta_\zeta\boldsymbol{C}\right]^p \tag{7.9}$$

式中，δ_ξ、δ_η、δ_ζ 分别为 i、j、k 方向上的差分算子；$\boldsymbol{A}$、$\boldsymbol{B}$、$\boldsymbol{C}$ 为对流通量的 Jacobian 矩阵：

$$\boldsymbol{A} = \frac{\partial \overline{\boldsymbol{E}}}{\partial \boldsymbol{Q}}, \quad \boldsymbol{B} = \frac{\partial \overline{\boldsymbol{F}}}{\partial \boldsymbol{Q}}, \quad \boldsymbol{C} = \frac{\partial \overline{\boldsymbol{G}}}{\partial \boldsymbol{Q}} \tag{7.10}$$

将式 (7.9) 代入式 (7.7)，并忽略高阶小量，对黏性项采用显式中心格式处理，则式 (7.7) 变为

$$\left[\left(\frac{3}{2\Delta t}+\frac{1}{\Delta\tau}\right)J^{-1}+(\delta_\xi\boldsymbol{A}+\delta_\eta\boldsymbol{B}+\delta_\zeta\boldsymbol{C})^p\right]\Delta\boldsymbol{Q}^p$$

$$=-R\left(\boldsymbol{Q}^p\right)-J^{-1}\frac{3\boldsymbol{Q}^p-4\boldsymbol{Q}^n+\boldsymbol{Q}^{n-1}}{2\Delta t} \tag{7.11}$$

对于上式，采用 LU-SGS 隐式方法进行求解。首先采用最大特征值分裂对流通量的 Jacobian 矩阵，可得到

$$\left[\left(\frac{3}{2\Delta t}+\frac{1}{\Delta\tau}\right)J^{-1}+(\delta_\xi\boldsymbol{A}+\delta_\eta\boldsymbol{B}+\delta_\zeta\boldsymbol{C})^p\right]\Delta\boldsymbol{Q}^p$$

$$=-R\left(\boldsymbol{Q}^p\right)-J^{-1}\frac{3\boldsymbol{Q}^p-4\boldsymbol{Q}^n+\boldsymbol{Q}^{n-1}}{2\Delta t} \tag{7.12}$$

其中，$\rho(\boldsymbol{A})$、$\rho(\boldsymbol{B})$、$\rho(\boldsymbol{C})$ 为 $\boldsymbol{A}$、$\boldsymbol{B}$ 和 $\boldsymbol{C}$ 的谱半径。显然有

$$\boldsymbol{A}=\boldsymbol{A}^++\boldsymbol{A}^-,\quad \boldsymbol{B}=\boldsymbol{B}^++\boldsymbol{B}^-,\quad \boldsymbol{C}=\boldsymbol{C}^++\boldsymbol{C}^- \tag{7.13}$$

$$\rho(\boldsymbol{A})=\boldsymbol{A}^+-\boldsymbol{A}^-,\quad \rho(\boldsymbol{B})=\boldsymbol{B}^+-\boldsymbol{B}^-,\quad \rho(\boldsymbol{C})=\boldsymbol{C}^+-\boldsymbol{C}^- \tag{7.14}$$

基于以上推导，根据迎风原则对式 (7.11) 中左侧各项进行离散，有

$$\left[\frac{3J^{-1}}{2\Delta t}+\frac{J^{-1}}{\Delta\tau}+(\delta_\xi\boldsymbol{A}+\delta_\eta\boldsymbol{B}+\delta_\zeta\boldsymbol{C})^p\right]\Delta\boldsymbol{Q}^p$$

$$=\left(\frac{3}{2\Delta t}+\frac{1}{\Delta\tau}\right)J^{-1}\Delta\boldsymbol{Q}^p+\left[A_i^+\Delta\boldsymbol{Q}_i^p-A_{i-1}^+\Delta\boldsymbol{Q}_{i-1}^p+A_{i+1}^+\Delta\boldsymbol{Q}_{i+1}^p-A_i^-\Delta\boldsymbol{Q}_i^p\right.$$

$$+B_j^+\Delta\boldsymbol{Q}_j^{\,p}-B_{j-1}^+\Delta\boldsymbol{Q}_{j-1}^p+B_{j+1}^+\Delta\boldsymbol{Q}_{j+1}^p-B_j^-\Delta\boldsymbol{Q}_j^p$$

$$\left.+C_k^+\Delta\boldsymbol{Q}_k^{\,p}-C_{k-1}^+\Delta\boldsymbol{Q}_{k-1}^p+C_{k+1}^+\Delta\boldsymbol{Q}_{k+1}^p-C_k^-\Delta\boldsymbol{Q}_k^p\right]$$

$$=\mathrm{RHS}^p$$

$$(7.15)$$

根据式 (7.14)，式 (7.15) 可 LU 分解为

$$(D+L)D^{-1}(D+U)\Delta\boldsymbol{Q}_{i,j,k}^p=\mathrm{RHS}^p \tag{7.16}$$

式中，

$$D=\left[\left(\frac{3}{2\Delta t}+\frac{1}{\Delta\tau}\right)J^{-1}+\rho(\boldsymbol{A})+\rho(\boldsymbol{B})+\rho(\boldsymbol{C})\right]I$$

$$L = -\boldsymbol{A}_{i-1,j,k}^+ - \boldsymbol{B}_{i,j-1,k}^+ - \boldsymbol{C}_{i,j,k-1}^+ \tag{7.17}$$

$$U = \boldsymbol{A}_{i+1,j,k}^- + \boldsymbol{B}_{i,j+1,k}^- + \boldsymbol{C}_{i,j,k+1}^-$$

采用对称高斯–赛德尔 (symmetric Gauss-Seidel, SGS) 方法按照以下步骤进行迭代求解:

(1) 执行 L 块算子运算, 进行全场逐点向前扫描以得到中间预测值 $\Delta\tilde{\boldsymbol{Q}}_{i,j,k}^p$:

$$\Delta\tilde{\boldsymbol{Q}}_{i,j,k}^p = -D^{-1}\left[R\left(\boldsymbol{Q}^p\right) + L\Delta\tilde{\boldsymbol{Q}}_{i,j,k}^p\right] \tag{7.18}$$

(2) 执行 U 块向后扫描运算。在得到预测值 $\Delta\tilde{\boldsymbol{Q}}_{i,j,k}^p$ 后, 进行全场逐点向后扫描以得到 $\Delta\boldsymbol{Q}_{i,j,k}^p$:

$$\Delta\boldsymbol{Q}_{i,j,k}^p = \Delta\tilde{\boldsymbol{Q}}_{i,j,k}^p - D^{-1}U\Delta\boldsymbol{Q}_{i,j,k+1}^p \tag{7.19}$$

(3) 更新 $p+1$ 时刻的流场:

$$\boldsymbol{Q}^{p+1} = \boldsymbol{Q}^p + \Delta\boldsymbol{Q}^p \tag{7.20}$$

当亚迭代指标 $p \to \infty$, 虚拟时间项趋于 0 时, 令 $\boldsymbol{Q}^{n+1} = \boldsymbol{Q}^{p+1}$, 则第 n 层到第 $n+1$ 层的时间推进具有二阶时间逼近精度。

采用双时间步长的隐式 LU-SGS 方法时, 物理时间步长可以根据实际的物理问题进行选取, 而不受稳定性条件的限制, 给计算带来便利。同时虚拟时间子迭代过程是在真实时刻冻结状态下进行的, 因此可引入包括当地时间步长、隐式残值光顺、多重网格技术等加速收敛的方法提高计算效率。

7.1.3 飞行动力学方程时间推进方法

飞机六自由度动力学和运动学方程组是典型的非线性常微分方程组, 最常用的是显式的四阶龙格–库塔 (Runge-Kutta) 数值解法。其计算公式可如下描述。

对于一个常微分方程 $y' = f(t, y)$, $y(t_0) = y_0$, 采用四阶 Runge-Kutta 数值解法可得到

$$y_{n+1} = y_n + \frac{\Delta t}{6}\left(k_1 + 2k_2 + 2k_3 + k_4\right) \tag{7.21}$$

其中, Δt 为时间步长; k_1, k_2, k_3, k_4 表示为

$$\begin{cases} k_1 = f\left(t_n, y_n\right) \\ k_2 = f\left(t_n + \dfrac{\Delta t}{2}, y_n + \dfrac{\Delta t}{2}k_1\right) \\ k_3 = f\left(t_n + \dfrac{\Delta t}{2}, y_n + \dfrac{\Delta t}{2}k_2\right) \\ k_4 = f\left(t_n + \Delta t, y_n + \Delta t k_3\right) \end{cases} \tag{7.22}$$

7.2　气动/运动一体化耦合计算方法

通常对于气动/运动的一体化耦合计算，一般有松耦合和紧耦合两种常用的解耦求解方法。

7.2.1　松/紧耦合计算方法

松耦合是指将流体控制方程 N-S 方程和飞机刚体运动/动力学方程在各自的时间域上独立求解，交错时间推进而获得系统耦合解的算法。其中飞机刚体六自由度运动/动力学方程采用显式推进，在物理时间推进的每一步内，飞行力学方程与 N-S 方程之间只进行一次数据交互。具体的算法步骤如下：

(1) 将第 n 物理时刻的飞行器位移、姿态等参数 (主要是当前状态下的高度、马赫数、姿态角 (如迎角、侧滑角和滚转角) 等) 传递给流体控制方程；

(2) 根据第 n 时刻的位移、姿态等参数更新流场网格和边界条件设置，求解 N-S 方程并获得第 n 物理时刻的气动力和气动力矩；

(3) 根据第 n 物理时刻的气动力和气动力矩，飞行动力学方程进行显式推进求解，获得第 $n+1$ 物理时刻飞行器位移、姿态等参数，并传递给 N-S 方程；

(4) 进行第 $n+1$ 物理时刻的 N-S 方程双时间步的隐式推进求解，获得第 $n+1$ 物理时刻飞行器的气动力和气动力矩，并传递给六自由度全量飞行动力学方程；

(5) 按照上述步骤继续进行迭代，直到达到总的物理时间，仿真结束。

松耦合计算过程中的参数传递过程如图 7-1 所示。可以看到，松耦合的求解策略在很大程度上保留了 CFD 程序和飞行仿真程序的独立性和模块化，只需编写数据交互的程序即可，避免了联立方程面临的求解难度。但由于两种方程积分时间的不同步，所以两者之间始终存在一个物理时间步长的延迟，需要选择足够小的时间步长才能保持整个耦合求解的稳定性。

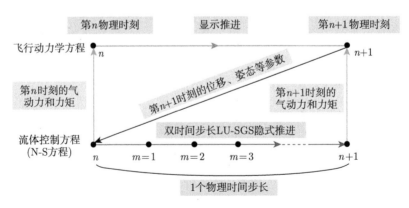

图 7-1　松耦合的参数传递与计算流程

紧耦合是在松耦合的基础上，为了弥补时间延迟导致的误差，引入预估–多步迭代的算法，并将该算法植入 CFD 双时间步的子迭代过程中，在每一个物理时间步长内，对松耦合的步骤 (1)∼(5) 过程进行多次子迭代，耦合求解流体控制方程和飞行器动力学方程，直到满足精度后跳出子迭代，进入下一时间步进行计算。当子迭代收敛时，则认为飞行器动力学方程和流体控制方程同时趋近于 "n+1" 时刻的解。紧耦合计算过程中的参数传递过程如图 7-2 所示。从图中可以看出，紧耦合由于在每一个物理时间步长内，六自由度动力学方程和 N-S 方程互相交换数据多次，计算量较松耦合大得多，但时间精度较高，耦合计算稳定性较好。需要指出的是，N-S 方程采用的双时间步法是一个迭代求解的过程，只要能够收敛，则可不必考虑子迭代过程中网格的变化。因此，在第 $n+1$ 物理步长的子迭代过程中认为物面的网格与 $n+1$ 时刻的网格是一致的。

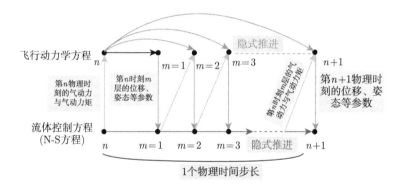

图 7-2　紧耦合的参数传递与计算流程

7.2.2　不同时间精度和耦合形式的计算方法

对比图 7-1 和图 7-2 可知，紧耦合和松耦合的区别只在于六自由度飞行动力学方程在每个物理时间步长内是否进行了多次的子迭代。而不论是松耦合还是紧耦合算法，N-S 方程均采用 LU-SGS 双时间步隐式推进算法，基于虚拟时间项的多步子迭代提高时间精度。

飞行器刚体六自由度动力学方程采用与 N-S 方程相同的时间离散格式，根据线性多步法松弛法迭代求解：

$$
\begin{aligned}
\boldsymbol{Q}_{6\mathrm{DOF}}^{p+1} = (1-\omega)\boldsymbol{Q}_{6\mathrm{DOF}}^{p} + \omega\big[a\cdot\boldsymbol{Q}_{6\mathrm{DOF}}^{n} + b\cdot\boldsymbol{Q}_{6\mathrm{DOF}}^{n-1} \\
+ \big(c\cdot F_{6\mathrm{DOF}}^{p} + d\cdot F_{6\mathrm{DOF}}^{n} + e\cdot F_{6\mathrm{DOF}}^{n-1}\big)\,\Delta t\big]
\end{aligned}
\tag{7.23}
$$

式中，$\boldsymbol{Q}_{6\mathrm{DOF}}$ 为六自由度动力学/运动学方程中的变量 $\boldsymbol{U}$、$\boldsymbol{X}$；$F_{6\mathrm{DOF}}$ 为对应的六自由度动力学/运动学变量的通量 (导数)g、h；ω 为松弛因子；a、b、c、d 和 e

为系数，通过改变系数值可以选取不同的耦合方式和时间推进精度。

通过对式 (7.23) 中的系数选取不同的值，可得到不同阶时间精度和耦合形式的计算方法，例如当选取松耦合形式时，令 $\omega \equiv 1, c \equiv 0, p = n$。这里给出以下四种算法，如表 7-1 所示。

表 7-1   不同时间精度和耦合形式的气动/飞行耦合计算方法

方法	阶数	a	b	c	d	e
松耦合 Loose-1	1	1	0	0	1	0
松耦合 Loose-2	2	1	0	0	3/2	−1/2
紧耦合 Tight-1	1	1	0	1	0	0
紧耦合 Tight-2	2	4/3	−1/3	2/3	0	0

7.2.3   MPI 并行计算技术

在实际的飞行器绕流流场计算中，为了准确模拟流场中的涡结构，计算网格数量往往会十分巨大，动辄达到上千万量级。若采用单 CPU(单线程) 计算则需要较长的时间，因此采用多核协同的并行计算是十分必要的。

基于信息传递接口 (Message Passing Interface，MPI) 的分区域并行计算技术，可支持大规模 (几万至几十万个 CPU 核心) 的并行计算，已经成为 CFD 计算的常用并行方法。但 MPI 程序编制较为复杂，尤其是针对多块结构网格，其负载均衡与通信均衡不易掌控。

7.2.4   耦合计算方法的算例验证

通常在进行 CFD 数值模拟时，不同的数值计算方法往往有它的适用范围。一般会采用标准算例进行验证，以考核程序代码的精度、鲁棒性、收敛性以及计算效率等问题。

为了考核 CFD 计算程序模拟动姿态非定常流动的能力，以及刚体动力学/运动学方程与流动控制方程耦合求解算法的有效性，采用典型的二维 NACA0012 翼型强迫俯仰振荡算例来进行验证。

1) 强迫俯仰振荡动力学方程

如图 7-3 所示，在亚声速来流情况下模拟二维 NACA0012 翼型的强迫俯仰振荡运动 (CT5)。

常规强迫俯仰振荡运动采用解析形式，定义为翼型攻角 α 随时间变化的正弦函数如下式所示：

$$\alpha(t) = \alpha_0 + \alpha_m \sin(\omega t^*) = \alpha_0 + \alpha_m \sin(2kt) \tag{7.24}$$

其中，α_0 为起始攻角；α_m 为俯仰振荡振幅；ω 为振荡圆频率；k 为减缩频率且

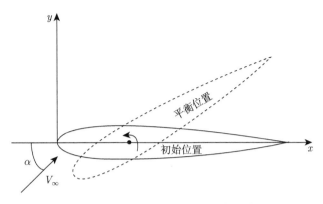

图 7-3 NACA0012 强迫俯仰振荡示意图

$k = \omega\bar{c}/2V_\infty$；无量纲时间 $t = \tilde{t}V_\infty/\bar{c}$，这里 $\tilde{t}$ 为真实物理时间，V_∞ 为自由来流速度，$\bar{c}$ 为翼型的弦长。

在本算例中，有黏、可压缩自由来流的马赫数为 $Ma = 0.755$，雷诺数为 $Re = 5.5 \times 10^6$。设定翼型俯仰振荡的轴心处于距翼型前缘点 0.25 倍弦长的弦线上，翼型在 $\alpha_0 = 0.016°$ 初始迎角自由来流作用下，开始绕俯仰轴做强迫俯仰振荡运动，俯仰振荡振幅 $\alpha_m = 2.51°$。

为了考核刚体动力学/运动学方程与流动控制方程耦合求解方法的有效性，本书将强迫俯仰振荡运动采用等价的微分方程形式给出：

$$
\begin{cases}
\dot{\alpha} = 2k\alpha_m \cos(2kt) \\
\alpha(0) = \alpha_0
\end{cases}
\tag{7.25}
$$

2) 计算条件设置

如图 7-4 所示为 NACA0012 翼型的 C 型拓扑网格，规模为 500×411(流向 × 法向)，物面第一层网格节点距壁面的无量纲距离满足 $y^+ < 1$。远场边界距翼型为 20 倍的弦长，弦长为 1m。边界条件设置：计算域采用远场自由来流条件，翼型物面采用无滑移壁面边界条件。非定常流场计算过程中采用基于 SA 一方程湍流模型的非定常 RANS(URANS) 方法来模拟翼型动态流场中的湍流效应，采用双时间步长 LU-SGS 方法进行时间推进，采用三阶 MUSCL 格式对无黏项进行空间离散，采用二阶中心格式对黏性项进行空间离散。这里采用数值模拟手段来模拟这一非定常流动现象，通过与实验数据的对比来验证耦合算法和计算程序模拟非定常流动的准确性。

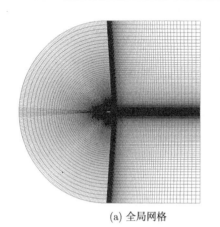
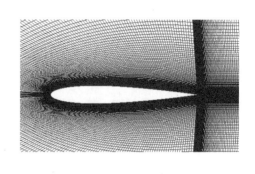

(a) 全局网格　　　　　　　　　　　(b) 翼型物面周围局部网格

图 7-4　NACA0012 翼型 C 型拓扑网格

3) 计算结果分析

　　为了提高计算效率,这里先在初始迎角的自由来流条件下计算定常流动,并作为非定常计算的稳定初始流场。计算得到的稳定初场压力等值线分布如图 7-5 所示。从图 7-5(a) 中可以看到,由于初始迎角较小,同时 NACA0012 翼型又是对称翼型,压力分布大致呈现上下对称,在约 0.25 倍弦长位置处有激波形成。这与图 7-5(b) 作为参考的结果较为吻合,说明了本书 CFD 程序具备精确计算定常流动的能力。

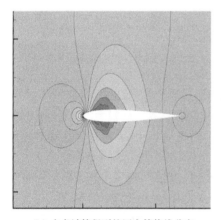
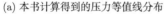
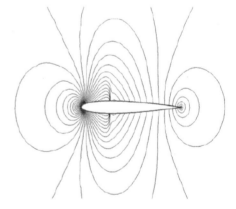

(a) 本书计算得到的压力等值线分布　　　　　(b) 参考的压力等值线分布

图 7-5　NACA0012 翼型压力等值线分布对比 $(Ma = 0.755,\ \alpha_0 = 0.016°,\ Re = 5.5 \times 10^6)$

　　在得到稳定的初始流场后,开始进行非定常的计算。分别采用松耦合和紧耦合算法进行了耦合计算,并将计算得到的升力系数及俯仰力矩系数随攻角的变化曲线与航空研究与发展顾问组 (AGARD) 的实验进行了比较,如图 7-6 所示。

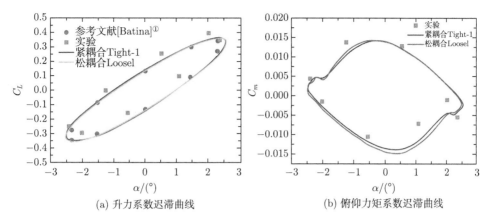

(a) 升力系数迟滞曲线　　　　　　(b) 俯仰力矩系数迟滞曲线

图 7-6　NACA0012 翼型强迫俯仰振荡过程中的升力系数和俯仰力矩系数

从图 7-6 中可以看到，无论是紧耦合还是松耦合，两种方法计算得到的升力系数迟滞曲线基本重合，而俯仰力矩迟滞曲线有一定差异，但偏差不大。总地来看，无论采用的是紧耦合计算方法还是松耦合计算方法，升力系数的数值模拟结果与 Batina 的计算结果吻合度较高，与实验值也较为吻合，只存在较小的偏差；而俯仰力矩系数的计算结果总体上与实验基本吻合，存在偏差的原因可能是：力矩特性的数值模拟难度较大，翼型绕 0.25 弦长点进行俯仰振荡对流场模拟的精度较为敏感，因此计算结果吻合度不如升力系数吻合度高。

上述的案例验证了本章的 CFD 数值模拟程序能够较为精确地模拟非定常流动，同时说明了本章提出的耦合算法是可行的。

7.3　机翼前缘结冰条件下飞机的气动/运动的耦合特性分析

由于结冰动态增长的时间尺度、N-S 方程解算的时间尺度和飞行动力学方程解算的时间步长各不相同，且差距较大，因此选取合适的物理时间步长至关重要。由于冰形增长网格重构的复杂性，以及背景飞机整机带冰构型巨量的网格，将对计算效率造成不可忽视的影响，为了有效解决该问题，我们作出以下假设。

(1) 由于冰的增长速率与形状会受到外部气象环境参数 (液态水含量 (LWC)、平均水滴直径 (MVD)、T 等)、飞行速度、飞行姿态等时变因素的影响，需要在每一物理时间步长进行积冰冰形计算。这里简化了该项步骤，根据公开的可靠试验数据直接给定不同时刻的冰形，同时不考虑冰形沿飞机机翼展向的变化特征。

(2) 由于积冰冰形的增长较为缓慢，持续的时间通常较长，为了兼顾计算效

① Batina J T. Unsteady Euler Airfoil Solutions Using Unstructured Dynamic Meshes [R]. AIAA 89-0115, 1989.

率,在计算机翼积冰动态增长条件下的气动/运动耦合特性时,每 20s 更新一次结冰冰形网格,在 20s 周期内假定冰形不发生变化。

(3) 本书着重研究机翼前缘动态结冰条件下的气动/运动耦合特性,这里设定平尾前缘结冰冰形保持不变,不发生增长。

7.3.1　机翼带冰构型全机三维数模及结构化网格生成方法

结合 NASA 格伦研究中心 IRT 冰风洞公开数据和类似布局飞机的结冰试验结果,形成了一组背景飞机在不同时刻的机翼二维结冰冰形的输入。根据每一时刻的二维冰形,基于该数模能够快速建立沿机翼展向的三维冰模。机翼带冰构型三维数模能够反映不同时刻二维冰形的几何细节特征。为了方便网格的生成,暂不考虑冰形在机翼展向的变化。建立了适合背景飞机带冰构型气动特性-飞行力学特性在线耦合分析的机翼带冰构型计算网格拓扑。针对不同时刻的机翼带冰构型,能够在同一套网格拓扑下生成相应的全机三维结构化网格,如图 7-7~ 图 7-9 所示。

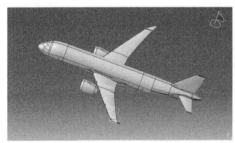 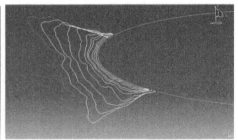

(a) 升力系数　　　　　　　　　　　　(b) 阻力系数

图 7-7　机翼带冰构型数模及不同时刻二维冰形输入

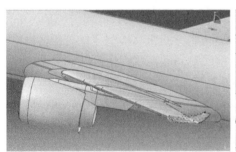 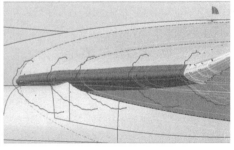

(a) 5 min结冰构型的三维数模

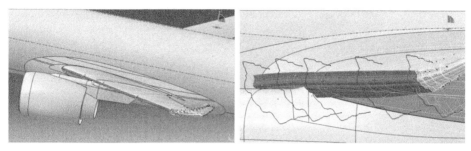

(b) 10 min结冰构型的三维数模(中度结冰冰形)

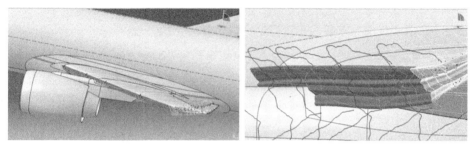

(c) 22.5 min结冰构型的三维数模(重度结冰冰形)

图 7-8 基于二维冰形的机翼带冰三维数模

由于网格质量直接影响数值模拟结果的好坏,这里充分考虑到冰增长带来的网格重构的复杂性,在生成三维结构化网格时均进行质量检查,对于几何外形变化较大的区域进行局部加密处理,以保证数值模拟计算的精度。

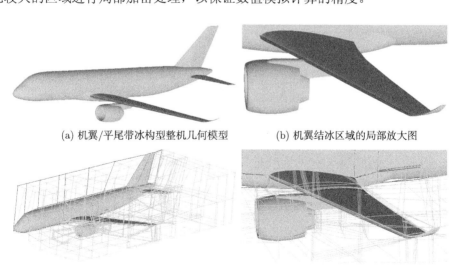

(a) 机翼/平尾带冰构型整机几何模型   (b) 机翼结冰区域的局部放大图

(c) 机翼带冰构型整机的网格拓扑   (d) 机翼结冰区域几何模型的网格拓扑

(e) 机翼带冰构型三维结构化网格

图 7-9   机翼结冰构型三维结构化计算网格拓扑与三维结构网格的生成

7.3.2   非定常气动力求解器与飞行动力学仿真平台的开发

结合多块结构化网格高质量计算网格生成技术,开发了求解非定常 N-S 方程的 MPI 并行计算的 CFD 程序界面,如图 7-10 所示。该程序基于 NASA 著名的开源计算流体力学软件 CFL3D 进行开发,具备多核并行计算、计算条件输入和流场后处理的功能。

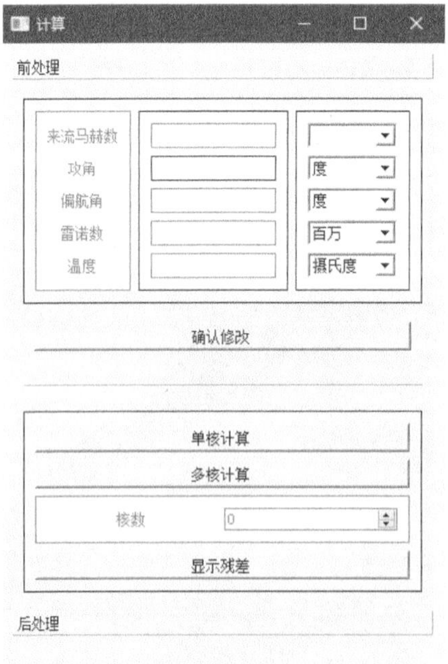

(a) 前处理界面    (b) 后处理界面

图 7-10   基于 MPI 并行计算的 CFD 程序界面

理论上紧耦合方法比松耦合具有较高的精度,但由于在每个物理步长内进行了多步子迭代而显著提升了计算量。考虑到三维非定常 N-S 方程求解本身要求

的时间步长很小，因此采用松耦合方法求解时不会带来较大程度的计算精度下降。为此，本书采用松耦合策略实现机翼带冰构型下非定常气动力和飞行动力学耦合计算分析。图 7-11 给出了进行耦合计算的流程。在该图中，进行精确的耦合分析时，时间段为每一物理时间步长，通常设置在 10^{-2} 量级。如果兼顾计算效率，在结冰缓慢增长带来气动力变化幅度较小的前提下，时间段可定义为结冰增长的时间尺度，本书设为 20s，即每 20s 更新一次结冰冰形的网格，在此期间与飞行力学交互时冰形的网格不做更新，只改变来流条件。

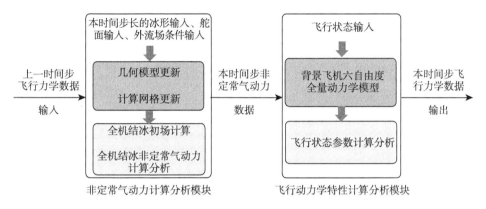

图 7-11　结冰条件下背景飞机气动/运动耦合计算流程

本章在进行流场计算时，首先基于 RANS 方法获得充分发展的初始流场，在稳定初场的基础上进行后续非定常计算至非定常流场基本稳定，得到较为精确的大飞机结冰复杂外形下流动的非定常效应。然后进行耦合交互计算，实现非定常气动力与飞行动力学的耦合分析。

7.3.3　机翼前缘结冰的耦合计算案例

在三种层次上对结冰条件下气动/运动耦合特性进行了研究分析，分别是：二维翼型固定冰形条件下的非定常气动力分析、三维整机固定冰形条件下的气动/运动耦合分析、三维整机动态结冰条件下的气动/运动耦合分析。

1) 二维翼型结冰条件下非定常流动特征

为了准确模拟翼型带冰构型条件下的非定常流动现象，考虑到二维翼型网格量相较于三维整机小得多，这里采用 RANS/LES 混合方法对 NACA0012 翼型带 3.5min 双角状明冰的非定常分离流场进行了精细分析，网格量为 4×10^7。计算条件取两种情况：一种是小迎角情形 $\alpha = 4°$，一种是大迎角情形 $\alpha = 10°$。两种情形的马赫数 $Ma = 0.20$，雷诺数 $Re = 0.9 \times 10^6$。

图 7-12 给出了某物理时刻下 NACA0012 翼型带 3.5min 双角状冰的非定常流动涡结构。从中可以看到，结冰造成的几何不连续增强了流动的非线性特征，分

离泡再附位置附近存在较强的速度脉动特征，但在小迎角情形下速度脉动的影响区域有限。

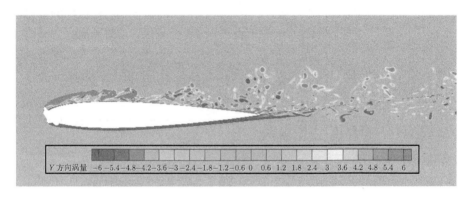

图 7-12　某物理时刻下 NACA0012 翼型带 3.5min 双角状冰的非定常流动涡结构

图 7-13 给出了不同迎角情形下瞬时及时均气动力系数的模拟计算结果。相较于时均定常情形来说，非定常情形考虑了瞬态涡脱落分离的影响，导致气动力出现脉动现象。特别是在大迎角情形下，脉动现象较为显著。

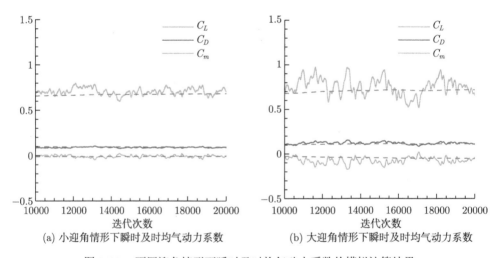

(a) 小迎角情形下瞬时及时均气动力系数　　(b) 大迎角情形下瞬时及时均气动力系数

图 7-13　不同迎角情形下瞬时及时均气动力系数的模拟计算结果

随着结冰时间的增长，翼型表面结冰的冰形不断变化。在明冰形成过程中，结冰 1min 时，冰形为对气动影响较小的流向冰；结冰 5min 时，冰形发展为对气动特性影响严重的角状冰。

2) 三维整机固定冰形条件下的气动/运动耦合特征分析

对 10min 结冰构型 (中度结冰) 下的背景飞机气动/飞行耦合特性进行了研

究。背景飞机 10min 结冰构型下的初始飞行状态设定为：以高度 6000m、飞行速度 150m/s($Ma = 0.4735$) 定直平飞，飞机空重 72000kg。假设初始时刻飞机迎角和舵偏角为未结冰时该飞行状态的配平量，配平迎角为 6.26°，升降舵偏角为 $\delta_e = -6.71°$，油门偏度为 $\delta_{th} = 34.91\%$。驾驶员在 $t = 0.2s$ 时感知由飞机结冰带来的低头力矩，操纵舵面使飞机抬头，此时 $\delta_e = -14.11°$。同时本仿真条件中不考虑非对称结冰情形。这里通过耦合计算分析在 2s 内飞行器姿态及流场的非定常变化特征。设置物理时间步长为 0.01s，进行非定常计算时子迭代步数设为 25 步，采用松耦合计算策略，因此在 2s 的总物理时间域内耦合交互次数为 200。由于在此期间冰形不发生变化，因此不考虑网格的重构，只需改变来流条件。

　　图 7-14 给出了通过耦合计算得到的该状态条件下飞行姿态的变化，并对迎角响应过程选取了 6 个时刻点进行流场分析。可以看到，主要是短周期参数迎角和俯仰角速度变化较为剧烈，飞行速度和高度虽然总体变化不大，但均呈现下降趋势，且下降率越来越大，这是由迎角超过失速迎角后升力系数陡降导致的。此时

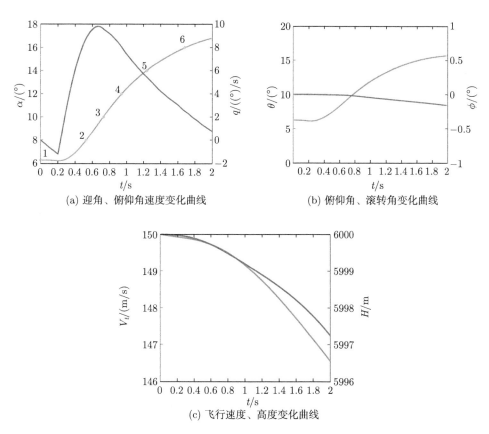

(a) 迎角、俯仰角速度变化曲线　　(b) 俯仰角、滚转角变化曲线

(c) 飞行速度、高度变化曲线

图 7-14　耦合计算过程中飞行参数变化曲线

飞机处于失速状态，如果驾驶员不能及时改出，可以预见，飞行高度下降率会急剧增大，飞机将在较短时间内损失较多的高度，对飞行安全产生威胁。图 7-15 为耦合计算过程中升力系数、阻力系数及俯仰力矩系数的变化曲线。可以看到，随着迎角的不断增大，气动力及力矩系数的脉动现象越来越大，非定常效应越来越显著，导致俯仰角速度发生一定程度的振荡。当迎角超过 12° 左右时，由于失速，升力系数逐渐降低。

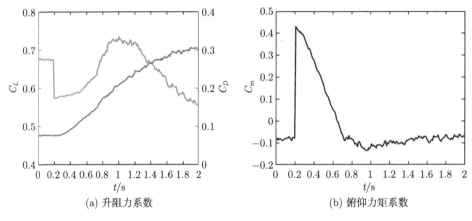

(a) 升阻力系数　　　　　　　　　　　　　　(b) 俯仰力矩系数

图 7-15　耦合计算过程中气动力及力矩系数变化曲线

　　图 7-16 给出了背景飞机在 6 个时刻下的翼面分离流动形态 (左图) 及空间流场结构 (右图)。在右图中截取了位于机翼 9 个不同位置的横截面，画出了不同时刻流向速度的流线分布，而整机是压力系数的分布云图。可以看到，在 10min 结冰构型、小迎角状态 (迎角为 6.26° 时) 时，内外翼分离同时出现，始发位置均位于机翼前缘，平尾处流动无分离。表明小迎角状态下，结冰对流动分离特性的影响较为有限，相应非定常特征不太明显。随着迎角增加，在迎角为 8° 时就已经出现了明显的翼面分离流动，但分离区域相对较小。在迎角为 12° 时，空间流动形态发生较大变化，流动分离效应较为显著，平尾处开始发生分离。随着迎角的继续增大，机翼处流动分离效应则更为明显，而平尾处分离流动形态未发生较大变化。

　　图 7-17 给出了采用 Q 准则计算得到的在 $t = 0s$、迎角为 6.26° 及 $t = 1.98s$、迎角为 16° 时流动的涡结构。可以看到，在大迎角情形下，机翼及平尾处的分离涡较为明显，而小迎角条件下未发现明显的分离涡。由于是采用非定常 RANS 方法和 S-A 模型对流场进行求解，该方法对强非定常涡运动的模拟无法达到较高精度，因此计算得到的分离涡只能作定性的分析，下一步要精细化分析流动中涡脱落与非定常特征时，还需采用 RANS/LES 混合方法等。

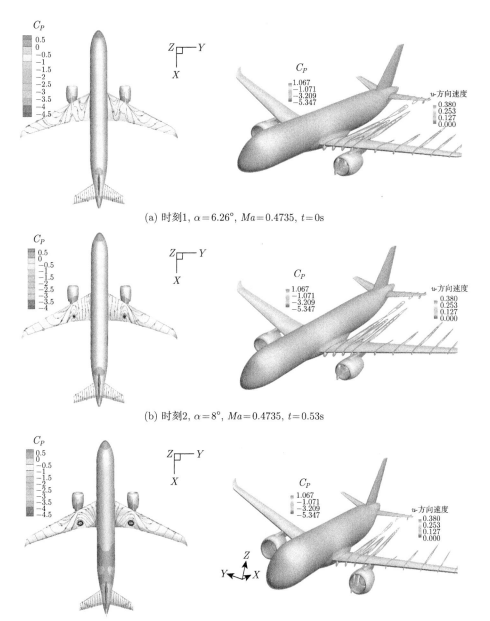

(a) 时刻1, $\alpha=6.26°$, $Ma=0.4735$, $t=0$s

(b) 时刻2, $\alpha=8°$, $Ma=0.4735$, $t=0.53$s

(c) 时刻3, $\alpha=10°$, $Ma=0.4735$, $t=0.73$s

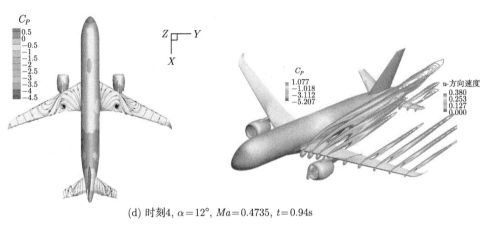

(d) 时刻4, $\alpha=12°$, $Ma=0.4735$, $t=0.94$s

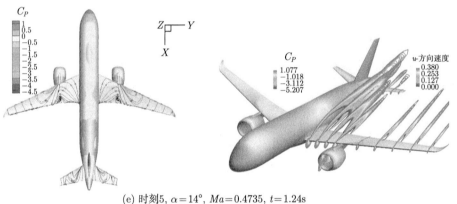

(e) 时刻5, $\alpha=14°$, $Ma=0.4735$, $t=1.24$s

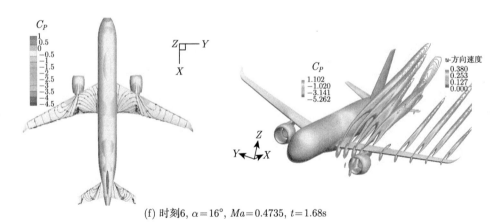

(f) 时刻6, $\alpha=16°$, $Ma=0.4735$, $t=1.68$s

图 7-16　耦合计算过程中不同时刻飞机翼面分离流动形态及空间流场结构

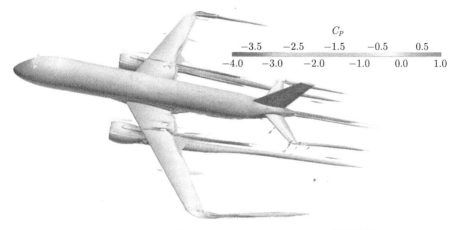

(a) $\alpha=6.26°$, $Ma=0.4735$, $t=0$s 时的涡结构

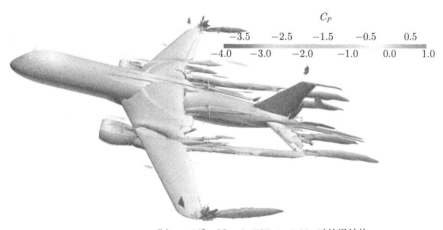

(b) $\alpha=16°$, $Ma=0.4735$, $t=1.98$s 时的涡结构

图 7-17　耦合计算过程中不同迎角下的分离涡结构

3) 三维整机动态结冰条件下的气动/运动耦合特征分析

采用相同的方法对整机动态结冰条件下的气动/运动耦合特征进行分析。在该模拟情形下，冰形是不断增长变化的。仿真模拟的条件设置为：初始飞行高度 6000m，速度 150m/s，飞机空重 42000kg，初始航迹俯仰角为 −2.5°，并做直线下滑。1min 后穿越含大量过冷水滴的云层，开始逐渐积冰。在整个飞行过程中舵偏量及油门开度保持为初始配平值。假定飞机持续结冰 5min，而后保持不变。总的物理时间设定为 360s。

首先根据设置的条件计算配平量，配平迎角为 2.98°，配平升降舵偏角为 −4.59°，配平油门偏角为 12.41(大小范围为：0~100)，侧滑角、副翼偏角及方向舵偏角均为 0°。由于在飞行过程中飞机逐渐结冰，飞行姿态发生变化。由于结冰增长的时间较长，这里为了减小耦合计算的工作量，采用变步长的思想：在前 1min 未结冰期间内，时间步长设为 0.1s，且不进行非定常气动力的解算，只解算定常的气动力，这是由于迎角较小且飞机未结冰，非定常效应较为微弱可忽略不计；在 5min 结冰增长期间，视结冰气动力系数变化量的大小来改变时间步长，当飞行姿态改变较小导致计算得到的气动力变化不大时，时间步长可取为 0.1s，变化较大时可取为 0.02s，以实现减小计算量的同时尽量不影响计算精度。

图 7-18 为通过耦合计算得到的飞行参数的变化曲线。图 7-19 为计算得到的升力系数、阻力系数及俯仰力矩系数变化曲线。可以看到，在动态结冰的过程中，飞机的阻力系数不断增大，俯仰力矩系数不断减小。由于在配平状态下，气动力产生的俯仰力矩与发动机推力产生的俯仰力矩平衡，而在动态结冰状态下，结冰导致气动力产生的俯仰力矩出现变化，与发动机推力产生的俯仰力矩不能平衡，导致迎角不断增大。而升力系数随着迎角的增大而增大，直到飞机迎角超过失速迎

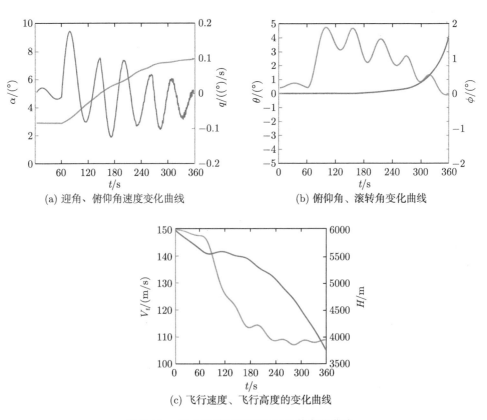

(a) 迎角、俯仰角速度变化曲线　　　　(b) 俯仰角、滚转角变化曲线

(c) 飞行速度、飞行高度的变化曲线

图 7-18　耦合计算过程中飞行参数变化曲线

角后,升力系数逐渐降低。同时随着迎角的增大,非定常效应较为显著,气动力及力矩系数脉动现象逐渐加强。俯仰角速度的振荡较为明显,导致飞机的俯仰角发生一定的振荡。在整个飞行过程中控制舵面和油门开度没有变化,保持在初始配平位置,且由于阻力的增大,飞行高度和速度整体呈现下降趋势。图 7-20 给出了该模拟情形下的三维飞行轨迹。

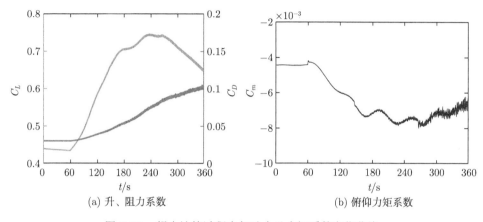

(a) 升、阻力系数   (b) 俯仰力矩系数

图 7-19 耦合计算过程中气动力及力矩系数变化曲线

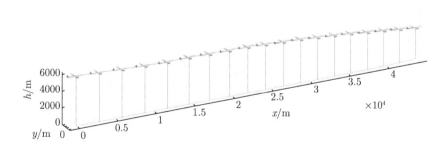

图 7-20 三维飞行轨迹

图 7-21 给出了不同时刻飞机翼面分离流动形态及空间流场结构特征。可以看到,在未结冰、小迎角情形下,飞机翼面流动较为平稳;随着结冰的增长,2min 结冰构型在迎角为 5.62° 时,翼面沿展向已出现微弱的分离特征,从空间流场结构来看,未见较大的分离流动;3min 结冰构型的流动情况与之类似,在内翼面后侧出现一定的回流区域,同时外翼的展向横流效应均更加明显;当冰形增长到 4min 结冰构型时,在迎角为 7.21° 时,内翼面后侧出现了显著的分离,从空间流场分布来看,内翼处形成了典型的分离泡结构,并显示了较高的回流强度。随着迎角进一步增加和冰形的增长,在 5min 结冰构型时,分离泡体积迅速膨胀,导致内

翼面形成了大范围回流区域。总体来看，外翼处的分离流动趋势要显著弱于内翼面，这是由于机翼/短舱等部件之间的气动干扰削弱了分离泡的弦向扩展过程，同时抑制了横向流动，降低了当地流动分离的趋势。

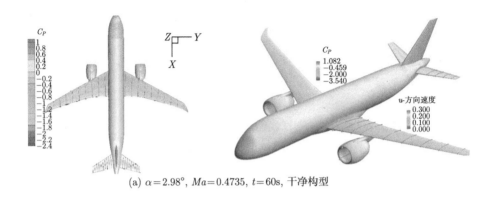

(a) $\alpha = 2.98°$，$Ma = 0.4735$，$t = 60\text{s}$，干净构型

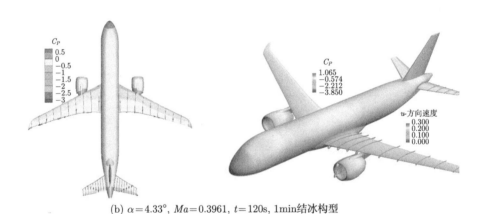

(b) $\alpha = 4.33°$，$Ma = 0.3961$，$t = 120\text{s}$，1min结冰构型

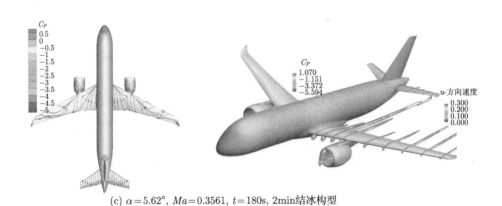

(c) $\alpha = 5.62°$，$Ma = 0.3561$，$t = 180\text{s}$，2min结冰构型

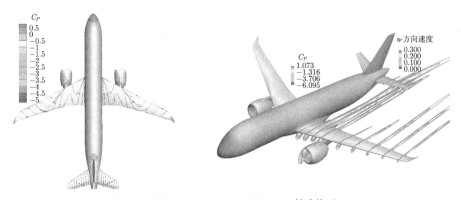

(d) $\alpha = 6.65°$, $Ma = 0.3390$, $t = 240s$, 3min结冰构型

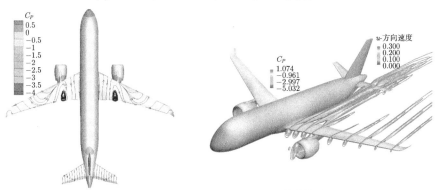

(e) $\alpha = 7.21°$, $Ma = 0.3359$, $t = 300s$, 4min结冰构型

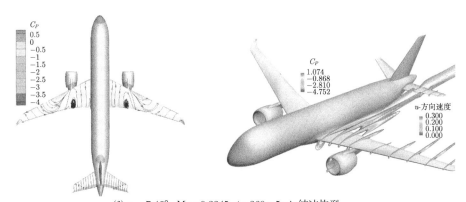

(f) $\alpha = 7.46°$, $Ma = 0.3345$, $t = 360s$, 5min结冰构型

图 7-21　不同时刻飞机翼面分离流动形态及空间流场结构

7.4　本章小结

本章研究了机翼前缘结冰条件下飞机气动/运动的耦合特性。首先介绍了采用的数值计算方法，包括建立了描述飞机气动/运动耦合的控制方程组，非定常流场计算的 LU-SGS 时间推进方法、飞行动力学方程显式推进计算方法及一体化的耦合计算算法。然后着重介绍了"松耦合"及"紧耦合"两种非定常气动力与飞行动力学耦合求解策略。通过 NACA0012 翼型强迫俯仰振荡标准算例，验证了开发的非定常 CFD 求解程序及耦合求解算法的有效性和准确性。最后针对机翼前缘结冰条件下空气动力学与飞行力学耦合特性进行了分析研究。通过对二维翼型结冰非定常气动力特性、三维整机固定冰形条件下及动态结冰条件下气动/运动耦合特性的分析，表明：结冰条件下非定常效应的影响在中等迎角阶段就开始显著，随着结冰的动态增长和迎角的增大，内翼分离流动趋势进一步增强，表现为分离泡体积的迅速膨胀。由于中等迎角条件下显著的非定常效应将导致飞机出现一定程度的振荡，影响飞行稳定性，此时驾驶员应该及时介入，改出危险的飞行状态。

第 8 章　结冰条件基于极值理论的飞行风险量化评估方法

结冰条件下的飞行过程十分复杂，主要表现为：结冰条件下飞行过程中的非线性与模型参数的随机性。非线性表现在结冰物理特性与结冰形成过程。结冰大小、位置、冰形等，受到气象条件、飞机外形、飞行状态等多因素的影响。驾驶员操纵模型、飞机数学解析方程、气动参数模型中也存在强烈的非线性。随机性表现在：人机结冰飞行系统中，外部结冰环境差异、驾驶员操纵行为差异与飞行器故障的随机性。研究结冰条件下的飞行风险大小，综合考虑内外部因素的非线性与随机性，需要大量数据。试飞数据与地面飞行数据无法满足数据量的需求，且自然条件下结冰飞行条件难以模拟，因而地面飞行模拟仿真是十分必要的。

8.1　结冰条件下基于蒙特卡罗仿真的飞参极值提取方法

8.1.1　极值参数提取

针对结冰飞行表现出的非线性与随机性，本书采用蒙特卡罗法，依据本书所建立的结冰条件下的飞行仿真平台，综合驾驶员与外部环境参数，对遭遇典型结冰情况进行飞行仿真，提取飞行过程中的极值参数。极值参数提取的仿真流程如图 8-1 所示。整个蒙特卡罗仿真主要分为：仿真状态设置模块；蒙特卡罗法提取外部环境与驾驶员操纵参数模块；飞行仿真模块；仿真极值参数存储模块。仿真流程如下所述。

(1) 仿真状态设置模块。设置飞机的初始飞行状态；设置提取飞行参数的总仿真次数 n 与初始仿真次数 $i = 1$；设置飞机遭遇结冰的时间。结冰对气动参数的影响依据所建立的气动参数随结冰时间变化的模型。

设置飞机结冰的典型分布。由于难以判断飞机自然飞行过程中飞机结冰的位置，且机翼结冰与尾翼结冰、非对称结冰下飞机动力学响应差异较大，不能看作同一结冰情形。因而本书将结冰的典型情况作为初始选择情况。研究飞机在某种结冰分布下的飞行风险。设置完毕后开始进行仿真。

(2) 基于蒙特卡罗法提取第 i 次仿真所需的外部环境与驾驶员操纵参数。根据某地区外部环境数据库，提取大气环境中的大气紊流、突风、风切边等不利因素。根据天气预报等的测度统计情况，得到某飞行区域常年天气状况，与结冰相

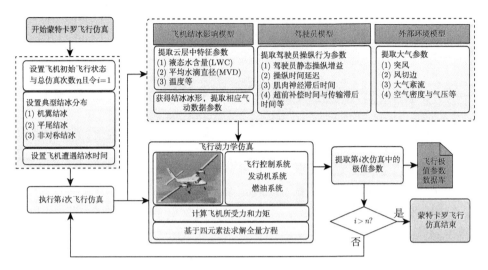

图 8-1 典型结冰条件下飞行极值参数的提取过程

关参数 (包括云层中液态水含量 (LWC)、平均水滴直径 (MVD)、温度 (T)),构建该区域结冰天气条件数据库。依据结冰冰形的形成条件与过程,确定飞机结冰冰形,提取对应的结冰气动参数影响数据库。

依据 5.1 节中所建立的驾驶员操纵行为参数模型,在驾驶员操纵数据库中提取所需参数,包括驾驶员静态增益 K_p,驾驶员操纵过程中的固有时间延时 τ,肌肉神经滞后时间 T_N,驾驶员对飞机动态参数的预测的超前补偿时间常数 T_1,飞参信息传递和处理过程中的时滞 T_2。构建驾驶员补偿参数模型。

(3) 飞行仿真模块。通过对驾驶员模型、结冰模型和环境模型的构建,依据建立的飞行仿真平台,开始进行第 i 次飞行动力学仿真。

(4) 仿真极值参数存储模块。在每次飞行仿真中,将飞机状态参数的最大值存入极值数据库,例如飞机飞行中的最大迎角,产生的最大滚转角等。令 $i = i + 1$;最后判断飞机的仿真次数 i 是否大于设定总次数 n。若大于,则结束仿真;否则返回仿真第二步继续进行。

本书以飞机在 4000m 高度以 120m/s 速度平飞,遭遇机翼非对称结冰情形为案例进行飞行仿真。飞机初始状态为侧滑角、滚转角、偏航角为 0°,迎角为 3.01°。图 8-2 显示了在第 $i = 120$ 次仿真过程中,飞行参数的变化情况。从图中可以看出,在 10s 时,由于飞机右侧机翼结冰,右侧机翼产生的升力减小,阻力增大。滚转力矩作用使飞机急剧右滚并掉高度,后经飞行员操纵而改出滚转。发生飞机非对称结冰时,飞机容易超限的参数确定为滚转角。同时飞机结冰后失速迎角急剧下降,将迎角也作为易超限参数。从飞行数据中确定本次迭代中的飞行极值参数

为滚转角 $\varphi_{\max} = 49.67°$ 和迎角 $\alpha_{\max} = 6.09°$。

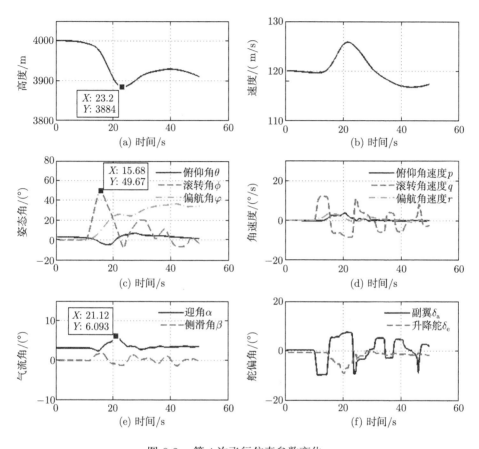

图 8-2 第 i 次飞行仿真参数变化

仿真中，n 为在某种典型结冰情形下，蒙特卡罗计算的总次数。因而仿真次数 n 越大，越能反映极值的统计特性。本书选用 $n = 2000$。计算结果表明，$n > 2000$ 次后，能够反映极值分布情况，计算结果趋于稳定。

8.1.2 极值参数可信度验证

自然结冰条件下，结冰飞行属于高风险科目，且自然结冰条件难以控制，真实的结冰试飞较为困难。采用人在环内的地面实时飞行仿真系统是十分必要的。驾驶员利用实时地面仿真系统，能够高精度地模拟真实飞行情况。但本书基于蒙特卡罗法的飞行仿真需进行 2000 次，来保证其结果的稳定性。驾驶员进行 2000 次飞行测试也是比较困难的。本书采用驾驶员模型进行了 150 次飞行测试。采用上文提到的蒙特卡罗仿真方法，在相同的飞行初始条件下，利用真实驾驶员替换仿真中的驾驶员模型, 设置 $n = 150$, 并提取飞行极值参数。

图 8-3 显示了真实驾驶员飞行测试数据与仿真数据极值参数提取的分布情况。从散点图中, 看出仿真数据和测试数据分布相似。

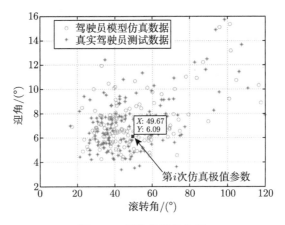

图 8-3 极值参数散点图

为进一步验证驾驶员模型仿真数据与真实驾驶员测试数据分布的相似程度, 通过绘制 QQ 图、计算相关性系数和 K-S 检验法, 对 150 组驾驶员模型仿真和真实驾驶员在回路的试验结果进行对比。QQ 图解法是将两样本经验分布函数的分位数散点绘制在同一图中, 若成一条直线, 表明两样本属于同一分布。其 QQ 分布图如图 8-4 所示。K-S 检验法是通过计算两样本的经验概率差值, 来判断两样本的拟合优度。K-S 检验的 P 值, 表示由原样本观测值得到的检验统计量, 其原假设可被拒绝的最小显著性水平, 若 P 值大于 0.1, 一般没有理由拒绝原假设;

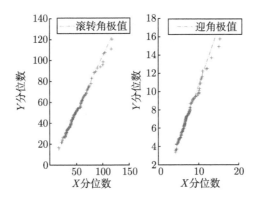

图 8-4 仿真与试验数据 QQ 图

若 P 值大于 0.05，表明拒绝原假设的理由是弱的。当 P 值大于显著水平 α 时，接受原假设。两样本相关系数与 K-S 检验值见表 8-1。

表 8-1　驾驶员模型仿真与真实驾驶员数据拟合优度

极值参数	相关系数	K-S 值	K-S 检验的 P 值
滚转角极值	0.9844	0.0667	0.8820
迎角极值	0.9273	0.0900	0.4219

QQ 图验证了测试数据和驾驶员模型仿真数据的滚转角和迎角的分布近似为同一分布。两样本相关性系数均大于 0.9，表明两样本数据表现出强线性相关性。由于 K-S 观察值均小于等于 0.1，P 值大于 0.05，表明能通过检验，接受原假设。综合考虑，可以认为驾驶员模型仿真数据与真实驾驶员在环内的试验数据有相同的分布类型，可以将驾驶员模型仿真数据样本作为评估飞行风险概率的样本数据。

8.1.3　极值参数的分布特点

为研究飞行极值分布特点，将得到的滚转角极值与迎角极值参数进行统计学分析，各统计量见表 8-2。

表 8-2　极值样本统计量

极值样本	最大值	最小值	平均值	中位数	方差	峰度系数	偏度系数
滚转角	117.5688	17.1100	49.4699	44.5954	358.7983	4.9597	1.3297
迎角	15.3465	4.2584	7.1968	6.7792	3.7118	6.3561	1.5012

对于表中涉及的峰度系数与偏度系数予以说明。两者都可以用来检验样本的正态性。峰度系数，反映频数分布曲线中顶端的扁平程度指标，用来衡量样本在中心的聚集程度。计算公式为

$$k = \frac{E(x-\mu)^4}{\sigma^4} = \frac{\dfrac{1}{n}\sum_{i=1}^{n}(x_i - \bar{x})^4}{\left[\dfrac{1}{n}\sum_{i=1}^{n}(x_i - \bar{x})^2\right]^2} \tag{8.1}$$

其中，在正态分布的情况下，峰度系数为 $k = 3$；当样本更集中，比正态分布尾部短时，$k < 3$；当样本不集中，类似均匀分布，会有长尾部时，$k > 3$。表 8.2 中滚转角与迎角参数的峰度系数均大于 3，表明其分布不集中，有重尾特性。

偏度系数，反映分布关于均值的对称性。计算公式为

$$s = \frac{E(x-\mu)^3}{\sigma^3} = \frac{\dfrac{1}{n}\sum_{i=1}^{n}(x_i - \bar{x})^3}{\left[\sqrt{\dfrac{1}{n}\sum_{i=1}^{n}(x_i - \bar{x})^2}\,\right]^3} \tag{8.2}$$

　　正态分布为对称分布，偏度系数为 0；偏度系数为正值时，表示分布在左侧较集中，其右侧尾部较长，反之，分布在右侧较集中，左侧尾部较长。样本偏度系数均大于 0，表示样本分布右侧具有较长的尾部。

　　用箱线图表示样本如图 8-5 与图 8-6 所示。矩形框为箱线图的主体，中间横线为数据的中位数。矩形框的上下两边为四分位数，即 25% 与 75% 的界限，矩形框上下边差值即为四分位点间距 (IQR)。上下纵向线段表示样本本体的最大值与最小值，本体是指除异常值与极值之外的值。异常值表示为：样本点 $x>$(上四分位数点 $+1.5$ 倍的 IQR) 或 $x<$(下四分位数点 -1.5 倍的 IQR)；极值表示为：

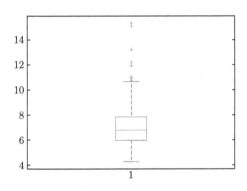

图 8-5　迎角极值样本分布

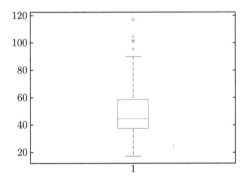

图 8-6　滚转角极值样本分布

$x>$(上四分位数点 $+3.0$ 倍的 IQR) 或 $x<$(下四分位数点 -3.0 倍的 IQR)。从箱线图中看出，迎角极值样本与滚转角样本在矩形框上边有许多异常值与极值，表明其分布表现为明显的上尾分布，分布右侧有较长的尾部。

8.2 基于一维飞参极值的结冰风险量化评估方法

基于极值理论的飞行风险概率分析，其风险发生概率取决于单个关键极值参数。这里介绍多种能够描述尾部分布的单变量数学模型，分别针对滚转角极值样本与迎角极值样本，进行对比分析。建立的单变量数学模型，通过极值样本参数拟合得到数学模型参数，经过拟合优度对比与验证，找到高精度的数学模型。

8.2.1 一维极值分布模型

极值分布模型中，最常用的为 Jenkinson 提出的广义极值分布模型 (Generalized Extreme Value, GEV)，其分布函数为

$$F\left(x;\xi,\mu,\sigma\right) = \exp\left[-\left(1+\xi\cdot\frac{x-\mu}{\sigma}\right)^{-1/\xi}\right] \tag{8.3}$$

式中，$\xi \in R$，$\mu \in R$，$\sigma > 0$；$1+\xi(x-\mu)/\sigma > 0$ 为均值，表示函数分布位置；σ 为方差，表示函数分布集中程度，即尺度参数；ξ 表示函数的形状。此 GEV 分布是将三种极值分布统一为一种分布。ξ 趋于 0 时，分布为 I 型分布；$\xi > 0$ 为 II 型分布；$\xi < 0$ 为 III 型分布。满足广义极值分布的条件是，样本随机变量的尾部呈指数或幂衰减形式，且尾部有界。

针对单变量的极值分布模型，能够描述尾部分布的还有极值分布 (Extreme Value, EV)、指数分布 (Exponential, Exp)、对数正态分布 (Lognormal, Logn) 和韦布尔分布 (Weibull)。本书选取 6 种典型的分布模型，利用单个飞参极值样本进行辨识。除广义极值分布模型 (式 (8.3))，正态分布 (Normal, Norm) 模型、对数正态分布模型、韦布尔分布模型、指数分布模型与极值分布模型如下。

$$\text{Norm:} \qquad F\left(x;\mu,\sigma\right) = \frac{1}{\sigma\sqrt{2\pi}}\int_{-\infty}^{x}\exp\left[-(t-\mu)^2/2\sigma^2\right]\mathrm{d}t \tag{8.4}$$

$$\text{Logn:} \qquad F\left(x;\mu,\sigma\right) = \frac{1}{\sigma\sqrt{2\pi}}\int_{0}^{x}\frac{\exp\{-[\ln(t)-\mu]^2/(2\sigma^2)\}}{t}\mathrm{d}t \tag{8.5}$$

$$\text{Weibull:} \qquad F\left(x;a,b\right) = \int_{0}^{x}ba^{-b}t^{b-1}\exp\left[-(t/a)^b\right]\mathrm{d}t \tag{8.6}$$

$$\text{Exp:} \qquad F\left(x;u\right) = 1 - \exp\left(-x/\mu\right) \tag{8.7}$$

EV：
$$F(x;a,b) = \int_0^x ba^{-b}t^{b-1}\exp\left[-(t/a)^b\right]\mathrm{d}t \tag{8.8}$$

选取 6 种分布模型的概率分布函数，统一表示为 $F(x;\theta_1,\theta_2,\cdots,\theta_m)$，其概率密度函数表示为 $f(x;\theta_1,\theta_2,\cdots,\theta_m)$，其中 θ 表示模型中待辨识的参数。采用极大似然法对模型中的未知参数 θ 进行辨识，其目标函数由概率分布函数与累积经验概率偏差的方差、概率密度函数构成。其表达式如下：

$$\begin{aligned}
&H(x_{(1)},x_{(2)},\cdots,x_n;\theta_1,\theta_2,\cdots,\theta_m)\\
&=\prod_{i=1}^n f(x_{(i)};\theta_1,\theta_2,\cdots,\theta_m) - \sum_{i=1}^n\left[F(x_{(i)};\theta_1,\theta_2,\cdots,\theta_m) - \frac{i}{n+1}\right]^2
\end{aligned} \tag{8.9}$$

则针对滚转角与迎角极值样本的辨识参数如表 8-3 所示。

表 8-3　不同分布模型的参数辨识结果

分布模型	滚转角极值	迎角极值
GEV	$\xi = 0.0876$,　$\mu = 40.6405$,　$\sigma = 13.1268$	$\xi = 0.0589$,　$\mu = 6.3231$,　$\sigma = 1.3688$
Norm	$\mu = 49.4699$,　$\sigma = 18.9420$	$\mu = 7.1968$,　$\sigma = 1.9266$
Logn	$\mu = 3.8371$,　$\sigma = 0.3536$	$\mu = 1.9425$,　$\sigma = 0.2443$
Weibull	$a = 55.6121$,　$b = 2.7049$	$a = 7.9287$,　$b = 3.6070$
Exp	$\mu = 49.4699$	$\mu = 7.1968$
EV	$\mu = 59.9500$,　$\sigma = 24.1401$	$\mu = 8.2734$,　$\sigma = 2.6261$

依据分布模型与辨识参数，分别绘制滚转角 (图 8-7) 与迎角极值 (图 8-8) 的累积概率曲线与概率密度曲线。

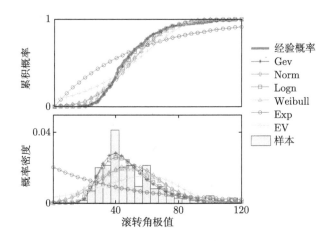

图 8-7　滚转角极值样本累积概率曲线与概率密度曲线

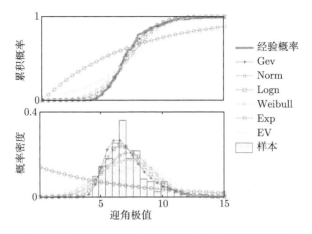

图 8-8 迎角极值样本累积概率曲线与概率密度曲线

从累积概率曲线与概率密度曲线中可以看出，对于滚转角极值样本与迎角极值样本，其广义极值分布与对数正态分布模型对样本的拟合效果最好，指数分布模型的拟合效果最差。为进一步精确评价各模型拟合样本的精确度，对其进行拟合优度检验。

8.2.2 一维极值模型拟合优度检验

模型对极值样本的拟合精度取决于样本容量、样本分布、所选分布模型与辨识参数估计方法。8.2.1 节已通过累积概率曲线与概率密度曲线的对比分析，直观地判断出各个分布模型的拟合结果。本节采用拟合优度检验方法，判断模型对极值样本的拟合程度，对拟配结果进行更精确的对比评估。

对于拟合优度检验，其原假设 H_0 与对立假设 H_1 分别为

$$H_0 : F(x) = F_0(x) \tag{8.10}$$

$$H_1 : F(x) \neq F_0(x) \tag{8.11}$$

式中，$F(x)$ 为极值样本所选 6 种模型的分布函数；$F_0(x)$ 为极值样本的累积经验分布。拟合优度的检验方法，除去前面提到的柯尔莫哥洛夫 (Kolmogorov-Smirnov，K-S) 检验法、分数位–分数位 (Quantile-Quantile，QQ) 图检验法，还有卡方检验法，统计量 (Anderson-Darling，A-D) 检验法。

单变量的卡方检验法的计算公式为

$$\chi^2 = \sum_{i=1}^{n} \frac{(O_i - E_i)^2}{E_i} \tag{8.12}$$

式中，O_i 表示样本的经验累积概率；E_i 为所选分布模型计算得到的 x_i 的累积概率，其中 x_i 为次序随机变量。

单变量的 A-D 检验法公式为

$$A_n^2 = n \int_{-\infty}^{\infty} [F_n(x) - F(x)]^2 \omega(x) \mathrm{d}F(x) \tag{8.13}$$

式中，$F(x)$ 为所选的分布模型的分布函数；$F_n(x)$ 为样本的经验分布概率函数；$\omega(x)$ 表示函数权重，用来增加对尾部分布的敏感性，公式为

$$\omega(x) = \{F(x)[1 - F(x)]\}^{-1} \tag{8.14}$$

A-D 检验法的统计量为

$$A_n^2 = -n - \sum_{i=1}^{n} \frac{2i-1}{n} \{\ln[F(X_i)] + \ln[1 - F(X_i)]\} \tag{8.15}$$

其中，X_i 为样本的次序统计量。

采取 K-S 检验法、A-D 检验法和卡方检验法，滚转角与迎角极值样本的拟合优度检验情况如表 8-4 与表 8-5 所示。

表 8-4　滚转角极值样本拟合检验结果

分布模型	K-S	$P_{(K-S)}$	A-D	$P_{(A-D)}$	χ^2
GEV	0.0547	0.7384	0.2644	0.9622	0.1728
Norm	0.1208	0.0230	4.0880	0.0079	2.0361
Logn	0.0703	0.4294	0.6017	0.6461	0.3122
Weibull	0.1055	0.0659	3.6984	0.0123	1.8605
Exp	0.3921	8.08×10^{-21}	30.1006	4.00×10^{-6}	12.4283
EV	0.1928	2.33×10^{-5}	10.6949	5.54×10^{-6}	10.4142

表 8-5　迎角极值样本拟合检验结果

分布模型	K-S	$P_{(K-S)}$	A-D	$P_{(A-D)}$	χ^2
GEV	0.0585	0.6625	0.4633	0.7842	0.2637
Norm	0.1361	0.0069	3.7879	0.0111	1.6917
Logn	0.0841	0.2267	0.9938	0.3604	0.3704
Weibull	0.1514	0.0018	5.4728	0.0017	2.6323
Exp	0.4466	6.89×10^{-27}	40.6319	4.00×10^{-6}	15.6486
EV	0.1991	1.11×10^{-5}	11.9008	4.03×10^{-6}	14.0694

在滚转角和迎角极值参数分布中，GEV 和 Logn 分布的 K-S 检验值均小于 0.1。在显著性水平 $\alpha = 0.05$ 下，P 值大于 0.05，接受原假设，表明在 95% 的置信水平下能通过检验，分布都表现了较高的拟合性。A-D 检验对尾部分布更为敏感。GEV 和 Logn 分布的 A-D 检验值相对于其他分布非常小，A-D 检验的 P 值远大于 0.05。对比 GEV 和 Logn 分布，Logn 分布的辨识精度远低于 GEV 分布。卡方检验中，GEV 分布的卡方统计量最小，对极值样本拟合程度最好。其各模型与样本的 QQ 图如图 8-9 与图 8-10 所示。从图中可以直观看出，对于滚转角与迎角极值样本，GEV、Logn 与 Exp 模型分布拟合效果较好。综合以上拟合检验结果，表明了遭遇结冰情形下，GEV 分布能较好地描述滚转角、迎角的极值参数分布，精度更高。

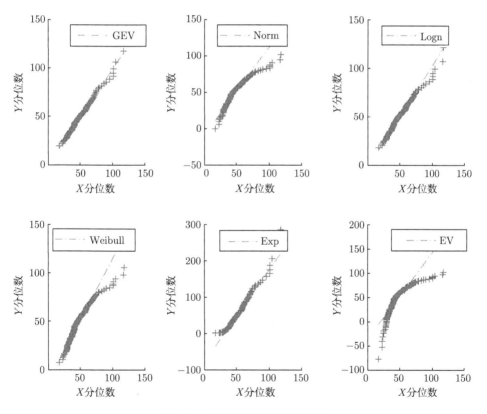

图 8-9　滚转角极值样本 QQ 图

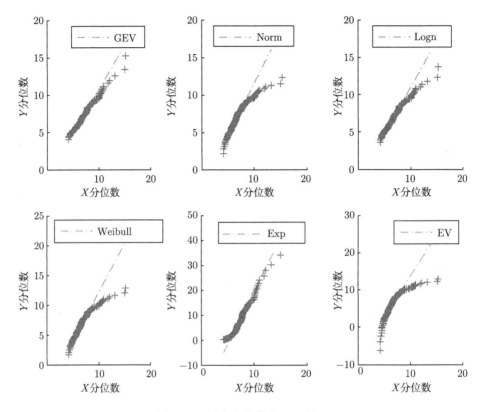

图 8-10　迎角极值样本 QQ 图

8.2.3　翼面结冰条件下的风险概率评估分析

通过辨识结果与拟合优度检验结果,确定出滚转角与迎角极值样本符合 GEV 分布,将辨识得到的参数代入 GEV 模型,可得到滚转角与迎角极值的分布函数分别为

$$F_1\left(\phi_{\max}\right) = \exp\left[-\left(1 + 0.0876 \cdot \frac{\phi_{\max} - 40.6405}{13.1268}\right)^{-1/0.0876}\right] \tag{8.16}$$

$$F_2\left(\alpha_{\max}\right) = \exp\left[-\left(1 + 0.0589 \cdot \frac{\alpha_{\max} - 6.3231}{1.3688}\right)^{-1/0.0589}\right] \tag{8.17}$$

基于滚转角与迎角极值样本下的飞行风险概率计算公式分别为

$$P = P\{\Delta\overline{\phi}_{\max} > 1\} = 1 - F_1(\Delta\overline{\phi}_{\max} = 1) \tag{8.18}$$

$$P = P\{\Delta\overline{\alpha}_{\max} > 1\} = 1 - F_2(\Delta\overline{\alpha}_{\max} = 1) \tag{8.19}$$

以滚转角 $\phi_{\max}$ 作为风险评估参数时，通过公式 (8.18) 求得，发生飞行风险概率为 0.0505，风险概率很大，依照 GJB 900—1990 标准，达到了 B 水平，"很可能"。表明飞机在遭遇非对称结冰情况下，其滚转角超限而引发飞行事故的概率较大。以迎角作为风险评估参数，飞行风险概率为 0.0027，达到了 C 水平，"有的"。表明飞机遭遇结冰后到失速迎角的概率。

计算采用的引起飞行事故的关键参数不同时，两个极值参数所求的飞行风险概率是不同的，表明单变量的飞行极值参数评估飞行风险是不全面的。单变量的飞行极值参数的 GEV 分布求取飞行风险概率时具有局限性，飞行风险的发生一般与多个飞机状态变量有关。因而建立多变量的飞行风险概率模型是十分必要的。8.3 节将迎角极值与过载极值综合考虑，研究双变量飞行风险概率模型的构建方法。

8.3　基于二维飞参极值的结冰风险量化评估方法

8.3.1　二维极值分布模型

考虑到二维极值参数之间的相关性问题，本书采用 Copula 模型对边缘分布之间的相关性进行描述。广义的 Copula 模型无法准确描述平尾结冰条件下极值参数之间的相关性，因此，选取适合平尾结冰条件下极值参数相关性的 Copula 函数是本节的重点。

设随机向量 $(\alpha_{\text{tail max}}, n_{z\,\max})$ 的分布函数为 $F(\alpha_{\text{tail max}}, n_{z\,\max})$，边缘分布函数 $u = F_1(\alpha_{\text{tail max}})$、$v = F_2(n_{z\,\max})$ 服从 GEV 分布。则对于任意 $(\alpha_{\text{tail max}}, n_{z\,\max}) \in \boldsymbol{R}$，存在 Copula C，使得

$$
\begin{aligned}
C(u,v) &= C[F_1(\alpha_{\text{tail max}}), F_2(n_{z\,\max})] \\
&= F(\alpha_{\text{tail max}}, n_{z\,\max})
\end{aligned}
\tag{8.20}
$$

常见的二维阿基米德 Copula 模型有 Gumbel Copula 模型 (式 (8.21))，Clayton Copula 模型 (式 (8.22))，GS Copula 模型 (式 (8.23))，Frank Copula 模型 (式 (8.24)) 和 Joe Copula 模型 (式 (8.25))。

$$
C(u,v) = \exp\{-[(-\ln u)^\theta + (-\ln v)^\theta]^{1/\theta}\}
\tag{8.21}
$$

式中，$\theta \geqslant 1$。$\theta = 1$ 代表极值参数 u 和 v 相互独立；$\theta = +\infty$ 代表 u 和 v 完全相关。Gumbel Copula 模型概率密度分布表现为 J 形，它对参数在分布上尾处的变化较为敏感，能较好地描述上尾相关性。

$$
C(u,v) = (u^{-\theta} + v^{-\theta} - 1)^{-1/\theta}
\tag{8.22}
$$

式中，$\theta \in (0, \infty)$。$\theta \to 0$，代表 u 和 v 相互独立；$\theta = +\infty$ 代表 u 和 v 完全相关。Clayton Copula 模型的概率密度分布表现为 L 形，它对参数在分布下尾处的变化十分敏感，能较好地描述下尾相关性。

$$C(u,v) = \left\{ 1 + \left[\left(\frac{1}{u} - 1\right)^{\theta} + \left(\frac{1}{v} - 1\right)^{\theta} \right]^{\frac{1}{\theta}} \right\}^{-1} \tag{8.23}$$

式中，$\theta \geqslant 1$。$\theta = 1$，代表 u 和 v 相互独立；$\theta = +\infty$，代表 u 和 v 完全相关。GS Copula 模型的概率密度分布表现为 L 形，对参数在分布上尾处的变化较为敏感，能较好地描述上尾相关性。

$$C(u,v) = -\frac{1}{\theta} \ln \left[1 + \frac{(\mathrm{e}^{-\theta u} - 1)(\mathrm{e}^{-\theta v} - 1)}{\mathrm{e}^{-\theta} - 1} \right] \tag{8.24}$$

式中，$\theta \neq 0$。$\theta > 0$，代表 u 和 v 正相关；$\theta \to 0$，代表 u 和 v 相互独立；$\theta < 0$ 代表 u 和 v 负相关。Frank Copula 模型对二维参数上下尾的对称相关性描述较好。

$$C(u,v) = 1 - [(1-u)^{\theta} + (1-v)^{\theta} - (1-u)^{\theta}(1-v)^{\theta}]^{\frac{1}{\theta}} \tag{8.25}$$

式中，$\theta \geqslant 1$。$\theta = 1$，代表 u 和 v 相互独立；$\theta = +\infty$，代表 u 和 v 完全相关。Joe Copula 模型的概率密度分布表现为 J 形，对参数在分布上尾处的变化较为敏感，能较好地描述上尾相关性。

基于符合 GEV 的数据样本，对以上 Copula 模型中的未知参数进行辨识，结果如表 8-6 所示。

表 8-6　不同 Copula 模型的参数辨识

Copula 模型	未知参数θ
Gumbel Copula	1.6145
Clayton Copula	0.3125
GS Copula	1.0607
Frank Copula	2.9836
Joe Copula	2.2383

8.3.2　二维极值模型拟合优度检验

采用 χ^2 检验法、赤池信息量准则 (Akaike Information Criterion，AIC) 与贝叶斯信息准则 (Bayesian Information Criterion，BIC) 准则以及 K-S 检验法对不同 Copula 模型进行拟合优度检验，来评定 Copula 模型的准确性，下面对这三种方法进行详细描述。

1) χ^2 检验法

通过 χ^2 检验的统计量来评定样本分布模型的准确性。把原样本作积分处理，同时构建 K 行 K 列的网格单元。其中，A_{ij} 代表真实落在 i 行 j 列网格中的样本数，B_{ij} 代表采用样本分布函数计算出的落在 i 行 j 列网格中的样本数，因此 χ^2 检验统计量为

$$\chi^2 = \sum_{i=1}^{K}\sum_{j=1}^{K}\frac{(A_{ij}-B_{ij})^2}{B_{ij}} \tag{8.26}$$

式中，χ^2 服从自由度为 $(K-1)^2-p-1$ 的 χ^2 分布。当给定显著性水平 α 时，如果 $\chi^2 > \chi^2_\alpha[(K-1)^2-p-1]$，拒绝原假设；如果 $\chi^2 < \chi^2_\alpha[(K-1)^2-p-1]$，接受假设检验。

2) AIC 和 BIC 准则

AIC 准则与 BIC 准则判定准确度的方法相同。都是通过二维极值分布模型的似然函数来判定准确度。二维极值分布函数的 AIC 和 BIC 值越大，代表其描述原样本的准确度越低。如果 $(x_1,y_1),\cdots,(x_n,y_n)$ 代表极值样本，F_1 和 F_2 代表边缘分布，$u_i=F_1(x_i)$，$v_i=F_2(y_i)$，$i=1,\cdots,n$，则 AIC 与 BIC 的求解公式为

$$\text{AIC} = -2\sum_{i=1}^{n}\log c(u_i,v_i;p)+2k \tag{8.27}$$

$$\text{BIC} = -2\sum_{i=1}^{n}\log c(u_i,v_i;p)+k\log n \tag{8.28}$$

$$c(u_i,v_i;p) = \frac{\partial^2}{\partial u \partial v}C(u_i,v_i;p), \quad i=1,2,\cdots,n \tag{8.29}$$

式中，k 为参数数量；n 为样本数。

3) K-S 检验法

针对本书采用的二维 Copula 模型，给出相应的 K-S 检验方法。如果 $C(u,v)$ 为 Copula 函数，且 $u=F_1(x)$，$v=F_2(y)$，其中 F_1、F_2 代表随机变量 X、Y 的分布函数，则函数的边缘分布 C_1、C_2 服从 [0,1] 均匀分布。

$$C_1(u,v)=C(u|v)=\frac{\partial C(u,v)}{\partial u}, \quad C_2(u,v)=C(v|u)\frac{\partial C(u,v)}{\partial v} \tag{8.30}$$

通过把极值样本 $(x_i,y_i), i=1,2,\cdots,m$ 代入 $C_1(F_1(x),F_2(y))$，能够获得 $\{C_{1i}=C_1(F_1(x_i),F_2(y_i))\}$，利用此检验法来判断在一定置信水平下 C_{1i} 服从 [0,1] 均匀分布与否，如果 C_{1i} 服从 [0,1] 均匀分布，那么此函数能够较为准确地描述极值样本。

针对以上三种检验方法，对五种不同 Copula 模型进行检验，其结果如表 8-7 所示。

表 8-7　不同 Copula 模型的拟合优度检验

Copula 模型	AIC	BIC	χ^2	K-S	P 值
Gumbel Copula	-41.6504	-39.0452	0.2895	0.1000	0.6766
Clayton Copula	-2.5772	0.0280	0.4648	0.1000	0.6330
GS Copula	14.3658	16.9709	0.6022	0.1300	0.3439
Frank Copula	-21.4050	-18.7999	0.2866	0.1200	0.4431
Joe Copula	-57.8542	-55.2490	0.2475	0.0400	0.9012

从表 8-7 可以看出，五种 Copula 模型 K-S 检验的 $P > 0.05$，表明在 95％的置信水平下，均能通过检验。其中，Joe Copula 模型的 AIC、BIC、χ^2 和 K-S 值最小，P 值最大。因此，相对于其他 Copula 模型，Joe Copula 模型对二维极值分布的描述精度最高。

8.3.3　平尾结冰条件下的风险概率评估分析

根据表 8-6 中的参数辨识结果，画出五种 Copula 模型的概率密度分布图，如图 8-11 所示。

图 8-11 中，X、Y 轴分别是以平尾迎角和法向过载为极值参数的一维极值分布函数 $F_1(\alpha_{\text{tail max}})$ 和 $F_2(n_{z\,\text{max}})$，Z 轴是概率密度。从图 8-11 可以看出，和其他 Copula 模型相比，Joe Copula 模型对厚尾特性描述最好，因此选取 Joe Copula 模型作为二维极值分布的描述模型。

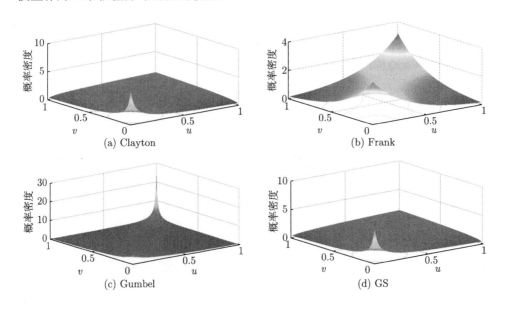

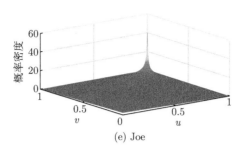

图 8-11 不同 Copula 模型的概率密度分布图

依据 Joe Copula 模型及平尾结冰飞行风险判据求出相应风险概率如下:

$$P_r = 1 - C_{Joe}(F(\overline{\alpha}_{tail\,max} > 1), F(\overline{n}_{z\,max} > 1)) \tag{8.31}$$

将辨识出的未知参数代入 Joe Copula 模型,计算得到遭遇平尾结冰严重程度 η 为 0.4 时的飞行风险概率为 0.0265。可以看出,综合考虑二维极值参数计算出的平尾结冰飞行风险概率值不是简单地由单个极参数算出的风险概率值相加,它比两者都大,但比两者之和小,具有更高准确性和可信度。

8.4 基于多维飞参极值的结冰风险量化评估方法

飞机在复杂多变的大气环境中运行,影响飞行安全的因素众多,仅仅依靠一维或二维飞行参数极值进行飞行风险评估,具有较强的局限性,不同的飞参极值计算出的飞行风险概率相差较大,难以全面有效地预测飞行风险。结冰遭遇情形下的飞行风险,具有强烈的随机性和不确定性,影响因素众多且深度耦合在一起。因此,有必要综合考虑多个飞行极值参数耦合情形下的飞行风险,开展基于多元极值的结冰条件下飞行风险确定方法的研究。Copula 函数能够描述极值参数之间的联合分布情况和发展趋势,而当前常用的广义 Copula 函数,无法完整合理地描述结冰遭遇情形下各飞行参数极值间的相关性,因此需要构建合适的多元极值参数 Copula 模型。

8.4.1 结冰情形下三维极值参数模型

结冰遭遇情形下的飞行参数极值样本中,在比 95% 的置信水平低得多的情况下,最小空速极值符合 Weibull 分布,滚转角极值和迎角极值符合 GEV 分布,因此,由 Sklar 定量和 Copula 函数的基本性质可知,一定存在一个 Copula 函数 C,满足:

$$C(F_1(V_{min}), F_2(\phi_{max}), F_3(\alpha_{max})) = F(V_{min}, \phi_{max}, \alpha_{max}) \tag{8.32}$$

因此, 根据阿基米德 (Archimedean) 族 Copula 函数的性质, 可通过母函数生成高维 Copula 函数以描述多维变量之间的相依结构。m 维情况下的非对称阿基米德族 Copula 函数的结构如式 (8.33) 所示。

$$
\begin{aligned}
C(u_1, \cdots, u_m) &= C_1(u_m, C_2(u_{m-1}, \cdots, C_{m-1}(u_2, u_1))) \\
&= \varphi_1^{-1}(\varphi_1(u_m) + \varphi_1(\varphi_2^{-1}(\varphi_2(u_{m-1}) + \cdots \\
&\quad + \varphi_{m-1}^{-1}(\varphi_{m-1}(u_2) + \varphi_{m-1}(u_1)))))
\end{aligned} \tag{8.33}
$$

基于此, 需要构建适合描述极值变量相依结构的阿基米德族 Copula 函数。

对于所要研究的三维非对称阿基米德族 Copula 函数, 式 (8.33) 可以简化为

$$
C(u, v, w) = C_1(w, C_2(u, v)) = \varphi_1^{-1}(\varphi_1(w) + \varphi_1\varphi_2^{-1}(\varphi_2(u) + \varphi_2(v))) \tag{8.34}
$$

式中, $\varphi(\cdot)$ 为阿基米德族 Copula 生成函数; u, v, w 分别为样本最小空速极值、滚转角极值和迎角极值的边缘分布, 即 $u = F_2(V_{\min})$, $v = F_2(\phi_{\max})$, $w = F_3(\alpha_{\max})$。通过 u 和 v 生成函数 φ_2, 之后通过 w 和 φ_2 生成 φ_1。φ_2 和 φ_1 分别对应 Copula 函数 C_2 和 C_1, 假设其参数分别为 θ_1 和 θ_2, 则依据式 (8.34) 将 $C_2(u, v; \theta_1)$ 代入 $C_1(w, C_2; \theta_2)$, 即可计算得到三维 Copula 函数模型。通过该方法可计算相应的高维 Copula 函数模型。

相应的三维 Copula 模型的密度函数可表示为

$$
c(u_i, v_i, w_i; \theta_1, \theta_2, \theta_3, \theta_4) = \frac{\partial^3}{\partial u \partial v \partial w} C(u_i, v_i, w_i; \theta_1, \theta_2, \theta_3, \theta_4) \tag{8.35}
$$

其推导过程如式 (8.36) 所示。

$$
\begin{cases}
\dfrac{\partial C}{\partial u} = \dfrac{\partial C_1}{\partial C_2} \dfrac{\partial C_2}{\partial u} \\[2mm]
\dfrac{\partial^2 C}{\partial u \partial v} = \dfrac{\partial^2 C_1}{\partial^2 C_2} \dfrac{\partial C_2}{\partial u} \dfrac{\partial C_2}{\partial v} + \dfrac{\partial C_1}{\partial C_2} \dfrac{\partial^2 C_2}{\partial u \partial v} \\[2mm]
\dfrac{\partial^3 C}{\partial u \partial v \partial w} = \dfrac{\partial^3 C_1}{\partial^2 C_2 \partial w} \dfrac{\partial C_2}{\partial u} \dfrac{\partial C_2}{\partial v} + \dfrac{\partial^2 C_1}{\partial C_2 \partial w} \dfrac{\partial^2 C_2}{\partial u \partial v}
\end{cases} \tag{8.36}
$$

对于本书三维极值参数的 Copula 模型选择, 主要有 Gumbel Copula 模型、Frank Copula 模型、Clayton Copula 模型、GS Copula 模型、Joe Copula 模型, 其母函数和 Copula 三维模型如式 (8.37)~ 式 (8.41) 所示。

Gumbel Copula:

$$C\left(u,v,w\right) = \exp\left(-\left\{\left(-\ln w\right)^{\theta_2} + \left[\left(-\ln u\right)^{\theta_1} + \left(-\ln v\right)^{\theta_1}\right]^{\frac{\theta_2}{\theta_1}}\right\}^{\frac{1}{\theta_2}}\right) \quad (8.37)$$

$$\varphi\left(t\right) = \left(-\ln t\right)^{\theta}$$

Frank Copula:

$$C\left(u,v,w\right) = -\frac{1}{\theta_2}\log\left\{1 - \left(1 - \mathrm{e}^{-\theta_2}\right)^{-1}\left(1 - \mathrm{e}^{-\theta_2 w}\right)\right.$$
$$\left.\left(1 - \left[1 - \left(1 - \mathrm{e}^{-\theta_1}\right)^{-1}\left(1 - \mathrm{e}^{-\theta_1 u}\right)\left(1 - \mathrm{e}^{-\theta_1 v}\right)\right]^{\frac{\theta_2}{\theta_1}}\right)\right\} \quad (8.38)$$

$$\varphi\left(t\right) = \ln\frac{1 - \mathrm{e}^{-\theta t}}{1 - \mathrm{e}^{-\theta}}$$

Clayton Copula:

$$C\left(u,v,w\right) = \left[w^{-\theta_2} + \left(u^{-\theta_1} + v^{-\theta_1} - 1\right)^{\frac{\theta_2}{\theta_1}} - 1\right]^{\frac{-1}{\theta_2}} \quad (8.39)$$

$$\varphi\left(t\right) = \frac{1}{\theta}\left(t^{-\theta} - 1\right)$$

GS Copula:

$$C\left(u,v,w\right) = \left[1 + \left\{\left(\frac{1}{w} - 1\right)^{\theta_2} + \left[\left(\frac{1}{u} - 1\right)^{\theta_1} + \left(\frac{1}{v} - 1\right)^{\theta_1}\right]^{\frac{\theta_2}{\theta_1}}\right\}^{\frac{1}{\theta_2}}\right]^{-1}$$

$$\varphi\left[t\right] = \left(\frac{1}{t} - 1\right)^{\theta}$$

$$(8.40)$$

Joe Copula:

$$C\left(u,v,w\right)$$
$$= 1 - \left(\left\{\left(1 - u\right)^{\theta_1}\left[1 - \left(1 - v\right)^{\theta_1}\right] + \left(1 - v\right)^{\theta_1}\right\}^{\frac{\theta_2}{\theta_1}}\left[1 - \left(1 - w\right)^{\theta_2}\right] + \left(1 - w\right)^{\theta_2}\right)^{\frac{1}{\theta_2}}$$

$$\varphi\left(t\right) = -\ln\left[1 - \left(1 - t\right)^{\theta}\right]$$

$$(8.41)$$

运用边缘分布推断法辨识上述五种 Copula 模型中的未知参数,如表 8-8 所示。

表 8-8　参数辨识结果

Copula 模型	辨识参数	
Clayton Copula	$\theta_1 = 9.2620$	$\theta_2 = 9.0787$
Gumbel Copula	$\theta_1 = 1.7251$	$\theta_2 = 2.4825$
Frank Copula	$\theta_1 = 40.0621$	$\theta_2 = 35.3235$
GS Copula	$\theta_1 = 1.5518$	$\theta_2 = 1.9015$
Joe Copula	$\theta_1 = 12.6297$	$\theta_2 = 10.6006$

进一步运用前面介绍的 Copula 函数拟合优度检验法 (AIC 信息准则法、BIC 信息准则法、χ^2 检验法、K-S 检验法),分析上述五种 Copula 模型的辨识精度。如表 8-9 所示。

表 8-9　Copula 函数拟合优度检验结果

Copula 模型	AIC	BIC	χ^2	K-S	$P_{(K-S)}$
Clayton Copula	-1124.1	-1117.5	8.2103	0.1100	0.1668
Gumbel Copula	-771.97	-765.37	45035	0.6500	< 0.0001
Frank Copula	-9.6640	-6.6534	0.4119	0.2986	0.0204
GS Copula	-631.4853	-624.887	11.0808	0.2000	< 0.0001
Joe Copula	-1416.8	-1410.2	1.9402	0.1050	0.2078

从表 8-9 中可以看到,依据 K-S 检验法的 P 值,Clayton Copula 模型和 Joe Copula 模型的辨识精度较高,在置信水平 0.01, 0.02, 0.05 的情况下均能有效通过检验。而其他模型的辨识精度则无法通过检验。进一步比较这两个模型的 AIC、BIC 和 χ^2 检验值,Joe Copula 模型的计算值更低,描述精度更高。进一步地给出 Joe Copula 模型和 Clayton Copula 模型的概率密度图,因四维图像不易直观地表征极值参数样本的尾部特性,选择 $w = 0.8$ 时的概率密度图,如图 8-12 和图 8-13 所示。图中,Joe Copula 模型和 Clayton Copula 模型具有很强的耦合性,在高尾部分的风险值较高,而其他区域风险值较低。相较于 Clayton Copula 模型,Joe Copula 模型的风险概率分布更加密集,高尾部分的分布密度梯度更大,说明当飞行参数接近超限边界时,飞行风险概率较高;更为需要注意的是,一旦飞行参数逼近许用边界,由于此时的风险密度梯度很大,飞机可能会遭遇飞行风险的 “断崖式” 增大,所以此时飞行员必须特别注意操纵幅度和极向,以防进入飞机失控状态。从另一个角度分析,只有当多个飞行参数同时均逼近各自许用边界时,飞机才可能遭遇较高的飞行风险,从侧面说明了背景飞机具有较高的设计水准,这与 K8v 变稳机空中试验结果相近。因此,综合多种检验法和实际验证的效果,选择 Joe Copula 模型描述结冰遭遇情形下最小空速极值、滚转角极值和迎角

极值的相依结构和联合分布情况。

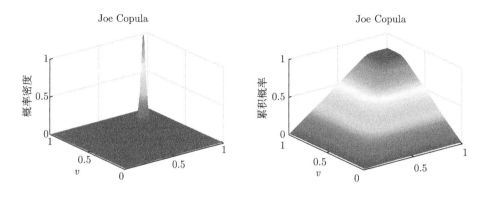

图 8-12　Joe Copula 模型分布概率密度和累积概率图

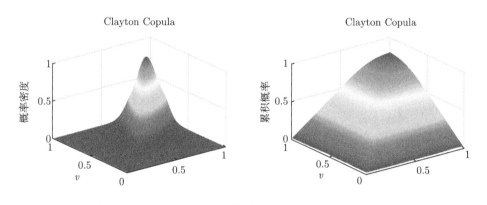

图 8-13　Clayton Copula 模型分布概率密度和累积概率图

8.4.2　多维极值模型拟合优度检验

Copula 函数能够在线性相关系数无法正确度量变量之间关系时，为描述变量间的相依结构提供理论支撑。但是 Copula 函数类型和分布形式较多，不同的 Copula 模型分析的结果可能截然不同。因此，需要判别不同模型的描述精度，即拟合优度检验。针对多元极值变量拟合优度检验问题，许多学者开展了大量研究。当前常用的检验方法包括：经验分布函数解析法，χ^2 检验法，基于似然函数的 AIC 信息准则检验法，BIC 信息准则检验法，K-S 检验法等。现针对常用的几种检验法进行分析。

AIC 和 BIC 信息准则检验法是以信息的度量来评判 Copula 函数拟合的优劣依据。AIC 值和 BIC 值越小，说明待检验 Copula 函数似然函数更逼近于样本理论分布。设极值样本为 $(x_1, y_1), \cdots, (x_n, y_n)$，其边缘分布函数分别为 $u_i = F_1(x_i)$ 和 $v_i = F_2(y_i)$，则 AIC 准则和 BIC 准则的计算公式为

$$\text{AIC} = -2 \sum_{i=1}^{n} \log c(u_i, v_i; p) + 2k \tag{8.42}$$

$$\text{BIC} = -2 \sum_{i=1}^{n} \log c(u_i, v_i; p) + k \log n \tag{8.43}$$

$$c(u_i, v_i; p) = \frac{\partial^2}{\partial u \partial v} C(u_i, v_i; p), \quad i = 1, \cdots, n \tag{8.44}$$

式中，k 为 Copula 函数未知参数个数；n 表示样本容量。

　　K-S 检验法是利用 Copula 函数的性质，将多元极值联合分布拟合优度检验问题转化到一维情况下，运用 K-S 检验法进行评判。由 Copula 函数的性质可知，其边缘分布均满足 $U(0, 1)$。因此将极值样本代入 $C_1(F_1(x), F_2(y))$ 中，得到 $\{C_{1i} = C_1(F_1(x_i), F_2(y_i))\}$，在指定置信水平下运用 K-S 检验法检验 C_{1i} 的分布形式是否满足 $U(0, 1)$，据此评判 Copula 函数对极值样本的拟合精度。

　　多元参数情况下的 χ^2 检验法是由单参数发展过来的，将单参数的一维区域划分拓展到高维网络拓扑划分中，以二元参数为例，设 $G(i, j)$ 表示 i 行 j 列的网格单元，A_{ij} 表示位于 $G(i, j)$ 内的样本点数，B_{ij} 表示预测的落在 $G(i, j)$ 内的样本点数，所以其统计量为

$$\chi^2 = \sum_{i=1}^{K} \sum_{j=1}^{K} \frac{(A_{ij} - B_{ij})^2}{B_{ij}} \tag{8.45}$$

且服从 $\chi^2((K-1)^2 - p - 1)$，这里 p 代表模型的参数。对于给定的显著性水平 α，如 $\chi^2 > \chi_\alpha^2((K-1)^2 - p - 1)$，则拒绝原假设。

8.4.3　基于多元极值 Copula 模型的飞行风险概率

　　依据 Joe Copula 模型，求解结冰遭遇条件下的飞行风险概率，如式 (8.46) 所示。

$$P_r = 1 - C_{\text{Joe}}\big(F_1(V_{\min}/V_c(\delta_f, \text{ice}) > 1), F_2(\phi_{\max}/85 > 1), F_3(\alpha_{\max}/$$

$$\alpha_c(\delta_f, Ma, \text{ice}) > 1)\big) \tag{8.46}$$

式中，C_{Joe} 代表基于公式 (8.41) 求解的 Joe Copula 模型。

　　根据表 8-8 中的辨识结果，结合式 (8.41) 和式 (8.46)，求得非对称结冰遭遇情形下的飞行风险概率为 0.0624，与一维参数极值模型计算出的飞行风险概率值

相比，运用 Joe Copula 函数计算出的风险概率值较高，在一定程度上反映了参数耦合特性对飞行风险事件演化的影响，考虑多个飞行参数极值构建联合概率分布模型，能够更加全面地分析样本数据所蕴含的风险信息。

需要说明的是，飞行风险事故的发生是一个动态多因素耦合作用情况下的不确定过程，不可能在飞行风险评估过程中将所有内外部随机因素完全考虑进去。如 SAE ARP-4761、MIL-STD-882E 等权威性文件中规定的飞行事故率一样，本书所计算的飞行风险概率值在多数情况也是一个相对参考值。能够横向对比不同飞行状态下的风险程度，如不同结冰严重程度下的飞行风险对比，其他恶劣外部环境下或其他故障模式下的风险对比等，对预测和分析基于任务科目试飞的危险程度提供有力的理论支撑和描述方法。

实例详细讨论了线性相关性度量变量之间相依性结构的局限性，因此，有必要研究多元极值参数间的相关关系。一致相关性度量法是描述 Copula 函数参数关系的有效方法。

一致相关性度量的定义是：两个极值变量 X 和 Y，当其中一个以较大概率出现大值或小值时，另一个变量也以较大的概率出现大值或小值。本书研究的三个极值变量的尾部分布极向不统一，最小空速极值具有下尾分布特性，而滚转角极值和迎角极值具有上尾分布特性。为了方便开展一致相关性度量，可通过线性数学变换，将极值样本中的最小空速极值均减去初始时刻的配平值之后取相反数，即可获取尾部分布极向统一的样本参数，而对于新样本的一致性度量可平行推广到原始样本的评价中。

Copula 函数一致性度量方法主要包括：Kendall τ 相关系数法，Blomgvist β 中位数相关系数法，Spearman ρ 相关系数法，Gini γ 关联系数法，尾部 λ 相关系数法等。结冰遭遇条件下的 Joe Copula 模型极值参量相关性度量值如表 8-10 所示。

表 8-10　Joe Copula 模型参量相关性度量

极值参量	τ	β	ρ	γ	λ^{up}
$[(\phi_{\max}, \alpha_{\max}), V_{\min}]$	0.1113	0.1087	0.1644	0.1279	0.1469
$[(V_{\min}, \alpha_{\max}), \phi_{\max}]$	0.4621	0.4618	0.6422	0.5205	0.5517
$[(V_{\min}, \phi_{\max}), \alpha_{\max}]$	0.2769	0.2739	0.4007	0.3464	0.3493

由表 8-10 可知，极值参量 $[(\phi_{\max}, \alpha_{\max}), V_{\min}]$ 的相关性较小，即当滚转角极值和迎角极值同时增大时，最小速度极值未必出现风险情况；极值参量 $[(V_{\min}, \alpha_{\max}), \phi_{\max}]$ 的相关性最高，即当最小速度极值和迎角极值同时逼近边界值时，滚转角极值往往也大概率逼近其边界。因此结冰条件下，当升力不足以维持当前飞行状态时，不能仅依靠拉杆增大迎角的方式满足升力需求，可能由迎角过大而引起飞机异常滚

转，从而导致飞机失控。同时也说明，结冰条件下飞机纵向和横航向耦合加剧，当飞行速度较低、迎角较大时，很有可能导致飞机滚转，这与 1994ATR-72 事故现象相吻合，事故调查显示，结冰后的飞机在 5° 迎角时发生异常滚转而导致飞机失控坠毁。因此，结冰后飞行状态参数耦合严重，是诱发飞行事故的重要原因之一。

8.5　本 章 小 结

本章将极值理论与 Copula 模型相结合，提出了一种基于多维极值理论的量化评估结冰飞行风险的方法。首先采用蒙特卡罗法提取相应飞行仿真极值参数，对其进行统计特性分析，得到极值样本具有厚尾特性；建立了结冰飞行风险判据，验证了极值样本符合一维广义极值分布，计算出一维极值飞行风险概率。在此基础上建立了二维和三维飞参极值分布模型，评估了二维/三维极值飞行风险概率。提出了多维极值飞行风险定量评估模型，解决了多个飞行极值参数耦合情形下飞行风险的定量评估难题，为结冰条件下飞机系统安全性分析提供了有效的分析工具。

第 9 章　结冰条件下人–机–环复杂系统分布式飞行仿真方法

为了进一步加强上述理论方法在工程上的实际应用,采用分布式实时仿真、反射内存网、混合现实 (MR) 等技术构建了结冰条件下分布式飞行安全仿真系统,为人在环的结冰模拟飞行,飞行风险实时告警,结冰对飞机飞行品质、飞行安全的影响研究提供了试验平台支撑。

9.1　分布式飞行仿真系统总体框架

由于设计的结冰条件下飞行安全仿真系统在运行时涉及大量的数学模型的解算,单台计算机难以胜任大规模实时并行计算和数据传输的要求,因此基于分布式仿真技术,根据功能将系统分为若干子系统,分别布置在不同节点,通过多机进行数据交互和运算仿真,实现系统整体的功能。图 9-1 为结冰条件下分布式飞行安全仿真实验系统的硬件结构图。按照设计思路,系统由主飞行仿真节点 (飞机仿真机

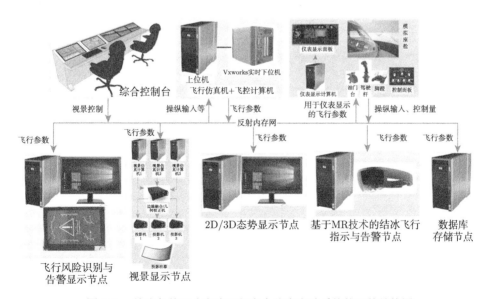

图 9-1　结冰条件下分布式飞行安全仿真实验系统的硬件结构图

和飞控计算机)、控制台节点 (综合控制台)、视景显示节点、飞行风险识别与告警显示节点、模拟座舱及飞行仪表显示节点、2D/3D 态势显示节点、基于 MR 技术的结冰飞行指示与告警节点、数据库存储节点共计 8 个节点构成。这些计算节点通过反射内存板卡、反射内存交换机及多模光纤互联，构成了一个以主飞行仿真节点为中心的拓扑网络。图 9-2 给出了该系统各功能模块运行后的示意图。

　　该系统主要实现以下功能：

(1) 结冰情形下人在环的飞行模拟仿真或全数字虚拟飞行仿真；

(2) 飞行风险的评估与实时告警；

(3) 结冰飞行风险云图的可视化显示与飞行操纵指引。

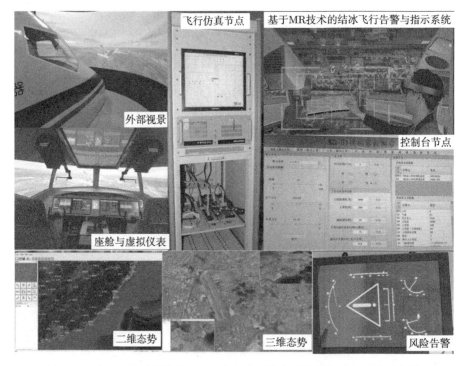

图 9-2　结冰条件下分布式飞行安全仿真系统各功能模块运行后的示意图

9.2　分布式飞行仿真系统组成

9.2.1　主仿真节点的构建

　　主飞行仿真节点主要实现飞行动力学仿真的功能，包括：飞机初始状态设置、飞行状态的配平、加载结冰气动模型、加载故障 (舵面卡阻、舵效降低、传感器故障、单侧除冰系统故障、发动机故障等)、加载风效应 (紊流、风切变、突风等)、加载边界保护、加载容冰重构飞行控制等功能,实现了人在环或全数字的虚拟飞行仿真。如图 9-3 为开发的背景飞机飞行仿真软件的主界面。图 9-4 给出了背景飞机结冰条件下飞行安全包线确定的软件界面。

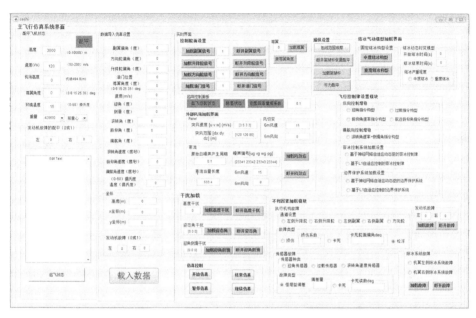

图 9-3 飞行仿真软件主界面

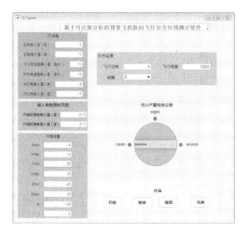
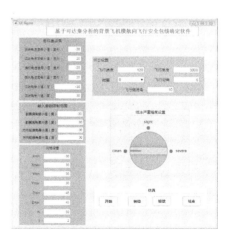

图 9-4 飞行安全包线确定的软件界面

针对结冰条件下背景飞机的飞行模拟仿真，不同严重程度结冰后的气动参数根据高精度流场数值计算和风洞测力试验得到的气动数据库进行插值计算。故障模型已经在第 4 章和第 5 章中进行了描述，这里不再赘述。外部风场模型根据 MIL-F-8785C 标准进行构建，用于模拟飞机在结冰环境飞行过程中遭遇外部风场影响时的动力学响应。容冰重构飞行控制律和边界保护模块分别在第 5 章和第 6 章中进行了叙述，两个模块分别嵌入背景飞机飞行控制系统中，为结冰情形下的飞行安全提供保障。上述模型统一基于 Matlab/Simulink 平台开发，通过 RTW(Real Time Workshop) 将 Simulink 搭建的仿真系统编译为实时系统 VxWorks 支持的 C 代码，将其下载到 LINKS-RT 实时仿真机即可进行实时运算。

经实时仿真机解算出来的飞行数据通过反射内存网络传递给其他需要的节点，如视景显示节点、虚拟仪表显示节点及 2D/3D 态势显示节点，实现对飞机飞行位置、姿态等信息的显示；数据库存储节点从主仿真节点接收飞行数据，并存储到数据库中，方便以后调用、分析；飞行风险评估与告警显示节点根据结冰条件下飞机特征参数的响应，实现对驾驶员操纵的实时告警，及时提醒驾驶员避免不当的操纵；同时根据结冰飞行时结冰部位、结冰严重程度、关键飞行参数超出安全范围的程度，以及飞行航线经过的结冰气象区域，为驾驶员提供综合的可视化预警；基于 MR 技术的结冰飞行指示与告警节点接收主飞行节点发送的数据，通过显示在 MR 头盔眼镜上的平视显示器 (HUD) 指示界面，为驾驶员提供操纵指引和告警。

9.2.2　控制台节点构建

控制台软件是整个系统中仪表显控、视景、音效等模块与主仿真节点的唯一数据交互接口，主要实现对飞行视景的控制、模型数据通信监视、虚拟仪表通信监视、音效控制、试验数据的记录与回放等功能。

(1) 如图 9-5(a) 所示，通过眼点控制可改变视景中的飞行视角，分别有 "驾驶员视角"、"飞机尾向视角"、"飞机前向视角"、"飞机后向视角" 及自由眼点设置选项。通过气象条件设置可改变飞行视景中的天气情况 (阴天、晴天、雨天和下雪天)；通过设置云层及结冰条件，可控制视景场景中云层的高度和厚度，而结冰气象参数 (大气温度、平均水滴直径、液态水含量等参数) 将影响云层的浓度及过冷水滴的含量。

(2) 如图 9-5(b)、(c) 所示，模型数据及虚拟仪表通信界面主要用于监视主飞行仿真节点传递给视景显示节点和虚拟仪表节点的飞行参数通信是否正常。

(3) 如图 9-5(d) 所示，数据曲线显示界面主要用于观察关键参数的响应曲线。

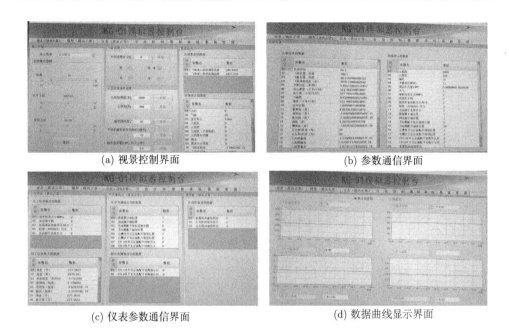

(a) 视景控制界面   (b) 参数通信界面

(c) 仪表参数通信界面   (d) 数据曲线显示界面

图 9-5 控制台软件界面

9.2.3 视景显示节点

如图 9-6 所示为视景显示系统的硬件组成。视景显示节点由投影仪、融合控制器、视景计算机及投影曲面柱幕组成。视景计算机根据飞行仿真机及综合控制台提供的飞机位置姿态、环境参数、眼点位置等信息，处理视景环境数据，生成逼真、稳定、实时的指定视场范围内的图像信息。然后通过融合控制器将各投影通道信号进行边缘融合，使得整张投影曲面柱幕上的画面没有任何物理的和光学的缝隙。

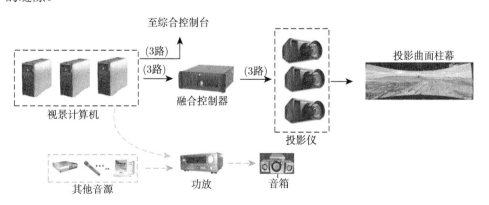

图 9-6 视景显示系统的硬件组成

　　为了逼真、形象地模拟结冰气象条件，通过控制台软件可控制视景系统实时改变气象状况，如雾效、云、雨、雪以及持续时间等。视景系统集成了全球地景数据库和大量的民用机场地景库，可为特定地形环境模拟训练飞行提供支撑；可从第三视角观察飞机三维模型及起落架、舵面等的动态变化。图 9-7～图 9-9 是具体模拟飞行时的视景图。

(a) 空中飞行的大场景效果　　　　　　　　(b) 着陆/滑行效果

图 9-7　空中飞行及地面滑跑场景

(a) 雨天效果　　　　　　　　　　　　　(b) 雪天效果

图 9-8　不同气象条件的模拟场景

(a) 层积云条件下飞行视景　　　　　　　(b) 积雨云条件下飞行视景

图 9-9　不同结冰气象条件下飞行视景

9.2.4 风险识别与告警系统

根据建立的飞行风险定量评估方法，构建了结冰条件下飞行风险评估与告警显示系统。由第 4 章研究内容可知，结冰条件下飞行风险的发生，与飞行迎角、飞行速度、滚转角等多个关键安全参数是否处在安全范围有关。为了使提出的飞行风险量化评估方法得到工程化的应用，需要动态实时识别飞行风险，并进行相应的告警显示。

为了避免由驾驶员不恰当操纵引起的结冰飞机飞行风险，这里以典型飞行风险发生时的人机耦合频率、姿态角 (主要是俯仰角、滚转角) 对操纵的相位滞后、驾驶员操纵幅值和舵面速率这四个特征参数为结冰条件下人在环操纵诱发飞行风险的特征参数组合。这里采用常用的模糊逻辑法进行操纵风险的识别，为驾驶员操纵提供告警提示。

模糊逻辑方法通过确定各特征参数 (即模糊逻辑变量) 的隶属函数，得到各参数的隶属度。其中隶属度指的是特征参数与逻辑判断的对应关系，其值在 0~1 变化，表征了根据参数变化进行逻辑判断的过程。这里采用钟形函数表征相位滞后和操纵幅值这两个参数的隶属度，采用梯形函数表征人机耦合频率和舵面偏转速率这两个参数的隶属度。在得到不同参数的隶属度之后，根据设计的模糊逻辑规则进行综合推理，预测飞机是否发生典型任务风险。如图 9-10 所示为安全操纵情形下和危险操纵情形下的风险识别显示界面。

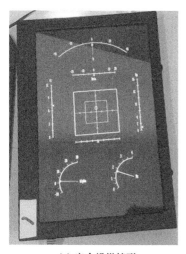 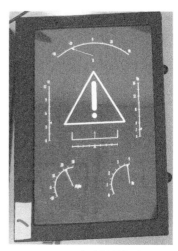

(a) 安全操纵情形   (b) 危险操纵情形

图 9-10 结冰条件下的实时操纵风险识别显示界面

如图 9-11 所示为设计的结冰飞行告警界面。其中图 9-11(a) 为结冰飞行告警信息显示界面。从中可以看到,界面将结冰位置及结冰等级 (实际上是由传感器探测到的,这里是通过仿真设定的)、结冰边界保护系统状态、除冰系统工作状态等信息用文字显示,并采用不同颜色标识飞机结冰部位和严重程度。这里设置绿色表示未结冰,黄色表示中度结冰,红色表示重度结冰,飞机结冰的部位将用该部位结冰严重程度标识的颜色进行覆盖,并在结冰告警信息框内进行着色显示。需要说明的是,由于结冰条件下放大角度襟翼将会使下洗流增强,易导致平尾失速,平尾负升力减小会使飞机进入俯冲状态,难以改出,因此需要对结冰条件下的襟翼角度进行限制,这里绿色表示安全的襟翼偏角范围,黄色代表需要密切注意的襟翼偏角范围,红色代表危险的襟翼偏角范围。

(a) 结冰飞行告警信息显示界面

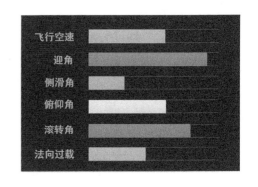

(b) 结冰条件下关键飞行参数超限告警界面

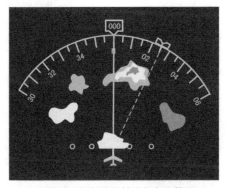

(c) 结冰飞行航线的结冰气象告警界面

图 9-11　结冰飞行告警界面

图 9-11(b) 为结冰条件下关键飞行参数超限告警界面。通过与仿真系统交联,获取飞行空速、迎角、侧滑角、俯仰角、滚转角、法向过载等关键参数值,根据

第 4 章提出的飞行安全谱算法对上述参数值进行处理，换算成安全值，安全值越大越安全，并以进度条形式进行动态显示。进度条从左往右变化时表示安全值逐渐减小，颜色会由绿变黄再变红。其中绿色表示参数值在设计的限制范围内；黄色表示参数值已有超限的趋势，需要密切关注；而红色表示参数值严重超限。以此色彩化的表现方式来实时显示关键安全参数的动态变化以及是否超限，用以提醒驾驶员密切关注飞行参数的变化，防止由不当操纵造成的参数超限。

图 9-11(c) 为设计的结冰飞行航线的结冰气象告警界面。FAR-25 部附录 C 中对易出现结冰的大气温度和气压高度范围进行了不同风险等级的划分。根据视景系统中结冰气象条件数据 (空气温度 $T(°C)$、液态水含量 $LWC(g/m^3)$、平均水滴有效直径 $MVD(μm)$、气压高度范围 $H(英尺)$) 及云层分布数据，将飞机前向 $180°$ 范围内的潜在结冰区按照划分的风险等级以不同颜色进行显示。其中绿色为结冰程度较轻的区域，黄色为结冰程度中等的区域，红色为结冰程度较为严重的区域。该气象告警界面可为驾驶员合理选择航线，避免进入结冰区域提供有效的指引。

9.2.5 模拟座舱及虚拟飞行仪表

根据典型大型飞机的座舱布置特征，构建了背景飞机的模拟座舱及虚拟飞行仪表 (图 9-12)，并加装了操纵杆、油门杆、侧杆、脚蹬等操纵机构。模拟座舱及飞行仪表显示节点作为人机交互接口，为驾驶员提供真实感和实时性强的飞行操纵模拟。该节点包括两个模块：座舱人机交互界面模块和座舱数据采集与发送模块。

座舱人机交互界面模块将飞机位置、姿态、发动机状态、各舵面偏转情况以虚拟仪表方式显示；座舱数据采集与发送模块用于采集和发送操纵杆、油门杆、脚蹬等操控设备的输入信号；以及采集与发送扰流板控制板、襟翼控制板、配平控制板、起落架控制板在内的控制面板信号。

(a) 座舱内部实景

(b) 座舱外部实景

(c) 操纵机构(从左至右，从上至下依次是中央杆、侧杆、油门杆及脚蹬)

(d) 主飞行仪表

(e) 起落架控制板

(f) "扰流板"、"襟翼"和"配平"虚拟控制板

(g) 顶控板

图 9-12　模拟座舱及虚拟飞行仪表

9.2.6 综合态势显示系统

研制了背景飞机二维态势和三维态势监测软件，通过与主仿真节点的数据交互，可实时监测飞机所处的地理位置 (经度、纬度和高度) 及飞行姿态，如图 9-13 所示。三维态势场景设置了多种视图进行观察，令结冰场景下飞机的飞行姿态和飞行轨迹得以在更广阔的视角下进行全方位的展示。

(a) 二维态势   (b) 三维态势

图 9-13　二维/三维态势显示界面

为了增强驾驶员结冰条件下操纵飞机的沉浸式体验，实现了结冰条件下动态 HUD 指示，开发了基于 MR 技术的结冰指示系统。

平视显示器 HUD 作为一种辅助显示设备，可以把飞机飞行信息 (如关键飞行参数、姿态、导航信息等) 投射到驾驶员视野正前方的透视镜上，使驾驶员保持平视的同时能够在同一视野兼顾仪表参数和外界参照物。相比于传统的低头观察飞行仪表的方式，HUD 显著增强了驾驶员的情境意识，节省了驾驶员低头抬头及眼睛焦距调整所产生的反应延迟，有效促进了飞行安全。考虑到实际民航使用的 HUD 设备造价较为昂贵，为了在设计的系统上实现 HUD 功能，提出基于 MR 技术来实现 HUD 动态指示功能的设计方案。具体来讲就是：通过让驾驶员佩戴微软开发的 HoloLens 头盔，采用增强现实技术将设计的 HUD 指示画面 (图 9-14) 动态显示到头盔的眼镜上，在不影响外部视野的情况下驾驶员能够实时掌握飞行姿态等信息。

从图 9-14 可以看到，该结冰飞行指示与告警系统主要是接入飞行仿真数据并且将数据显示在头盔眼镜上，主要包含以下四个模块：网络传输模块、显示界面模块 (UI)、手势识别模块，以及飞行姿态显示及告警信息模块 (HUD 模块)。其中网络模块负责将飞行参数数据接入 Hololens 增强现实眼镜中，UI 模块和手势识别模块分别负责管理用户手势输入及操作切换显示页面，飞行姿态显示及告警信息模块主要是将接受的飞行参数数据进行相应的算法处理，进一步显示在 HUD 界面上。

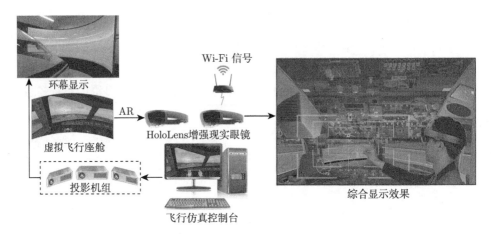

图 9-14　基于混合现实技术的结冰指示系统构架

图 9-15 为参照国内外典型的 HUD 设计方案设计的 HUD 飞行显示画面。主要是显示在飞行过程中飞机飞行速度、高度、迎角、侧滑角、垂直速度、航向角、滚转角和俯仰角等参数实时变化的值。为了增强驾驶员对飞行参数变化的敏

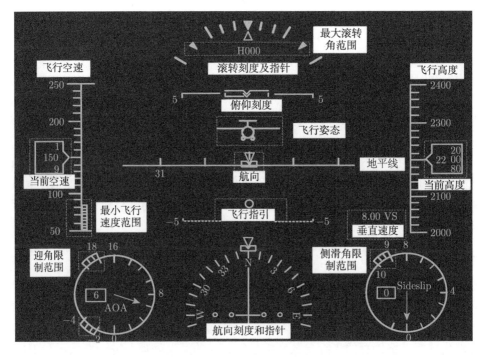

图 9-15　HUD 飞行显示画面

感性，除正常的 HUD 显示功能外，将迎角、侧滑角、滚转角、速度四个关键参数限制值 (如迎角限制、侧滑角限制、最大滚转角限制和最小空速限制) 加以指示，达到告警目的，防止驾驶员操纵不当引起某些飞行参数超限而引发飞机失控，实现对当前结冰飞行状态下风险的告警与关键参数动态边界的限制提示。

需要说明的是，图 9-15 中采用黑色的背景是本书中显示的需要，实际操作过程中，驾驶员看到的只是绿色的信息。

9.2.7 数据库存取及管理节点

基于 SQLserver 平台开发了数据库管理程序，可实现对飞行仿真数据的实时接收，支持结构化查询、显示，同时能够对历次仿真结果进行对比分析。软件的部分操作界面如图 9-16 所示。

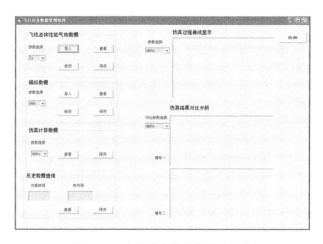

图 9-16 飞行仿真数据库管理软件

9.3 结冰条件下的飞行事故情境模拟复现

基于构建的结冰条件下分布式飞行安全仿真系统，开展背景飞机结冰条件下人在环的飞行模拟训练，使驾驶员能够体验结冰对飞机性能和操稳特性的影响。针对典型结冰飞行事故进行仿真模拟，为驾驶员在结冰条件下安全操纵飞机提供有效指导。

9.3.1 机翼结冰条件下的飞行事故模拟

下面分别给出在机翼结冰情形下背景飞机的正常着陆及发生事故的仿真模拟。仿真条件设置为：初始高度为 500m，以 $-3°$ 航迹角、速度 85m/s 对准跑道中心线下滑，飞机的控制增稳系统采用航迹角指令控制构型。设定在着陆进近前穿越结冰气象区域时机翼结冰。图 9-17 和图 9-18 分别给出了驾驶员在错误操纵和正确操纵情形下的着陆轨迹。

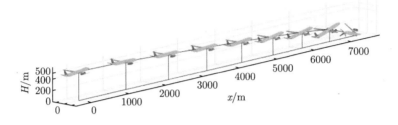

图 9-17　错误操纵情况下的着陆轨迹

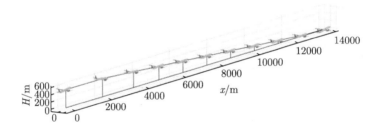

图 9-18　正确操纵情况下的着陆轨迹

由机翼结冰导致飞机升力降低，阻力增加，失速迎角减小，失速速度增大。飞机在着陆进近拉平阶段时，驾驶员需要拉杆调整飞机的俯仰姿态，减小垂直下降速度和航迹俯仰角，在此期间飞机迎角可能会超出失速迎角而导致飞机失速。如图 9-17 所示，驾驶员拉杆使飞机抬头的错误操纵，导致飞机迎角进一步增大，由于大迎角情形下气动耦合导致飞机横滚失控，最终坠地。而正确的操纵策略是：驾驶员在整个着陆过程中密切注意飞行速度和迎角值的变化，确保其在安全范围内。当飞机飞行速度接近失速速度时，应该快速推油门杆加速，并适当减少拉杆量，保证迎角逐渐减小，在飞行速度大于失速速度后，缓慢拉杆完成着陆。《航空器驾驶员低温冰雪运行指南》咨询通告中建议：当机翼上存在积冰时，最好以高于正常的进近速度执行无襟翼着陆，与本书的处置方案相同。但由于增加了着陆进近的速度，因此需要更长的跑道距离，如图 9-18 所示。在机翼结冰程度较大时应该果断提前改出，不宜进行着陆进近。

9.3.2　副翼夺权条件下的飞行事故模拟

当飞机遭遇积冰，特别是在过冷大水滴 (SLD) 条件时，如果在机翼前缘冰防护区之后、副翼前方累积形成展向冰脊，可能会导致飞机副翼异常偏转或操纵力矩异常增大，进而引发飞机出现非正常的横滚姿态。本书基于该场景进行了仿真模拟。设定飞机从高度 4336m 处飞行时结冰，发生副翼夺权现象。图 9-19 为该飞行事故的飞行轨迹。

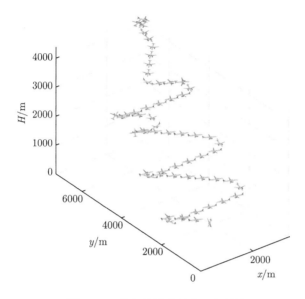

图 9-19 某起结冰事故的飞行轨迹

从图 9-19 可以看到，发生副翼夺权后，驾驶员试图重新获得飞机横向控制权，然而，冰脊导致副翼的铰链力矩增大，驾驶员很难能够控制副翼以平衡横滚姿态，最终导致飞机失控坠地。结合该事故的调查报告和相关数据可知，本书模拟的结冰导致副翼夺权发生飞行事故过程中的运动趋势与真实事故过程相似，说明基于开发的结冰条件下分布式飞行安全仿真实验系统对已有飞行事故进行模拟分析是合理可行的。

设计的结冰条件下分布式飞行安全仿真系统具有以下的功能：

(1) 开展复杂状态的预防与改出培训 (Upset Prevention and Recovery Training，UPRT) 训练和失控 (Loss of Control，LOC) 相关问题的试验研究；

(2) 对飞行事故进行重现，并查找事故诱因，寻找应对方案；

(3) 使驾驶员能够准确体验结冰对飞机性能和操稳特性的影响，训练驾驶员在结冰、舵面故障等不利因素耦合下的应急操纵和处置措施，探索结冰条件下可能让飞机失控的不利机动，以及如何规避这些机动。

9.4 本 章 小 结

本章在前文结冰条件下气动特性与飞行动力学特性、飞行风险定量评估与可视化、容冰控制与边界保护、操纵应对等相关内容研究的基础上，利用半实物仿真方法，设计了结冰条件下分布飞行安全仿真系统，对提出的理论方法进行了工程实现与验证。通过前期积累的结冰风洞试验数据及 CFD 高精度计算数据，构建了全包线范围内结冰导致飞机气动力变化的数据库，能够有效实现背景飞机遭遇典型结冰条件时的人在环操纵模拟。除此以外，设计的结冰条件下分布式飞行安全仿真系统具有以下的功能：

(1) 开展预防飞行失控相关问题的试验研究；

(2) 对飞行事故进行重现，并查找事故诱因，寻找应对方案；

(3) 使驾驶员能够准确体验结冰对飞机性能和操稳特性的影响，训练驾驶员在结冰、舵面故障等不利因素耦合下的应急操纵和处置措施，探索结冰条件下可能让飞机失控的不利机动，以及如何规避这些机动。

第 10 章　背景飞机动力学相似模型构建

前面几章着重介绍了从理论数值模拟手段开展背景飞机结冰状态下空气动力学和飞行动力学特性的研究工作，接下来主要介绍基于风洞试验手段模拟背景飞机带冰构型气动与操稳特性，为验证理论数值模拟计算结果的准确性提供数据支持。

风洞虚拟飞行是由风洞试验技术的发展进步而衍生出来的，它放开飞机模型的部分运动约束，在飞控系统的作用下实现在风洞流场中的模拟飞行，并通过记录飞行状态参数分析研究飞机的空气动力学、飞行力学和控制响应特性。风洞虚拟飞行试验技术将风洞用于空气动力学的研究拓展到研究飞行本身。动力学相似模型是风洞虚拟飞行试验的直接研究和验证对象。构建背景飞机动力学相似模型一般要完成模型几何参数确定、质量特性参数计算、模型结构设计与加工，以及模型质量特性参数的调配等工作。由于缩比之后飞机模型尺寸较小，内部空间紧凑，不利于机载测控器件安装和模型质惯量调配，这是动力学相似模型设计和加工的难点。本章将围绕动力学相似模型构建，阐述风洞模型飞行试验遵循的相似准则、动力学相似模型设计加工要求，以及背景飞机动力学相似模型的设计和加工结果。

10.1　动力学相似准则

10.1.1　动力学相似准则简介

文献 [228] 对风洞动态试验相似准则进行了讨论，从 6DOF 方程推导了动态风洞试验需要满足的运动相似参数，从 N-S 方程中得到满足流动相似的相似参数，并针对强迫运动、虚拟飞行和自由飞行三类风洞动态试验，提出了具体的相似参数模拟要求。下文详细介绍相似参数的推导过程。

对于飞机动态试验问题，飞机在整个历程中受到的气动力不仅取决于当前的飞行状态，还跟运动历程密切相关。飞机的绕流流场满足流动方程，而飞机的运动满足 6DOF 运动方程。飞机的运动会影响到周围流场。在进行过失速机动问题的风洞研究中，不能仅仅考虑流场的相似，还应该考虑飞机运动的相似问题。从飞机运动方程入手，推导飞机运动的动力学相似准则。以下推导过程中，带有上标 "′" 的参数表示风洞试验中模型的运动参数，否则表示实际飞行中的运动参数。

在气流坐标系下，假设模型的运动自由度没有受到任何约束，则风洞模型运动的 6DOF 运动方程可如下表示：

$$
\frac{\mathrm{d}v'}{\mathrm{d}t'} = \frac{1}{m'} T' \cos\left(\alpha' + \delta_T'\right) \cos\left(\beta' + \delta_T'\right)
$$

$$
- \frac{1}{m'} X' - g'\left(\sin\theta'\cos\alpha'\cos\beta'\right.
$$

$$
\left. - \cos\theta'\cos\gamma'\sin\alpha'\sin\beta' - \cos\theta'\sin\gamma'\sin\beta'\right)
$$

$$
\frac{\mathrm{d}\alpha'}{\mathrm{d}t'}\cos\beta' = \omega_z'\cos\beta' - \left[\frac{1}{m'v'}T'\sin\left(\alpha'+\delta_T'\right) + \frac{1}{m'v'}Y'\right.
$$

$$
- \frac{1}{v'}g'\left(\sin\theta'\sin\alpha' + \cos\theta'\cos\gamma'\cos\alpha'\right)
$$

$$
\left. + \omega_x'\cos\alpha'\sin\beta' - \omega_y'\sin\alpha'\sin\beta'\right]
$$

$$
\frac{\mathrm{d}\beta'}{\mathrm{d}t'} = -\frac{1}{m'v'}T'\cos\left(\alpha'+\delta_T'\right)\sin\left(\beta'+\delta_T'\right) - \frac{1}{m'v'}Z' \tag{10.1}
$$

$$
+ \frac{1}{v'}g'\left(\sin\theta'\cos\alpha'\sin\beta' + \cos\theta'\cos\gamma'\sin\alpha'\sin\beta'\right.
$$

$$
\frac{\mathrm{d}\omega_x'}{\mathrm{d}t'}\left(1 - \frac{J_{xy}'^2}{J_x'J_y'}\right) = \frac{q'S'l'}{J_x'}\left(m_x' + \frac{J_{xy}'}{J_y'}m_y'\right) + \left(\frac{J_y'-J_z'}{J_x'} + \frac{J_{xy}'^2}{J_x'J_y'}\right)\omega_y'\omega_z'
$$

$$
+ \left(\frac{J_z'-J_x'}{J_y'} - 1\right)\frac{J_{xy}'}{J_x'}\omega_x'\omega_z'
$$

$$
\frac{\mathrm{d}\omega_y'}{\mathrm{d}t'}\left(1 - \frac{J_{xy}'^2}{J_x'J_y'}\right) = \frac{q'S'l'}{J_x'}\left(m_y' + \frac{J_{xy}'}{J_y'}m_x'\right) + \left(\frac{J_z'-J_x'}{J_y'} - \frac{J_{xy}'^2}{J_x'J_y'}\right)\omega_x'\omega_z'
$$

$$
+ \left(\frac{J_y'-J_z'}{J_x'} + 1\right)\frac{J_{xy}'}{J_y'}\omega_y'\omega_z'
$$

$$
\frac{\mathrm{d}\omega_z'}{\mathrm{d}t'} = \frac{q'S'l'}{J_x'}\omega_z' + \frac{J_x'-J_y'}{J_z'}\omega_x'\omega_y' + \frac{J_{xy}'}{J_z'}\left(\omega_x'^2 - \omega_y'^2\right)
$$

相似模型与全尺寸飞机之间各个参数的相似关系为

$$\begin{cases} t' = k_t t, \quad v' = k_v v \\ l' = k_l l, \quad S' = k_z S = k_l^2 S \\ m' = k_m m, \quad g' = k_g g \\ T' = k_T T, \quad X' = k_X X, \quad Y' = k_Y Y, \quad Z' = k_Z Z \\ q' = k_q q \\ J' = k_J J \\ \alpha' = k_\alpha \alpha, \quad \beta' = k_\beta \beta, \quad \theta' = k_\theta \theta, \quad \gamma' = k_\gamma \gamma \\ \omega' = k_\omega \omega \\ m'_x = k_{m_x} m_x, \quad m'_y = k_{m_y} m_y, \quad m'_z = k_{m_z} m_z \end{cases} \quad (10.2)$$

没有发动机推力偏角，即 $k_T=0°$。将上述相似关系代入运动方程中，整理得到以下相似参数：

$$\begin{cases} \dfrac{k_v}{k_t k_g} = 1 \\ \dfrac{k_T}{k_m k_g} = 1, \quad \dfrac{k_R}{k_m k_g} = 1 \\ k_\omega k_t = 1 \\ \dfrac{k_q k_l^3 k_t k_{m_x}}{k_J k_\omega} = 1 \end{cases} \quad (10.3)$$

其中，k_R 表示的是气动力学相似关系。

在模型与飞机几何外形相似、自由度相同的条件下，可推导出运动的相似参数：

$$\begin{cases} \omega' \dfrac{l'}{v'} = \omega \dfrac{1}{v} \\ \dfrac{v'}{g't'} = \dfrac{v}{gt} \Leftrightarrow \dfrac{v'^2}{g'l'} = \dfrac{v^2}{gl} \\ \dfrac{m'}{m} = \left(\dfrac{l'}{l}\right)^3 \dfrac{\rho'}{\rho} \\ \dfrac{J'}{J} = \left(\dfrac{l'}{l}\right)^5 \dfrac{\rho'}{\rho} \end{cases} \quad (10.4)$$

其中，第一项为斯特劳哈尔数 Sr 相同，第二项为弗劳德数 Fr 相同。类似地，从流场流动的方程中推导出流动的相似参数。以二维为例，沿 x 向的模型流动的 N-S

方程：

$$\rho'\frac{\partial v'_x}{\partial t'} + \rho'v'_x\frac{\partial v'_x}{\partial x'} + \rho'v'_y\frac{\partial v'_x}{\partial y'} = \rho'f'_x - \frac{\partial p'}{\partial x'} + \frac{\partial}{\partial x'}\left[2\mu'\frac{\partial v'_x}{\partial x'} - \frac{2}{3}\mu'\left(\frac{\partial v'_x}{\partial x'} + \frac{\partial v'_y}{\partial y'}\right)\right]$$
$$+ \frac{\partial}{\partial y'}\left[\mu'\left(\frac{\partial v'_x}{\partial y'} + \frac{\partial v'_y}{\partial x'}\right)\right] \tag{10.5}$$

模型与飞机各个参数间的相似关系为

$$\begin{cases} \dfrac{x'}{x} = \dfrac{y'}{y} = \dfrac{l'}{l} = k_l, \quad \dfrac{t'}{t} = k_t \\[2mm] \dfrac{v'_x}{v_x} = \dfrac{v'_y}{v_y} = \dfrac{v'}{v} = \dfrac{k_l}{k_t} = k_v \\[2mm] \dfrac{f'_x}{f_x} = \dfrac{f'_y}{f_y} = \dfrac{g'}{g} = k_g \\[2mm] \dfrac{p'}{p} = k_p, \quad \dfrac{\rho'}{\rho} = k_\rho, \quad \dfrac{\mu'}{\mu} = k_\mu \end{cases} \tag{10.6}$$

将式 (10.6) 代入上述 N-S 方程中，经过整理得到的主要相似参数有

$$Sr = \frac{l}{vt} = \frac{lf}{v}, \quad Fr = \sqrt{\frac{v^2}{gl}}, \quad Ma = \frac{v}{a}, \quad Re = \frac{\rho vl}{\mu} \tag{10.7}$$

式 (10.1)~式 (10.7) 中参数符号的说明如表 10-1 所示。

表 10-1　符号说明表

参数	说明	参数	说明	参数	说明
V	速度	S	参考面积	α	迎角
t	时间	L	参考长度	β	侧滑角
m	质量	M_x	滚转力矩系数	θ	俯仰角
g	重力加速度	M_y	偏航力矩系数	γ	滚转角
T	推力	M_z	俯仰力矩系数	δ_T	发动机推力偏角
X	阻力	J_x	绕模型质心 x 轴转动惯量	ω_x	绕 x 轴角速度分量
Y	升力	J_y	绕模型质心 y 轴转动惯量	ω_y	绕 y 轴角速度分量
Z	侧力	J_z	绕模型质心 z 轴转动惯量	ω_z	绕 z 轴角速度分量
q	动压	J_{xy}	对 x、y 轴的惯性矩	k_A	参数 A 的缩比系数

对于低速风洞虚拟飞行试验而言，试验中释放了模型三轴转动自由度，但平动自由度受到限制，模型能够在气动力矩的作用下自由转动。因次，在虚拟飞行

试验中，保证运动相似需要考虑的相似参数主要是 Sr 数，即 $\omega'\dfrac{l'}{v'} = \omega\dfrac{l}{v}$，和转动惯量相似，$\dfrac{J'}{J} = \left(\dfrac{l'}{l}\right)^5 \dfrac{\rho'}{\rho}$。在几何相似条件下，飞机几何尺寸缩比 $k_l = l'/l$，采用量纲分析方法，可建立原尺寸飞机与动力学相似模型之间物理量的对应关系，推导结果如表 10-2 所示。

表 10-2 动力学相似模型比例系数

相似参数类型	参数	尺度因子	参数	尺度因子
动力学相似模型比例系数	线性尺寸	K	惯性矩	K^5
	相对密度	I	线速度	$K^{0.5}$
	弗劳德数	I	角速度	$K^{-0.5}$
	力	K^3	角加速度	K^{-1}
	力矩	K^4	时间	$K^{0.5}$
几何相似参数	平均气动弦长	K	机翼面积	K^2
	翼展	K	传感器安装位置	K
大气飞行相似参数	高度	I	大气密度	I
	马赫数	$K^{0.5}$	—	—

从表中可以看到，弗劳德数 Fr 和马赫数 Ma 不能同时模拟。动力学相似要求飞机与模型的弗劳德数必须相等，那么相同高度下马赫数就变为全尺寸飞机的 $N^{0.5}$ 倍。一般情况下，在低速飞行区间，马赫数对飞机气动特性影响较小，因此这种模拟是可以接受的。

对于控制系统而言，除了保证控制系统在组成和结构上与原型机相似以外，对其通道上的每个部件还要进行相似变换，具体比例关系如表 10-3 所示。主要包括：

(1) 动态环节的特征参数。比如舵机和传感器的带宽，舵机的偏转速率，滤波器、清洗网络和校正环节的带宽或时间常数等；频带要变宽，时间常数要变小。

(2) 采样周期和采样频率。模型机的采样周期要减小，采样频率要增大。

(3) 反馈增益。角速率和角加速度增益要减小，迎角、侧滑角增益保持不变。

表 10-3 飞行控制系统相似参数

参数	尺度因子	参数	尺度因子
舵机带宽和速率	$N^{-0.5}$	角度反馈增益	1
传感器带宽	$N^{-0.5}$	角速度反馈增益	$N^{0.5}$
滤波器带宽	$N^{-0.5}$	角加速度反馈增益	N
动态频率	$N^{-0.5}$	控制周期	$N^{-0.5}$

10.1.2   动力学相似模型参数计算

在模型尺寸的选取上，需综合考虑以下几个因素：为保证试验中模型处于流场中心区，一般要求模型的展长小于风洞宽度的 65%；试验模型尺寸尽可能大，这样模拟更为真实，模型的质量、惯量调整更为便捷，模型加工更方便实现。根据风洞虚拟飞行试验要求，试验模型要求动力学相似。假设模型原型机质心位置为 X_{cg}，质量为 m，三轴主惯量分别为 J_x、J_y 和 J_z，特征长度为 l，典型飞行高度上大气密度为 ρ，并用下标 m 区分模型飞机对应的参数，则模型质心、质量及惯量参数分别由以下各式计算确定：

$$\left(\frac{X_{cg}}{cA}\right)_{m} = \left(\frac{X_{cg}}{cA}\right)_{f} \tag{10.8}$$

$$m_{m} = m\left(\frac{l_{m}}{l}\right)^{3}\frac{\rho_0}{\rho} \tag{10.9}$$

$$J_{x_{m}} = J_x\left(\frac{l_{m}}{l}\right)^{5}\frac{\rho_0}{\rho} \tag{10.10}$$

$$J_{y_{m}} = J_y\left(\frac{l_{m}}{l}\right)^{5}\frac{\rho_0}{\rho} \tag{10.11}$$

$$J_{y_{m}} = J_y\left(\frac{l_{m}}{l}\right)^{5}\frac{\rho_0}{\rho} \tag{10.12}$$

以上各式中，下标 “m” 表示对应缩比模型的参数。根据式 (10.8)~式 (10.12)，由参考飞机质量特征参数可计算出不同模拟高度下模型的质量、质心和转动惯量特性数据。

10.2   动力学相似模型设计与加工要求

10.2.1   动力学相似模型设计

参考相关风洞模型设计要求，风洞虚拟飞行试验模型设计应以真实飞机理论外形的三维数模为基础，模型的设计、制造以及检验宜采用真实飞机经过相应缩比的理论外形三维数模。试验模型与真实飞行器应该具有几何上及动力学上的相似性。

1. 虚拟飞行动力学相似模型设计要求

(1) 飞机模型设计遵循的几何相似准则如下:

(A) 模型的主要几何外形应与真实飞机理论外形相似;

(B) 对喷气发动机的进气口和尾喷口, 根据试验要求, 可设计成通气形式或用进气道堵块和尾喷口堵块近似模拟;

(C) 飞机上小的外露物及凸出物, 如风速管、天线、炮口、铆钉、口盖, 以及表面粗糙度和波浪度等, 在条件允许的情况下应进行模拟, 对于机身前部, 表面区域投影面积超过 10mm^2, 高度超过 1mm 的部件应该相似模拟。

(D) 允许模型操纵面偏转机构的某些不模拟真实飞机的小部件暴露在气流中。

(2) 飞机模型在满足试验要求的前提下, 要求结构简单、拆装方便、多次安装重复性精度高、部件互换型号。

(3) 飞机模型的最大迎风面积不宜超过风洞试验段截面积的 5%。

(4) 展弦比大于或等于 8 的飞机模型, 机翼翼展不宜超过风洞试验段宽度的 70%;展弦比在 3~8 之间的飞机模型, 机翼翼展和试验段宽度之比不宜超过 50%~65%。

(5) 飞机模型的长度应根据飞机模型试验的风洞流场品质确定, 常规细长飞机模型长度应该小于风洞试验段长度的 60%, 细长体模型应小于风洞试验段长度的 70%。

(6) 飞机模型的质量根据动力学相似准则计算, 并综合考虑模型比例和支撑装置承载能力加以确定。

2. 飞机模型强度和刚度设计要求

(1) 飞机模型强度校核部位。

(A) 机翼和其他翼面根部;

(B) 操纵面的转轴或角度偏角片及其固定件;

(C) 模型支撑点的连接部件;

(D) 机载设备安装点的连接部件。

(2) 飞机模型强度计算安全系数不宜小于 3。

(3) 飞机模型设计时应充分考虑模型刚度, 对模型进行刚度校核。

3. 飞机模型刻线要求

飞机模型总装完成以后, 应按照以下要求作出模型刻线:

(1) 机身的水平基准线;

(2) 机身参考面 (即机身对称面) 与机身的交线;

(3) 翼弦平面与机翼以及其他翼面前缘和侧缘的交线;

(4) 外挂物的中心线及其在机翼、机身上的位置线;

(5) 刻线宽度小于 0.2mm, 深度小于 0.2mm。

10.2.2　动力学相似模型加工

模型设计完成并通过设计评审以后, 就可以将生产图纸或数模交付具备非金属模型加工生产资质的厂家进行加工制造。交付加工时, 模型设计方一般提出模型加工要求、模型材料要求、模型验收要求, 以及包装运输等方面的要求。

1. 模型加工要求

零部件外形按照数模加工, 有配合要求的零部件须配作。加工完毕后, 应根据装配图进行组装, 检测配合和干涉情况, 保证装配精度符合技术要求。对关键结构件 (机翼加强筋、主支撑板等) 应进行无损检测。

主要要求如下所述。

(1) 模型总装后全机整体表面与基准误差不大于 0.2mm, 接缝处可适当放宽要求; 表面粗糙度为 0.8。

(2) 组装后的模型各型面应当光顺, 不可有逆向台阶, 其顺气流台阶应小于 0.2mm; 连接螺钉、销钉不许突出表面, 要修锉平顺; 同时, 螺钉、销钉长度不得突出内孔壁; 所有外露连接处、口盖的容许阶差和间隙不大于 0.3mm。

(3) 模型机翼镂空铝制骨架为整体加工成型, 表面覆上碳纤维蒙皮后, 要求翼尖与基准误差不大于 1mm。

(4) 模型内部舵机、连杆与各舵面装配后, 舵面偏转角度间隙要求不大于 0.25°; 配套附件中用于标定舵面的角度尺其最小刻度小于 0.25°。

(5) 模型总的质量、惯量与设计值偏差要求在 5% 以内。模型非金属零件 (如蒙皮外壳、口盖等) 的质量偏差在 ±1g 以内, 金属部件 (如舵面偏转组件) 的质量偏差在 ±2g 以内。

(6) 模型主体喷涂白色, 活动舵面喷涂蓝色。

2. 模型材料要求

为保证模型外形加工精度, 模具材料可采用 7075 铝或者 45 钢。为满足质量、惯量模拟要求, 机身、机翼蒙皮采用碳纤维 T800、全机碳纤维壳体除机翼厚度为 0.7mm 外, 其余均为 0.3mm。机身骨架采用碳纤维板, 机翼骨架采用 7075-T651、舵面拉杆采用 0Cr25Ni20 钢, 机翼、平尾和立尾内部采用聚甲基丙烯酰亚胺 (PMI) 泡沫填充。

10.2.3　质量特性参数模拟

模型质量特性调配的目的是, 使缩比模型与背景飞机的质心位置、质量和惯量参数满足动力学相似准则, 从而能够在风洞试验中准确模拟背景飞机的运动特性。由于模型的设计与加工无法完全做到与理论状态完全一致，在进行风洞虚拟飞行试验之前，还需根据具体模拟的模型构型和飞行状态进行质量特性参数调配。

根据原型机质惯量特性参数和飞行状态，使用式 (10.8)～ 式 (10.12) 计算缩比模型的质心、质量和惯量等参数。有条件的情况下，可采用质量特性测试仪器进行模型质量特性参数的测量与调配，即 ZLZX-15/29 型质量/质心测试装置和 CGL-15/29 型赤道转动惯量测试装置，如图 10-1 所示，该质量特性测试仪器的精度指标如下：

(1) 质量测量精度，1g；

(2) 质心位置测量精度，0.1mm；

(3) 转动惯量测量精度，0.1g·m²。

(a) 质量/质心测试仪器   (b) 转动惯量测试仪器

图 10-1   质量特性测试仪器

在进行模型质量特性参数调试时，首先开展模型质量特性初测工作，测量模型初始质量、质心位置、各轴转动惯量值，评估其是否满足试验模拟参数范围的质量特性调配需求，对于出厂值即已超出试验模拟目标值的模型，应进行模型修改，或调整试验模拟参数范围 (如模拟飞行高度、速度等)。安装配重块，调节模型质量特性状态至试验所需的质量特性参数值。调节时可按照重心位置 → 滚转惯量 → 俯仰惯量 → 偏航惯量 → 总质量的顺序依次调节。调节重心位置时可对重心前后配重螺杆上的配重块按照距离比例进行分配；滚转惯量一般可独立调节而对其他参数影响较小；俯仰惯量需在保持重心位置的基础上按比例分配前后配重块质量；通常，滚转惯量及俯仰惯量配置完毕后，偏航惯量只需细调即可达到目标值；模型整体重量的不足部分可通过在重心附近的螺杆上增加配重块完成。

在缩比模型的风洞飞行试验中，质量特性参数调配一般按照如下允许误差进行：

    (1) 质心位置误差小于 1mm；

    (2) 质量误差小于 0.5%；

    (3) 转动惯量误差小于 5%。

10.3　背景虚拟飞行模型设计

10.3.1　背景飞机基本参数

背景飞机参考 B737、A320 等典型大型客机设计，具备大型客机的基本空气动力学和飞行力学特征。各型现役飞机和背景飞机的相关总体参数如表 10-4 所示，表中背景飞机参数作为原型机参数，用于虚拟飞行动力学相似缩比模型的设计，并先后用于风洞测力试验和风洞虚拟飞行试验。

表 10-4　背景飞机基本几何参数

参数名称	飞机型号		
	B737	A320	背景飞机
机身长度/m	39.460	37.570	38.200
机翼参考面积/m^2	124.8	122.4	124.0
机翼半展长/m	17.160	16.955	17.050
平均气动弦长/m	3.920	4.190	4.150
展弦比	9.44	9.40	9.42
梢根比	0.26	0.25	0.25
1/4 弦线后掠角/(°)	26.0	24.9	26.0

在综合调研而形成背景飞机总体参数的基础上，参照相关公开数据，设计了背景飞机舵面形状、尺寸、位置等局部几何参数，形成了背景飞机三面图，并对相关特征参数进行了汇总。背景飞机的三面图如图 10-2 所示，其质量特性参数见表 10-5 所示。

表 10-5　背景飞机全机质量特性

质量/kg	重心/m			转动惯量/(kg·m^2)		
	X	Y	Z	滚转	俯仰	偏航
72000	17.170	−1.000	0.00	1658755	3802630	5306326

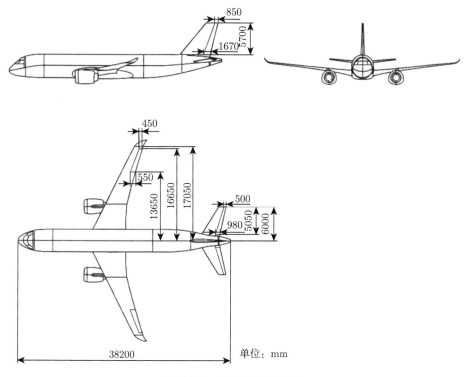

图 10-2   背景飞机三面图

10.3.2   动力学相似模型参数

背景飞机缩比试验模型在 FL-14 风洞开展，该风洞射流出口直径为 3.2m，试验段射流区长度为 5m。根据风洞试验段尺寸，确定模型比例为 1∶20。几何缩比后，模型机身长度为 1.945m，翼展为 1.782m，参考面积为 0.31m²。动力学相似模型的质量特性参数，除了与原型机的质量分布特性有关以外，还与模拟飞行高度有关。根据动力学相似公式 (10.8)~(10.12)，可计算出模拟飞行高度为 3000m~5000m 时虚拟飞行试验模型的质量特性参数，如表 10-6 所示。

表 10-6   虚拟飞行试验模型质量特性

模拟高度 H_{ds}/m	大气密度比	模型质量 /kg	重心位置 /mm	重心高度 /mm	转动惯量/(kg·m²)		
					滚转	俯仰	偏航
3000	0.790	11.389	1039.65	−50	0.6559	1.5037	2.0983
4000	0.712	12.640	1039.65	−50	0.7280	1.6689	2.3288
5000	0.640	14.065	1039.65	−50	0.8101	1.8571	2.5915

10.3.3   动力学相似模型

模型主要结构设计成由机身蒙皮–口盖、机身骨架组件、机翼组件、副翼组件、垂尾组件等部件组成，如图 10-3 所示。模型设计冻结后，模型飞机长度为 1.945m，展长为 1.782m，设计质量为 12.64kg。模型内部安装风标、姿态测量传感器及舵机等记载设备。材料依据质量分布控制的要求选用 7075-T651、0Cr25Ni20 钢、碳纤维以及 PMI 泡沫等。

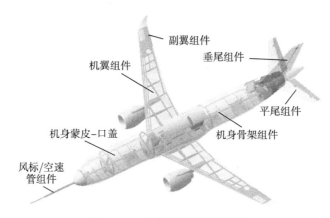

图 10-3   试验模型结构设计图

动力学相似模型用于开展虚拟飞行试验之前，需要标定风标传感器，标定舵机指令信号与舵面偏度之间的关系，以及调配模型质量分布，为此还需要设计标定风标的转接头、测量舵面偏转的角度尺 (图 10-4)，以及辅助质量特性参数测量的卡具 (图 10-5) 等配套零部件。根据风洞虚拟飞行试验对舵面偏转精度的要求，角度尺的最小刻度设计为 0.5°，测量时卡尺与舵面转轴垂直。

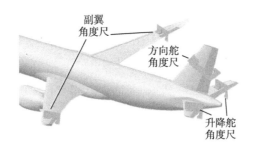

图 10-4   舵面偏度测量角度尺

在模型设计的主要结构件中，机翼骨架承载了试验中模型所受的主要力和力矩，根据试验最大设计风速 40m/s 对其进行强度和刚度的校核。校核指标包括安全系数不小于 3，最大位移变化量不超过 1mm。设计时应用 SolidWorks 有限元分析模块进行计算，应力分布见图 10-6。从分析结果可知，模型结构骨架受到的最大应力为 7748.5N/m²，远小于材料的屈服应力，故刚度和强度满足指标要求，可用于开展风洞虚拟飞行试验。

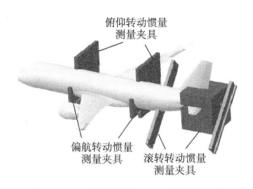

图 10-5　模型质量特性参数测量卡具

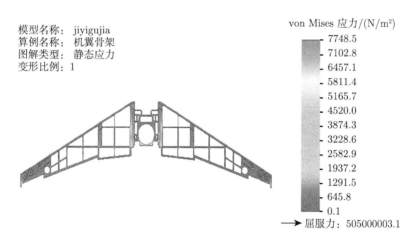

图 10-6　机翼骨架应力云图

10.3.4　机翼/平尾模拟冰形

前述动力学相似模型研制的目的是用于在风洞中开展虚拟飞行试验，验证结冰条件下背景飞机的操稳特性。故开展风洞虚拟飞行试验时，还需要根据飞机实际结冰形态对冰形进行缩比设计。考虑到飞机结冰的质量相对于飞机本体结构质量一般来说很小，因此试验中对结冰的模拟仅仅考虑几何尺寸的相似。采用 CFD 计算获得的机翼前缘和平尾前缘结冰模拟冰形，包括中度冰形和重度冰形，结果如图 10-7 所示。按照 1:20 的比例几何缩比后，冰形的尺寸如表 10-7 所示。

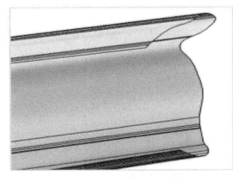 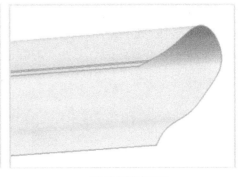

(a) 机翼前缘冰形　　　　　　　　　　　　　　　(b) 平尾前缘冰形

图 10-7　CFD 仿真得到的模拟冰形

表 10-7　模拟冰形设计参数

部位及结冰程度		宽度/mm	厚度/mm
机翼前缘	中度冰形	2.5	1
	重度冰形	5	3
平尾前缘	中度冰形	5	2
	重度冰形	10	6

10.4　虚拟飞行试验模型

制造完成的背景飞机动力学相似模型如图 10-8 所示，比例为 1:20。从布局形式看，模型由机身、机翼、尾翼、短舱、操纵舵面及机头空速管/风标组件构成。从结构看，模型由 7075-T651 机身骨架、碳纤维蒙皮、PMI 填充泡沫以及机载设备等构成。机载设备包括机头空速管/风标组件、机身内部航姿传感器、舵面驱动舵机、大气计算机，以及用于运动支撑的球面轴承，详细信息后文将进一步介绍。

左右机翼前缘和平尾前缘粘贴了模拟冰形，包括中度和重度两种冰形，冰形采用 3D 打印技术制造，材料为环氧树脂。为减少装配对冰模型外形的破坏，使用时用双面胶将冰模型与机翼/平尾黏接。图 10-9 为风洞虚拟飞行试验中冰形安装后的照片。

模型主要采用了蓝色涂装，红色部分为操纵舵面，包括升降舵、方向舵和副翼。该模型用于开展模拟结冰条件下的气动力测量试验和风洞虚拟飞行试验。

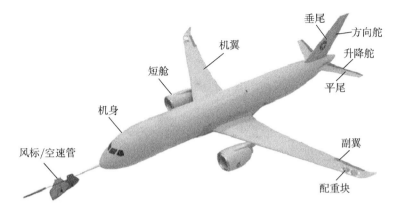

图 10-8　动力学相似模型

(a) 机翼前缘冰形　　　　　　　　　　　(b) 平尾前缘冰形

图 10-9　冰形安装照片

10.5　本章小结

本章对风洞虚拟飞行试验模型遵循的相似准则、模型设计和加工要求进行了介绍，并针对大型民机结冰影响特性试验研究需要，开展了动力学相似模型和模拟冰形的设计与加工。在风洞虚拟飞行试验中，模型设计需满足几何相似、动力学相似和飞行控制系统相似；为准确模拟背景飞机的运动特性，需要根据具体模拟的构型和飞行状态进行质量特性参数测量与调配，动力学相似模型加工和装配精度应符合相关国军标规定的技术要求，并应对关键结构部件 (如机翼加强筋、主支撑板等) 进行无损检测；冰形设计时，考虑到飞机结冰的质量相对于飞机本体结构质量来说很小，在缩比模型试验中对结冰的模拟仅考虑了几何相似。经检测和试验验证，模型加工技术指标满足风洞虚拟飞行试验的使用要求。

第 11 章　背景飞机低速风洞测力试验

风洞试验是准确获得飞机基本气动特性的有效手段，通过风洞测力试验，可以比较全面地得到飞机基本状态气动力数据、操纵面效率，以及结冰对飞机基本气动特性的影响规律。背景飞机的低速风洞测力试验在 FL-14 风洞开展，试验类型为常规测力试验。试验得到的气动力数据是进一步开展动力学相似模型低速风洞虚拟飞行控制律设计的重要依据。本章主要介绍背景飞机 1:20 缩比模型的低速风洞测力试验的设备、内容、方法以及结果。

11.1　低速风洞测力试验设备

本节简要介绍开展低速风洞常规测力试验需要使用的主要试验设备，包括风洞、支撑装置、测控系统、天平以及倾角传感器。

11.1.1　风洞

FL-14 风洞是一座单回流开口试验段低速风洞。试验段射流区长 5m，射流出口直径为 3.2m，试验段中心截面有效面积 8.04m^2。试验段最高风速可达 116m/s，常用风速 70m/s，空风洞轴向静压梯度 $|\mathrm{d}C_P/\mathrm{d}x| \leqslant 0.00276$，气流紊流度 $< 0.18\%$，动压稳定性优于 0.0050，气流偏角 $|\Delta\alpha|$，$|\Delta\beta| \leqslant 0.5°$。

11.1.2　支撑系统

模型支撑系统采用 FL-14 风洞张线支撑装置，该装置主要由张线挂架、支撑架、横梁、支座、尾支杆和张线等部分组成，如图 11-1 所示。试验中，尾支杆作为腹撑支杆使用，经天平与模型连接，直径为 44mm，使用该装置可实现的模型迎角范围为 $-180° \sim 180°$，侧滑角范围为 $-40° \sim 40°$，迎角与侧滑角控制精度均为 $\pm 0.02°$。

11.1.3　风洞测控系统

FL-14 风洞测控系统是以计算机网络为基础、数据库为核心构建的局域网测控分布式系统，主要包括数据库及网络、测量控制、速压控制和姿态角控制四部分。数据采集采用高性能的 PXI(PCI eXtensions for Instrumentation) 总线测试平台，具有优良的常规静态测量和动态测试能力。在常用试验风速范围内，系统速压控制精度为 3%、姿态角控制精度为 0.05°。

图 11-1 模型支撑装置

11.1.4 天平

采用 TG0403A 杆式六分量应变天平测力模型的气动载荷，天平各分量的测量范围、天平结构尺寸以及其安装连接形式如表 11-1 所示。天平的结构外形及坐标系定义如图 11-2 所示，坐标的 Z 轴方向由右手螺旋法则判定，正阻力方向与 X 轴方向相反。天平使用时，后锥端与模型支杆连接，法兰端与模型连接。

表 11-1 TG0403A 天平参数

天平名称	Y/N	X/N	$M_z/(N\cdot m)$	Z/N	$M_y/(N\cdot m)$	$M_x/(N\cdot m)$
TG0403A	2000	500	200	400	120	120
	直径 D	长度 L	前法兰	后锥	前端螺孔	—
	40mm	275mm	6×M6	1:5, ϕ30mm×53mm	M10	—

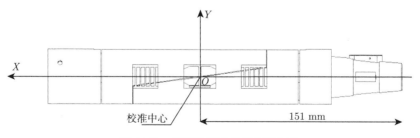

图 11-2 天平外形图及坐标系定义

11.1.5 倾角传感器

采用 LSRP90 单轴力平衡式伺服倾角传感器测量模型迎角，传感器外形为圆柱体积，高 40.64mm，底部直径 36.32mm，测量精度为 0.01°。

11.2　低速风动测力试验内容与方法

11.2.1　试验内容

试验基于背景飞机的 $1:20$ 缩比模型开展，主要目的是获得干净构型、中度结冰构型以及重度结冰构型条件下，模型纵横向基本气动力特性、操纵面 (升降舵、副翼和方向舵) 效率，以及结冰对基本纵/横航向气动特性和操纵面效率的影响，具体包含以下试验科目：

(1) 重复性精度测量；

(2) 变风速试验；

(3) 干净构型基本纵/横航向气动特性及操纵面效率；

(4) 中度结冰构型基本纵/横航向气动特性及操纵面效率；

(5) 重度结冰构型基本纵/横航向气动特性及操纵面效率。

试验详细内容见表 11-2。

表 11-2　背景飞机测力试验内容

序号	模型状态	试验内容	风速/(m/s)	迎角	侧滑角	备注
1	基本构型	重复性试验	35	A_1	$0°$	测力同时 风标标定
2	基本构型	变风速气动特性	15,25,35	A_1	$±12°,0°$	
3	基本构型	纵/横航向气动特性	V_0	A_1	B_1	
4	基本构型 + 中度冰形	纵/横航向气动特性	V_0	A_1	B_1	
5	基本构型 + 重度冰形	纵/横航向气动特性	V_0	A_1	B_1	
6	基本构型 + 副翼	副翼效率	V_0	A_1	$0°$	$\delta_a=-25°\sim25°$ $\Delta\delta_a=5°$
7	基本构型 + 升降舵	升降舵效率	V_0	A_1	$0°$	$\delta_e=-20°\sim15°$ $\Delta\delta_e=5°$
8	基本构型 + 方向舵	方向舵效率	V_0	A_1	$0°$	$\delta_r=-30°\sim30°$ $\Delta\delta_r=5°$
9	基本构型 + 中度冰形 + 副翼	副翼效率	V_0	A_1	$0°$	$\delta_a=-25°\sim25°$ $\Delta\delta_a=5°$
10	基本构型 + 中度冰形 + 升降舵	升降舵效率	V_0	A_1	$0°$	$\delta_e=-20°\sim15°$ $\Delta\delta_e=5°$
11	基本构型 + 中度冰形 + 方向舵	方向舵效率	V_0	A_1	$0°$	$\delta_r=-30°\sim30°$ $\Delta\delta_r=5°$
12	基本构型 + 重度冰形 + 副翼	副翼效率	V_0	A_1	$0°$	$\delta_a=-25°\sim25°$ $\Delta\delta_a=5°$
13	基本构型 + 重度冰形 + 升降舵	升降舵效率	V_0	A_1	$0°$	$\delta_e=-20°\sim15°$ $\Delta\delta_e=5°$
14	基本构型 + 重度冰形 + 方向舵	方向舵效率	V_0	A_1	$0°$	$\delta_r=-30°\sim30°$ $\Delta\delta_r=5°$
$A_1: -10°\sim20°$, $\Delta\alpha=2°$; $B_1: -12°\sim12°$, $\Delta\beta=3°$; $V_0: 35\text{m/s}$						

11.2.2 试验条件

迎角以模型构造水平面为基准测量,侧滑角以模型对称面为基准测量,试验迎角范围 $\alpha = -10° \sim 20°$,侧滑角范围 $\beta = -15° \sim 15°$。试验主风速为 $V_0 = 35 \text{m/s}$。

11.2.3 试验方法

试验中,模型采用腹撑支撑方式,"张线尾撑装置" 旋转 $90°$,支杆竖直向上,经天平与模型相连,天平竖直安装,部分暴露于风洞来流,为防止风载直接作用于天平上,天平外装整流罩。实时倾角传感器安装于模型内部平面处,试验前标定实时倾角传感器与模型相对角度关系。快速测压模块固定于机身内部,模型内部信号线 (包括天平、倾角传感器、快速测压模块、舵机) 整理后,经由天平整流罩内部走线而进入采集系统。

带模拟冰形气动力测量试验中,冰形沿机翼及平尾展向方向有定位线,沿弦向有专用定位卡板,冰形内型面靠加工保证,用双面胶将冰形与机翼、平尾黏接。

试验过程中,模型迎角和侧滑角由风洞模型姿态控制系统调整实现,操纵面偏转角度由伺服舵机调整实现。风标迎角/侧滑角传感器、快速测压模块和舵机的信号,通过实时采集计算系统进行动态采集和处理,采集频率为 200Hz。天平信号试验数据由 PXI 系统采集,测力试验采用步进方式进行,数据采样方式:采样前延时 5s、采样时间 6s、采样频率每通道 100Hz。实时角传感器和风洞速压测量信号同时由实时采集系统和上位机同步采集分别处理。

11.3 试验数据处理流程与方法

11.3.1 轴系定义

试验坐标轴系按《空气动力学概念、量和符号〈第 2 部分:坐标轴系和飞机运动状态量〉》(GB/T 16638.2—2008) 规定定义。

气流坐标轴系定义为:原点位于模型重心;轴 x 沿飞行器飞行速度矢量 (即相对于模型远前方来流风速的负方向);轴 z 在模型纵对称平面内,垂直轴 x,指向下方;轴 y 垂直轴 x 和轴 z,指向右方。

机体坐标轴系定义为:原点位于模型重心;轴 x_b 平行机身轴线,指向前方;轴 y_b 垂直于模型对称面,指向右方;轴 z_b 在模型对称面内,垂直于轴 x_b,指向下方。

天平坐标轴系定义:原点位于天平中心,轴 x_T 沿天平轴线指向连模型端前方;轴 y_T 垂直天平轴线指向上方;轴 z_T 垂直 x_T 和轴 y_T,指向右方。

11.3.2　数据处理流程

数据处理流程按照常规测力试验数据处理流程进行，包括初读数的扣除、天平公式计算、力矩中心的转换、气动系数的转换、阻塞效应修正、升力效应修正、数据轴系转换等。侧滑角不为零时，试验数据只进行阻塞修正。需要特别说明的是，本次试验中，由于天平特殊的安装方式，力矩中心转换时还需进行安装角度修正。

11.3.3　特征值求导范围

报告提供的纵向气动导数求取的迎角范围为 $-6° \sim 8°$，横向气动导数求取的侧滑角范围为 $-10° \sim 10°$，升降舵效率求导范围均为 $-10° \sim 10°$，副翼、方向舵效率求导范围为 $0° \sim 10°$。

11.3.4　试验结果数据存储格式

数据文件名称为 "A-****.dat"，"****" 表示四位数车次号。

风标标定试验数据文件按 8 列存储，每行按如下顺序记录 8 个结果数：风洞实时速压、空速管速压、实时角电信号、迎角风标电信号、侧滑角风标电信号、实时倾角传感器角度值、迎角风标角度值、侧滑角风标角度值。

测力操纵面偏角、全机气动力数据参考坐标系及其他相关定义均采用 GB/T 16638—2008 给出的定义。试验结果中升、阻力系数以风轴系给出，其他气动力系数以体轴系给出。试验数据文件按 8 列存储，分别为：C_L、C_D、C_m、C_Y、C_n、C_l、α、β。

11.4　模型基本气动特性分析

11.4.1　重复性精度

表 11-3 给出了背景飞机测力的重复性试验结果。由表可知：$|\alpha| \leqslant 10°$ 时，$\sigma_{C_L}=0.0021$、$\sigma_{C_D}=0.00060$、$\sigma_{C_m}=0.0054$、$\sigma_{C_Y}=0.0012$、$\sigma_{C_n}=0.0004$、$\sigma_{C_l}=0.0003$。参照相关标准的合格指标要求，阻力系数重复性精度 0.00060 和俯仰力矩系数重复性精度 0.0054 均不满足指标要求，其原因主要是试验风速为 35m/s，风速太低，处于标准适用范围 $0.1 \leqslant Ma \leqslant 0.3$ 的边界处；本次试验模型材料为碳纤维，加工精度和模型刚度不如金属，这也是试验重复性精度超出标准的另一个重要原因。但是，这种试验结果并不影响后续将试验数据用于开展风洞虚拟飞行控制设计。

表 11-3 试验重复性精度

$\alpha/(°)$	σ_{C_L}	σ_{C_D}	σ_{C_m}	σ_{C_Y}	σ_{C_n}	σ_{C_l}
-4	0.0024	0.0008	0.0059	0.0009	0.0004	0.0002
-2	0.0018	0.0005	0.0070	0.0013	0.0005	0.0003
0	0.0028	0.0006	0.0062	0.0013	0.0004	0.0003
2	0.0011	0.0006	0.0053	0.0012	0.0004	0.0004
4	0.0018	0.0006	0.0031	0.0012	0.0003	0.0004
6	0.0022	0.0006	0.0043	0.0012	0.0003	0.0004
综合精度	0.0021	0.0006	0.0054	0.0012	0.0004	0.0003

11.4.2 基本状态气动特性

1. 纵向气动特性

通过风洞试验,分别开展了不同风速和模拟冰形条件下的气动力测量试验,用于考察雷诺数及结冰对飞机纵向气动特性的影响。

1) 不同试验风速条件下的全机纵向气动特性对比

图 11-3 为不同风速条件下 0° 侧滑角时的干净构型气动特性对比曲线;表 11-4 为不同风速条件下干净构型的纵向气动特性参数。

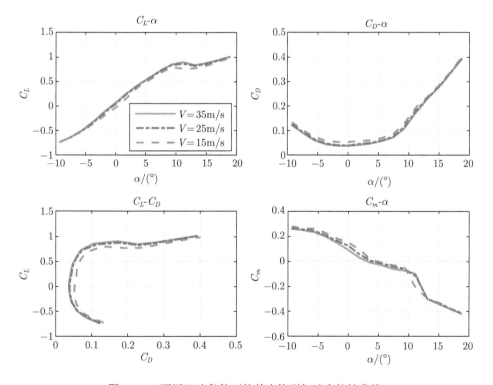

图 11-3 不同风速条件下的基本构型气动力特性曲线

表 11-4　不同风速下的全机纵向气动特性参数 (求导范围 $-6° \leqslant \beta \leqslant 8°$)

试验风速	C_{L_α}	C_{L_0}	α_{cr}	$C_{D_{min}}$	C_{D_0}	K_{max}	C_{mc_L}	C_{m_0}
$V=35\mathrm{m/s}$	0.0951	0.065	11.07	0.0363	0.0363	10.46	-0.252	0.110
$V=25\mathrm{m/s}$	0.0961	0.040	10.99	0.0380	0.0381	9.81	-0.246	0.134
$V=15\mathrm{m/s}$	0.0945	-0.030	9.83	0.0517	0.0525	7.99	-0.258	0.141

根据图表分析可知，在 35m/s 风速和零侧滑条件下，$C_{L_\alpha}=0.0951$，$C_{L_0}=0.065$，$C_{D_{min}}=0.0363$，$K_{max}=10.46$，$C_{mc_L}=-0.252$。当风速降低时，升力系数减小，阻力系数增加，并且风速由 35m/s 降至 25m/s 时的升力系数、阻力系数变化量较风速由 25m/s 降至 15m/s 时明显要大，造成这种结果的原因可能与模型外形特性有关，本试验模型为用于虚拟飞行的碳纤维模型，不同风速条件下模型表面变形不同。

2) 不同结冰构型条件下的全机纵向气动特性对比

图 11-4 为主风速条件下不同构型在零侧滑时的气动特性对比曲线；表 11-5 为不同构型下全机纵向气动特性参数。

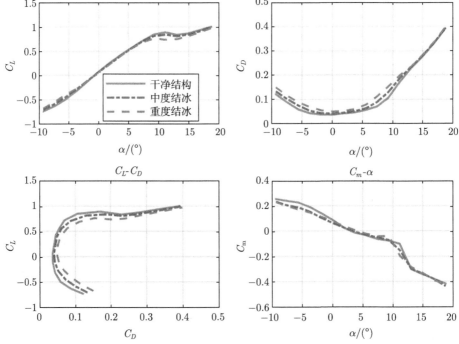

图 11-4　不同结冰构型条件下的基本气动力特性曲线

从试验结果分析可知，不同构型条件下，在 $\alpha \leqslant 10°$ 时 C_L 曲线线性度良好。对于干净构型，$\beta = 0°$ 时，$C_{L_\alpha}=0.0951$，$C_{L_0}=0.066$，$C_{D_{\min}}=0.0363$，$K_{\max}=10.46$，$C_{mc_L}=-0.252$；对于中度结冰构型，$\beta=0°$ 时，$C_{L_\alpha}=0.0904$，$C_{L_0}=0.063$，$C_{D_{\min}}=0.0405$，$K_{\max}=8.92$，$C_{mc_L}=-0.212$；对于重度结冰构型，$\beta=0°$ 时，$C_{L_\alpha}=0.0870$，$C_{L_0}=0.046$，$C_{D_{\min}}=0.0488$，$K_{\max}=7.21$，$C_{mc_L}=-0.199$。结果表明，相比于干净构型，模拟结冰以后升力曲线斜率减小，阻力增大；俯仰力矩线性段斜率减小，俯仰稳定性变差。

表 11-5　不同结冰构型条件下的全机纵向气动特征参数 (求导范围 $-6° \leqslant \beta \leqslant 8°$)

试验状态	C_{L_α}	C_{L_0}	α_{cr}	$C_{D_{\min}}$	C_{D_0}	$K_{\max}$	C_{mc_L}	C_{m_0}
干净构型	0.0951	0.066	11.07	0.0363	0.0363	10.46	−0.252	0.108
中度结冰	0.0904	0.063	11.08	0.0405	0.0407	8.92	−0.212	0.079
重度结冰	0.0870	0.046	9.76	0.0488	0.0499	7.21	−0.199	0.087

2. 横航向特性

表 11-6 为主风速条件下横航向气动特性参数。干净构型条件下，$\alpha=0°$ 时，$C_{Y_\beta}=-0.02057$，$C_{n_\beta}=0.00344$，$C_{l_\beta}=-0.00333$；中度结冰构型条件下，$C_{Y_\beta}=-0.02049$，$C_{n_\beta}=0.00341$，$C_{l_\beta}=-0.00302$。试验结果表明，结冰对横航向气动特性影响不明显。

表 11-6　不同结冰构型条件下的全机横向气动特征参数 (求导范围 $-10° \leqslant \beta \leqslant 10°$)

干净构型			中度结冰构型		
C_{Y_β}	C_{n_β}	C_{l_β}	C_{Y_β}	C_{n_β}	C_{l_β}
−0.02057	0.00344	−0.00333	−0.02049	0.00341	−0.00302

11.4.3　升降舵效率

1. 干净构型

图 11-5 为干净构型条件下升降舵作用时的模型气动力/力矩系数变化曲线。由试验结果分析可知，在 $\alpha=0°$、$\beta=0°$ 时，$C_{m\delta_e}=-0.03062$；在线性段范围内，随着 α 的增加，$|C_{m\delta_e}|$ 整体上呈现先增大后减小的趋势，极值出现在 $-2° \leqslant \alpha \leqslant 2°$ 区间内；在 $-6° \leqslant \alpha \leqslant 6°$ 范围内，β 在 $0° \sim 12°$ 变化所引起的舵效变化在 5% 以内，而在 $\alpha = 8°$ 时，侧滑角引起的舵效变化约为 10%。

2. 结冰构型

图 11-6(a)~(c) 分别为干净构型、中度结冰型、重度结冰构型条件下升降舵作用时的效率曲线，包括侧滑角 0°、6° 和 12° 三种情况。图 11-6(d) 为零侧滑时不同构型条件下的升降舵效率对比曲线。在侧滑角为 0° 时，与干净构型情况对比

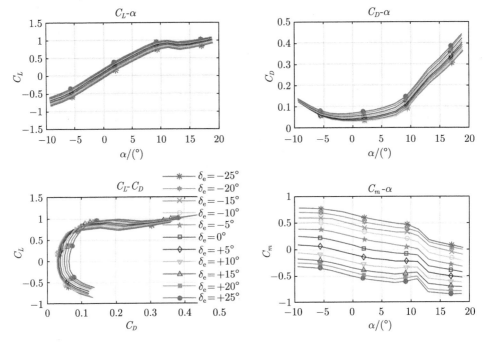

图 11-5　干净构型条件下的升降舵效率试验曲线

分析可知，结冰构型条件下升降舵效率有所降低，但中度结冰与重度结冰的舵效曲线交叉，负迎角时，重度结冰的舵效值高于中度结冰情况，而正迎角时情况相反。

3. 大舵偏情况分析

表 11-7 给出了不同构型条件下不同求导范围时的升降舵效率值。分析可知，干净构型条件下，当求导范围为 $-20° \leqslant \delta_e \leqslant 20°$ 时，舵效平均降低 14%；当求导范围为 $-25° \leqslant \delta_e \leqslant 25°$ 时，舵效值平均降低 20%；中度结冰和重度结冰情况下，舵效值降低的百分比与干净构型情况相当。

表 11-7　不同求导范围条件下的升降舵效率

升降舵效率 C_{δ_e}			侧滑角 β		
			$0°$	$6°$	$12°$
冰形	干净构型	$\pm 10°$	-0.0306	-0.0299	-0.0304
		$\pm 20°$	-0.0262	-0.0257	-0.0261
		$\pm 25°$	-0.0242	-0.0238	-0.0244
	中度结冰构型	$\pm 10°$	-0.0301	-0.0294	-0.0305
		$\pm 20°$	-0.0258	-0.0254	-0.0262
		$\pm 25°$	-0.0242	-0.0238	-0.0244
	重度结冰构型	$\pm 10°$	-0.0302	-0.0296	-0.0305
		$\pm 20°$	-0.0263	-0.0256	-0.0263
		$\pm 25°$	-0.0244	-0.0239	-0.0244

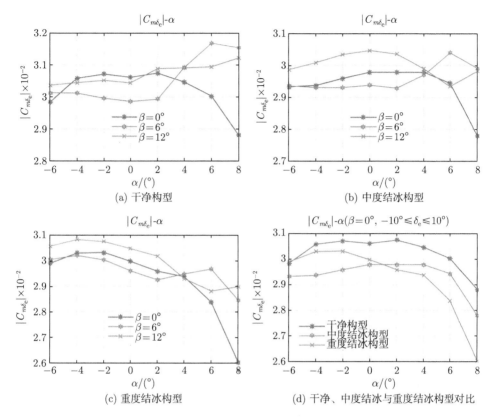

图 11-6 不同结冰构型条件下的升降舵特性试验曲线

11.4.4 副翼效率

1. 干净构型

图 11-7 为干净构型条件下副翼作用时的模型气动力/力矩系数变化曲线。从试验结果分析可知，在 $\alpha=0°$、$\beta=0°$ 时，$C_{l\delta_a}=-0.00131$；在线性段范围内，随着 α 的增加，$|C_{l\delta_a}|$ 整体上呈现先增大后减小的趋势，极值出现在 $\alpha=0°$ 附近。舵效随侧滑角的变化规律不明显。

2. 结冰构型

图 11-8(a)~(c) 分别为干净构型、中度结冰和重度结冰条件下副翼作用时的效率曲线，包括侧滑角 0°、6° 和 12° 三种情况。图 11-8(d) 为零侧滑时不同构型条件下的副翼效率对比曲线。在侧滑角为 0° 时，与干净构型情况对比分析可知，结冰构型条件下副翼效率降低，并大体呈现结冰程度越严重则效率损失越大的规律。

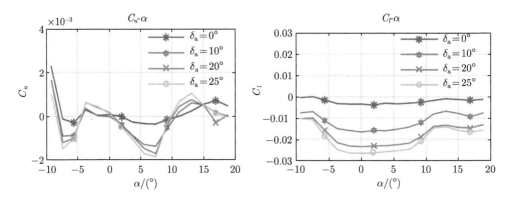

图 11-7　干净构型条件下的副翼特性试验曲线

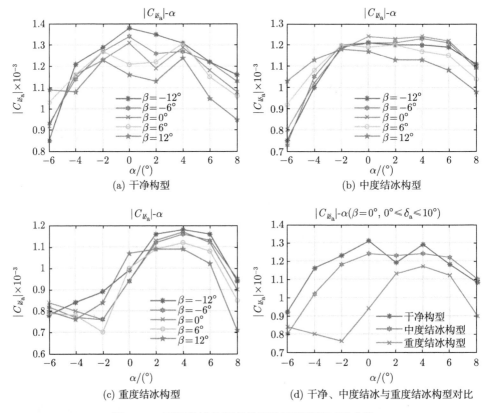

图 11-8　不同结冰构型条件下的副翼特性试验曲线

3. 大偏角情况分析

表 11-8 给出了不同构型条件下不同求导范围时的副翼效率值。分析可知，干净构型条件下，当求导范围为 $-20° \leqslant \delta_a \leqslant 20°$ 时，效率平均降低 23%；当求导

范围为 $-25° \leqslant \delta_e \leqslant 25°$ 时，效率值平均降低 29%；中度结冰情况下，效率值降低的百分比分别为 18% 和 24%；重度结冰情况下，效率值降低的百分比分别为 13% 和 17%。

表 11-8　不同求导范围条件下的副翼效率

副翼效率 $C_{l\delta_a}$			侧滑角 β				
			-12	$-6°$	$0°$	$6°$	$12°$
冰形	干净构型	$10°$	-0.00137	-0.00134	-0.00131	-0.00121	-0.00116
		$20°$	-0.00107	-0.00105	-0.00099	-0.00093	-0.00088
		$25°$	-0.00097	-0.00097	-0.00090	-0.00086	-0.00081
	中度结冰	$10°$	-0.00121	-0.00121	-0.00124	-0.00119	-0.00117
		$20°$	-0.00102	-0.00100	-0.00101	-0.00096	-0.00094
		$25°$	-0.00095	-0.00093	-0.00094	-0.00089	-0.00088
	重度结冰	$10°$	-0.00099	-0.00094	-0.00094	-0.00100	-0.00107
		$20°$	-0.00087	-0.00082	-0.00082	-0.00084	-0.00090
		$25°$	-0.00083	-0.00079	-0.00079	-0.00081	-0.00086

11.4.5　方向舵效率

1. 干净构型

图 11-9 为干净构型条件下，方向舵作用时的模型气动力/力矩系数变化曲线。从试验结果可知，在 $\alpha=0°$、$\beta=0°$ 时，$|C_{n\delta_r}|=-0.00285$；在线性段范围内，$|C_{n\delta_r}|$ 随迎角 α 的变化平缓，舵效曲线几乎呈水平直线 $|C_{n\delta_r}|$。随侧滑角 $|\beta|$ 的增大而减小，当侧滑角为 $\pm12°$ 时，舵效降低约 25%。

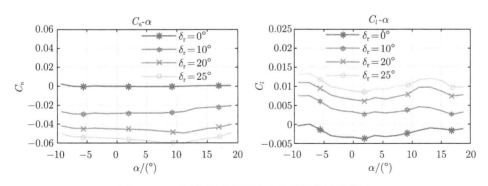

图 11-9　干净构型条件下的方向舵特性试验曲线

2. 结冰构型

图 11-10(a)~(c) 分别为干净构型、中度结冰构型和重度结冰构型条件下的方向舵效率曲线，包括侧滑角 0°、6° 和 12° 三种情况。图 11-10(d) 为零侧滑时不

同构型条件下的方向舵效率对比曲线。在侧滑角为 0° 时，与干净构型情况对比分析可知，结冰构型条件下副翼效率降低，并呈现出结冰程度越严重则效率损失越大的规律，中度结冰时效率降低 1.4%，重度结冰时效率降低 3.6%。

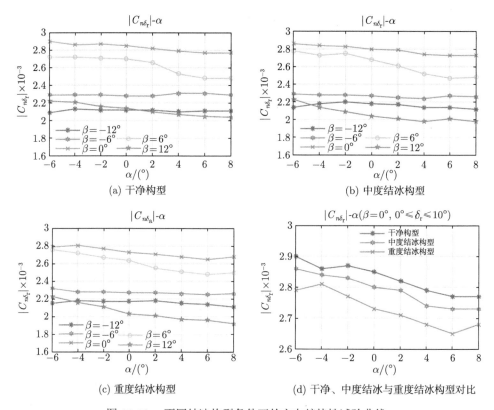

图 11-10　不同结冰构型条件下的方向舵特性试验曲线

3. 大舵偏情况分析

表 11-9 给出了不同构型条件下不同求导范围时方向舵效率值。分析可知，干净构型条件下，当求导范围为 $-20° \leqslant \delta_e \leqslant 20°$ 时，效率平均降低 8%；当求导范围为 $-25° \leqslant \delta_e \leqslant 25°$ 时，效率值平均降低 11%；中度结冰情况下，效率值降低的百分比分别为 9% 和 13%；重度结冰情况下，效率值降低的百分比分别为 9% 和 12%。

11.4.6　气动力特性总结

通过背景飞机气动力风洞试验结果可得到以下参考结论：

(1) 干净构型、试验风速 35m/s 条件下，零侧滑时，$C_{L_\alpha}=0.0951$，$C_{L_0}=0.066$，

表 11-9 方向舵效率比较 (干净、中度和重度结冰构型)

方向舵效率 $C_{n\delta_r}$			侧滑角 β				
			-12	$-6°$	$0°$	$6°$	$12°$
冰形	干净构型	$10°$	-0.00212	-0.00228	-0.00285	-0.00249	-0.00214
		$20°$	-0.00195	-0.00217	-0.00226	-0.00243	-0.00218
		$25°$	-0.00186	-0.00210	-0.00216	-0.00233	-0.00222
	中度结冰	$10°$	-0.00218	-0.00227	-0.00280	-0.00268	-0.00204
		$20°$	-0.00198	-0.00218	-0.00226	-0.00244	-0.00215
		$25°$	-0.00187	-0.00213	-0.00215	-0.00237	-0.00219
	重度结冰	$10°$	-0.00217	-0.00227	-0.00274	-0.00264	-0.00203
		$20°$	-0.00199	-0.00219	-0.00224	-0.00243	-0.00213
		$25°$	-0.00187	-0.00212	-0.00214	-0.00238	-0.00219

$C_{D_{\min}}=0.0363$，$K_{\max}=10.46$，$C_{mc_L}=-0.252$。；迎角为 $0°$ 时，$C_{Y_\beta}=-0.02057$，$C_{n_\beta}=0.00344$，$C_{l_\beta}=-0.00333$；

(2) 相比于干净构型，带模拟冰形以后升力线斜率减小，阻力系数增大，俯仰力矩系数线性段斜率绝对值减小。

(3) 线性范围内，随着 α 的增加，$|C_{m\delta_e}|$ 整体上呈现先增大后减小的趋势；在 $-6°\leqslant\alpha\leqslant6°$ 范围内，侧滑角 β 引起的舵效变化在 5% 以内，结冰使升降舵效率降低。

(4) 线性范围内，随着 α 的增加，$|C_{l\delta_a}|$ 整体上呈现先增大后减小的趋势，极值在 $\alpha=0°$ 附近；结冰使副翼效率降低，结冰程度越严重则效率损失越大。

(5) 线性范围内，$|C_{n\delta_r}|$ 随迎角 α 的变化不大，$|C_{n\delta_r}|$ 随侧滑角 $|\beta|$ 的增大而减小，结冰导致的方向舵效率损失在 5% 以内。

11.5 本 章 小 结

本章介绍了在 FL-14 风洞开展背景飞机动力学相似模型气动力试验的设备、内容与方法，数据处理流程与方法，以及试验结果。通过气动力试验获得了背景飞机基本气动力特性，主要包括纵横向基本状态气动力系数和操纵舵面效率等关键气动数据，为开展背景飞机动力学建模、动力学特性分析、虚拟飞行控制律设计提供了输入数据，并为进一步开展结冰影响特性风洞虚拟飞行试验奠定了基础。

第 12 章 风洞虚拟飞行动力学建模与控制设计

为支持开展风洞虚拟飞行试验,需要针对动力学相似模型开展控制律设计,因此动力学建模、动力学特性分析、飞行控制律设计等环节必不可少。接下来本章将详细介绍这部分内容。

12.1 风洞虚拟飞行动力学建模

12.1.1 动力学建模功能需求

考虑风洞虚拟飞行试验及地面仿真测试需求,动力学建模需支持虚拟仿真以及半物理闭环仿真,能够进行开环/闭环、原型机/缩比模型,以及进行 3DOF/6DOF 仿真设计,具体功能要求如下:

(1) 支持虚拟 6DOF 飞行仿真,同时支持缩比模型飞机和背景飞机;

(2) 支持约束平移自由度条件下的风洞模型飞机 3DOF 虚拟飞行仿真;

(3) 支持参数拉偏仿真测试;

(4) 支持模型飞机半实物闭环仿真,包括只带飞控计算机半物理仿真、带实物舵机和飞控计算机闭环仿真。

分析可知,动力学模型需要满足三类构型 (背景飞机、模型飞机、模型飞机的风洞试验模拟) 和两类仿真 (虚拟仿真和半实物仿真),分别建立三个构型的动力学模型的方式容易想到且容易实现,但是试验与仿真较为烦琐,需要分别建立三个版本的动力学模型和控制律,版本管理复杂烦琐。为此,本章动力学模型采用一体化综合建模方式,一个动力学模型可满足三类构型和两类试验的要求,提高仿真与实现的效率。

12.1.2 动力学建模总体方案

动力学模型基本结构框图如图 12-1 所示,主要模拟操纵机构、环境、质量特性、推力及气动力和力矩计算、动力学运动方程和传感器特性,根据飞控舵机指令、环境 (大气、重力) 及飞行参数、质量特性等计算体轴系飞机所受的力和力矩,用于 6DOF 运动方程解算,经过传感器测量输出,提供给飞行控制系统使用。

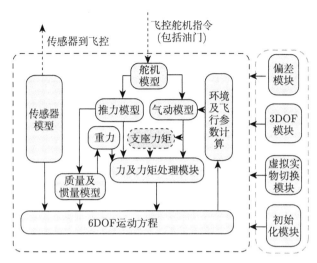

图 12-1   动力学模型基本结构框图

气动力建模基于 $\phi 3.2\mathrm{m}$ 风洞静态测力试验数据和 CFD 动导数计算数据开展，构建了气动力数据库，采用插值的模式计算气动力和力矩。气动力建模中包含干净构型、机翼中度结冰构型及机翼重度结冰构型的气动力数据，使用过程中可通过参数设置指定构型。

环境模块对大气环境进行模拟，考虑常值风、紊流、突风干扰，并可进行选择。飞行参数计算主要根据传感器参数以及大气环境，计算迎角、侧滑角、表速、真空速、动压等大气参数。

舵机模型模块主要实现舵机响应建模，以及舵机模型与实物舵机切换功能。舵机响应建模包括频率、阻尼比、延迟、间隙、死区等环节。

推力模型主要实现发动机的推力动态响应环节，风洞虚拟飞行试验模拟过程中模型为无动力状态。支座力矩主要模拟在风洞中支座对质心的力矩，仅在模拟风洞中 3DOF 飞行时使用。传感器模型根据 6DOF 运动方程输出模拟相应传感器输出。

初始化模块对 6DOF 运动方程进行初始化，偏差模块实现对典型参数进行拉偏设置，验证飞行控制系统的鲁棒性。虚拟实物切换模块实现模型和实物的切换，例如联通真实舵机和舵面闭环时，设置相应的切换开关，实现屏蔽舵机模型，采用实际的舵面位置计算气动力和力矩。3DOF 模块实现风洞 3DOF 模型与 6DOF 模型切换处理。

1) 虚拟 6DOF 飞行仿真功能

虚拟 6DOF 仿真功能需要同时支持模型飞机和背景飞机。模型飞机和背景飞机 6DOF 动力学模型框架相同，主要差别体现在部分使用数据不同，如表 12-1

所示。

表 12-1　模型飞机与背景飞机动力学建模差异

初始条件	气动数据	质量特性
位置、速度、姿态、角速度	参考面积、参考长度	质量、惯量
推力特性	舵机特性	传感器特性
推力数据	带宽、阻尼比、延迟	传感器噪声、精度、动态

同时支持模型飞机和背景飞机虚拟仿真功能主要通过加载对应对象的数据实现。

2) 风洞模型飞机 3DOF 虚拟飞行仿真

在真实风洞试验过程中，模型飞机要求被铰支在固定支座上，以此约束平移自由度，铰支点在模型质心处。由于实际操作过程中模型质心难以精确找到，一般是在初步找到质心并安装铰支后，采用加配重的方式精调模型重心位置，使得铰支点在质心处。但是这种方式仅可以使铰支点与模型质心在机翼平面内 (体轴 XOY 平面) 的投影基本重合，而铰支点与模型质心在飞机对称平面 (体轴 XOZ) 并不重合。由于模型飞机在风洞试验中绕铰支点转动，铰支点与模型质心的不重合将造成模型轴向力产生附加力矩。虚拟仿真需要模拟这一过程。

风洞模型飞机 3DOF 虚拟飞行仿真功能在模型飞机 6DOF 虚拟仿真功能中进行适应性更改，更改方法如下所述。

(1) 支座力建模。

为模拟风洞中模型飞机的姿态运动，支座力只考虑由铰支点不过质心而引起的力矩。

(2) 力及力矩处理模块更改。

由于模拟风洞中模型飞机的平移运动受到限制，因此力及力矩处理模块需要进行适应性更改。在力及力矩处理模块将合作用力至 0，使得模型飞机静止，只保留作用力矩传给 6DOF 运动方程。

(3) 风洞来流模拟。

风洞中吹风的过程采用风场来模拟，可模拟来流停止、来流加速、来流稳定、来流减速、来流终止的过程。

(4) 3DOF 模块设置。

3DOF 模块中设置转换到风洞姿态模拟模式，设置来流模型的相关参数。根据实测的风洞风速数据进行分析，抽象建立风洞来流的数学模型。

(5) 环境模块设计。

环境模块设有专门的风洞来流模拟模块，用水平面风模拟来流。

3) 参数拉偏仿真功能实现

拉偏参数主要包括以下三类参数: 初始条件偏差、环境干扰、参数不确定。初始条件偏差包括初始位置、速度、姿态以及角速度偏差。环境干扰主要考虑传感器噪声以及风场干扰。参数不确定性主要考虑气动特性、质量特性、推力特性、传感器偏差以及大气密度偏差等。

对于不确定性模型, 直接通过参数摄动的方式模拟。一般摄动方式包括加法型摄动及乘法型摄动。两种摄动方式的数学表达如下:

$$x_{\text{true}} = x_{\text{norm}} \times (1 + \Delta_\% x), \quad \Delta_\% x = (x_{\text{true}} - x_{\text{norm}})/x_{\text{norm}} \times 100\% \quad (12.1)$$

$$x_{\text{true}} = x_{\text{norm}} + \Delta_\delta x \quad (12.2)$$

其中, x_{true} 为真值; x_{norm} 为标称值; $\Delta_\delta x$ 为加法型摄动量; $\Delta_\% x$ 为乘法型摄动量。

对于乘法型摄动, 假设其满足均值为 0、方差为 σ_x 的正态分布, 且满足 $3\sigma_x = \Delta_\%$。对于加法型摄动, 在摄动范围内满足均匀分布。一般对于重心位置、飞行器不对称 (由于加工等原因) 等, 采用加法型摄动; 对于稳定性导数、阻尼导数、操纵导数、质量及惯性数据, 以及大气密度等, 采用乘法型摄动。

考虑到随高度增加, 标准大气偏差逐渐增加的特点, 对于大气密度摄动, 采用表达式 $\rho = \rho_{\text{norm}}(1 + \Delta_\% \rho) = k_\rho \rho_{\text{norm}}$, 其中 ρ_{norm} 为标准大气密度; $k_\rho = 1 + \Delta_\% \rho$ 满足正态分布, 均值为 1, 标准差为 σ。

参数拉偏仿真功能提供三种模式: 单次参数拉偏仿真、典型多次参数拉偏仿真、蒙特卡罗拉偏仿真。

单次参数拉偏仿真主要是根据使用需要, 对指定参数进行偏差设置并仿真。典型多次参数拉偏仿真功能是用户根据经验以及对被控对象特性的认识, 提炼出多个典型拉偏严酷情况, 自动进行仿真。用户将多个拉偏参数设置在脚本文件中, 程序自动读取偏差参数, 并自动进行仿真和保存数据。

蒙特卡罗拉偏仿真功能是根据参数的拉偏范围和拉偏方式, 通过随机仿真检验控制律鲁棒性。它的基本思想是, 首先建立一个概率模型或随机过程, 使它的参数等于问题的解; 然后通过对模型或过程的观察或抽样试验来计算所求参数的统计特征; 最后给出所求解的近似值。而解的精确度可用估计值的标准误差表示。蒙特卡罗方法已广泛应用于国内外的飞行控制系统的设计验证阶段, 例如可重构飞行控制系统的飞行性能及稳定性分析、飞机实时稳定裕度测量、鲁棒自动着陆控制律优化设计等。用户根据飞机的对象特性, 指定偏差的范围、偏差的分布方式 (正态分布、均匀分布等) 以及随机仿真次数, 程序自动提取参数的偏差属性, 自动进行仿真并保存数据。

4) 模型飞机半实物闭环仿真

模型飞机半实物闭环仿真功能包括带飞控计算机半物理仿真、带实物舵机 (或者实物舵面) 和飞控计算机闭环仿真两种模式。两种模式均需要飞行动力学模型实时仿真，通常飞行动力学模型采用手工编程的方式实现，为提升工作效率，采用快速原型技术将图形化动力学模型直接生成代码下载到仿真机。模型实现过程中，将动力学模块中左侧虚线部分直接生成代码，右侧虚线部设计到主控界面中，进行半物理仿真时，图 12-1 中的虚线部分可通过主控进行设置更改，可实现不同初始条件、不同构型、不同偏差情况的半物理仿真。

在自动生成代码的动力学模型中，输入为 4 项，输出为 1 项，输入包括初始化参数、虚拟实物切换开关、偏差注入、飞控舵机指令，输出为模拟传感器参数。

动力学代码下载到仿真机后，给相应接口传输可实现各种初始条件、偏差情况下的半物理仿真功能。只带飞控计算机半物理闭环仿真时，虚拟实物切换开关切至虚拟模式，这时使用舵机模型及其舵面位置计算气动力和力矩。带实物舵机 (或者实物舵面) 和飞控计算机闭环仿真时，虚拟实物切换开关切至实物模式，使用真实舵机和舵面位置计算气动力和力矩。

12.1.3 动力学建模实现

1) 6DOF 动力学方程

本节将建立基于机体坐标系及地心惯性系的 6DOF 运动方程，对于转动方程不考虑地球自转及曲率影响。

(1) S_T 坐标系质心运动学方程。

$$\dot{\boldsymbol{R}}_\mathrm{I} = L_\mathrm{Ib}\boldsymbol{V}_\mathrm{b} + \boldsymbol{\Omega}_\mathrm{e} \times \boldsymbol{R}_\mathrm{I} \tag{12.3}$$

其中，$\boldsymbol{R}_\mathrm{I} = [x_\mathrm{I}\ y_\mathrm{I}\ z_\mathrm{I}]^\mathrm{T}$ 为 S_T 系坐标；$\boldsymbol{\Omega}_\mathrm{e} = [0\ 0\ \omega_\mathrm{e}]^\mathrm{T}$ 为地球自转角速度矢量，这里 $\omega_\mathrm{e} = 7.292116 \times 10^{-5}\mathrm{rad/s}$；$\boldsymbol{V}_\mathrm{b} = [u\ v\ w]^\mathrm{T}$ 为相对于 S_E 坐标系三轴速度在体轴系的投影。

(2) S_b 坐标系质心运动学方程。

飞行器在惯性坐标系的矢量方程为

$$m\dot{\boldsymbol{V}}_\mathrm{I} = \boldsymbol{A} + \boldsymbol{T} + m\boldsymbol{g} \tag{12.4}$$

其中，$\boldsymbol{V}_\mathrm{I}$ 为飞行器绝对速度；$\boldsymbol{A}$ 为气动力；$\boldsymbol{T}$ 为推力；$m\boldsymbol{g}$ 为引力矢量；m 为质量。

$$\boldsymbol{V}_\mathrm{I} = \boldsymbol{V}_\mathrm{b} + L_\mathrm{bI}\left(\boldsymbol{\Omega}_\mathrm{e} \times \boldsymbol{R}_\mathrm{I}\right) \tag{12.5}$$

代入式 (12.4) 可得

$$\dot{V}_{\mathrm{I}} = \frac{\mathrm{d}}{\mathrm{d}t} \left[V_{\mathrm{b}} + L_{\mathrm{bI}} \left(\Omega_{\mathrm{e}} \times R_{\mathrm{I}} \right) \right] = \dot{V}_{\mathrm{b}} + \omega_b \times V_{\mathrm{b}} + L_{\mathrm{bI}} \left(\Omega_{\mathrm{e}} \times \dot{R}_{\mathrm{I}} \right) = \frac{A + T}{m} + g$$

$$(12.6)$$

进一步, 将质心运动学方程 (12.3) 代入式 (12.6) 可得

$$\dot{V}_{\mathrm{b}} + (\omega_{\mathrm{b}} + L_{\mathrm{bI}} \Omega_{\mathrm{e}}) \times V_{\mathrm{b}} + L_{\mathrm{bI}} \left[\Omega_{\mathrm{e}} \times (\Omega_{\mathrm{e}} \times R_{\mathrm{I}}) \right] = \frac{A + T}{m} + g \qquad (12.7)$$

体轴角速度相对于地心旋转坐标系 S_E 的角速度:

$$\omega_{\mathrm{R}} = \omega_{\mathrm{b}} - L_{\mathrm{bI}} \Omega_{\mathrm{e}} \qquad (12.8)$$

其中, $\omega_{\mathrm{b}} = [p \; q \; r]^{\mathrm{T}}$ 为惯性角速度在体轴的投影。

气动力在体轴系下表达为

$$A_{\mathrm{b}} = \boldsymbol{F}_{\mathrm{A}} = \begin{bmatrix} F_{\mathrm{A}x} & F_{\mathrm{A}y} & F_{\mathrm{A}z} \end{bmatrix}^{\mathrm{T}} \qquad (12.9)$$

RCS 推力在体轴系表达为

$$\boldsymbol{T}_{\mathrm{b}} = \boldsymbol{F}_{\mathrm{T}} = \begin{bmatrix} F_{\mathrm{T}x} & F_{\mathrm{T}y} & F_{\mathrm{T}z} \end{bmatrix}^{\mathrm{T}} \qquad (12.10)$$

(3) 转动动力学方程。

由动量矩定理可知

$$\frac{\mathrm{d}\boldsymbol{H}}{\mathrm{d}t} = \boldsymbol{M} \qquad (12.11)$$

投影至体轴系可写为

$$\dot{\boldsymbol{H}}_{\mathrm{b}} + \omega_{\mathrm{b}} \times \boldsymbol{H}_{\mathrm{b}} = \boldsymbol{M}_{\mathrm{b}} \qquad (12.12)$$

其中, $\boldsymbol{M}_{\mathrm{b}}$ 为体轴系三轴力矩 (滚转、俯仰、偏航力矩), 由 RCS 力矩和气动力矩计算:

$$\boldsymbol{M}_{\mathrm{b}} = \boldsymbol{M}_{\mathrm{T}} + \boldsymbol{M}_{\mathrm{A}} \qquad (12.13)$$

而 $\boldsymbol{H}_{\mathrm{b}} = \boldsymbol{I}\omega_{\mathrm{b}}$, 因此,

$$\boldsymbol{I}\dot{\omega}_{\mathrm{b}} = -\omega_{\mathrm{b}} \times (\boldsymbol{I}\omega_{\mathrm{b}}) + \boldsymbol{M}_{\mathrm{b}} \qquad (12.14)$$

$$\dot{\boldsymbol{\omega}}_{\mathrm{b}} = -\boldsymbol{I}^{-1}\left[\boldsymbol{\omega}_{\mathrm{b}} \times (\boldsymbol{I}\boldsymbol{\omega}_{\mathrm{b}})\right] + \boldsymbol{I}^{-1}\boldsymbol{M}_{\mathrm{b}} \tag{12.15}$$

对于面对称飞行器而言，惯性矩 $\boldsymbol{I}$ 可表达为

$$\boldsymbol{I} = \begin{bmatrix} I_x & 0 & -I_{xz} \\ 0 & I_y & 0 \\ -I_{xz} & 0 & I_z \end{bmatrix} \tag{12.16}$$

其中，I_x、I_y、I_z 分别为体轴系 ox 轴、oy 轴、oz 轴的惯性矩；I_{xz} 为 ox 与 oz 轴的惯性积。

(4) 转动动力学方程。

由欧拉角的形成过程可得到

$$\begin{bmatrix} \dot{\phi} \\ \dot{\theta} \\ \dot{\psi} \end{bmatrix} = \begin{bmatrix} 1 & \tan\theta\sin\phi & \tan\theta\cos\phi \\ 0 & \cos\phi & -\sin\phi \\ 0 & \sin\phi/\cos\theta & \cos\phi/\cos\theta \end{bmatrix} \begin{bmatrix} p \\ q \\ r \end{bmatrix} \tag{12.17}$$

(5) 地心惯性系坐标与经纬度转换关系。

地球旋转坐标系 S_{E} 下，飞行器位置表达为

$$\boldsymbol{R}_{\mathrm{E}} = L_{\mathrm{EI}}\boldsymbol{R}_{\mathrm{I}} = \begin{bmatrix} x_{\mathrm{E}} & y_{\mathrm{E}} & z_{\mathrm{E}} \end{bmatrix}^{\mathrm{T}} \tag{12.18}$$

$$\tan\mu = y_{\mathrm{E}}/x_{\mathrm{E}}, \quad \sin\lambda = z_{\mathrm{E}}/\sqrt{x_{\mathrm{E}}^2 + y_{\mathrm{E}}^2 + z_{\mathrm{E}}^2}$$
$$H = \sqrt{x_{\mathrm{E}}^2 + y_{\mathrm{E}}^2 + z_{\mathrm{E}}^2} - r_{\mathrm{e}} \tag{12.19}$$

2) 气动力建模

(1) 风洞测力试验数据处理。

风洞试验数据格式为 C_L、C_D、C_m、C_Y、C_n、C_l、α、β。

气动力和力矩建库采用增量方式。

$$C_f = C_{f0}(\alpha, \beta) + C_{f_{\delta_{\mathrm{e}}}}(\alpha, \beta, \delta_{\mathrm{e}}) + C_{f_{\delta_{\mathrm{a}}}}(\alpha, \beta, \delta_{\mathrm{a}}) + C_{f_{\delta_{\mathrm{r}}}}(\alpha, \beta, \delta_{\mathrm{r}}) + C_{f\mathrm{dyn}}(Ma, \alpha)$$

其中，$C_{f0}(\alpha, \beta)$ 为舵面偏度为 $0°$ 时的基本气动力和力矩系数；$C_{f_{\delta_{\mathrm{e}}}}(\alpha, \beta, \delta_{\mathrm{e}})$ 为升降舵偏转对气动力和力矩系数的影响增量；$C_{f_{\delta_{\mathrm{a}}}}(\alpha, \beta, \delta_{\mathrm{a}})$ 为副翼偏转对气动力和力矩系数的影响增量；$C_{f_{\delta_{\mathrm{r}}}}(\alpha, \beta, \delta_{\mathrm{r}})$ 为方向舵偏转对气动力和力矩系数的影响增量；$C_{f\mathrm{dyn}}(Ma, \alpha)$ 为动导数影响增量。

由风洞试验数据处理成气动力和力矩数据库的过程如图 12-2 所示。其中舵偏为 $0°$ 的基本数据库包括正负侧滑和迎角全序列数据 (迎角序列未取整)，需要

进行迎角插值、对称处理等；升降舵仅给出了侧滑角为正的数据，需补全负侧滑数据；副翼仅给出了正舵偏数据，需要补全负舵偏数据；方向舵仅给出了正舵偏数据，需要补全负舵偏数据。

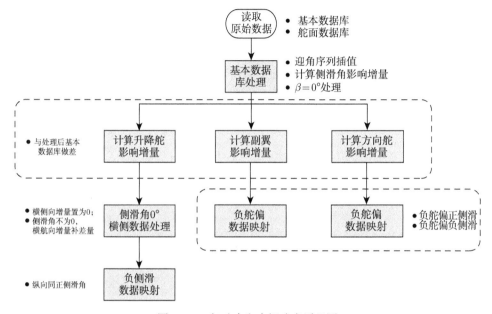

图 12-2　气动力和力矩建库原理图

副翼和方向舵负偏度数据补全按照如下方式进行：对于负舵偏、正侧滑情况，采用对应正舵偏、负侧滑计算气动力和力矩系数；纵向系数符号不变，横航向系数符号取反；对于负舵偏、负侧滑情况，采用对应正舵偏、正侧滑计算气动力和力矩系数，纵向系数符号不变，横航向系数符号取反。

(2) 气动力和力矩建模。

模型飞机由 2 片升降舵、2 片副翼、1 片方向舵组成。舵面偏转符号定义为：升降舵后缘下偏为正；副翼操纵为左副翼后缘向上，右副翼后缘向下为正；方向舵后缘左偏为正。舵面偏转范围为：升降舵为 $[-30°,30°]$，副翼为 $[-30°,30°]$，方向舵为 $[-30°,30°]$。

气动力和力矩系数采用增量方式进行计算，即

$$
\begin{aligned}
C_x =& C_{x,0}(\alpha,\beta) + C_{x,\delta_e}(\alpha,\beta) + C_{x,\delta_a}(\alpha,\beta) \\
& + C_{x,\delta_r}(\alpha,\beta) + C_{x,\mathrm{dyn}}(Ma,\alpha) \cdot \frac{C_{\mathrm{ref}}}{2V_a}
\end{aligned}
\tag{12.20}
$$

其中，x 分别代表升力系数 (C_L)、阻力系数 (C_D)、体轴系侧力系数 (C_Y)、滚转

力矩系数 (C_l)、俯仰力矩系数 (C_m) 以及偏航力矩系数 (C_n)；δ_e 代表升降舵偏度；δ_a 代表副翼偏度；δ_r 代表方向舵偏度；$C_{x,\text{dyn}}(Ma, \alpha)$ 代表动导数；C_{ref} 代表动导数参考长度，对于纵向 C_{ref} 为平均气动弦长，对于横航向 C_{ref} 为参考展长。

由于 6DOF 运动方程的力和力矩在体轴系下描述，因此需要将气动力转换至体轴系下：

$$\boldsymbol{F}_\text{A} = \begin{bmatrix} F_{\text{A}x} \\ F_{\text{A}y} \\ F_{\text{A}z} \end{bmatrix} = q \cdot S_{\text{ref}} \left(L_{\text{ba}} \begin{bmatrix} -C_D \\ 0 \\ -C_L \end{bmatrix} + \begin{bmatrix} 0 \\ C_Y \\ 0 \end{bmatrix} \right) \tag{12.21}$$

$$\boldsymbol{M}_\text{A} = \begin{bmatrix} L_{\text{A}x} \\ M_{\text{A}y} \\ N_{\text{A}z} \end{bmatrix} = q \cdot S_{\text{ref}} \begin{bmatrix} bC_l \\ cC_m \\ bC_n \end{bmatrix} + \boldsymbol{r} \times \boldsymbol{F}_\text{A} \tag{12.22}$$

其中，$\boldsymbol{F}_\text{A}$ 和 $\boldsymbol{M}_\text{A}$ 分别为体轴系三轴力和力矩；S_{ref} 为参考面积；$q = \dfrac{1}{2}\rho V_\text{a}^2$ 为动压；b 为气动参考展长；c 为平均气动弦长；$\boldsymbol{r} \times \boldsymbol{F}_\text{A}$ 为重心与气动参考重心不重合所导致的附加力矩；$\boldsymbol{r}$ 为气动参考重心到实际重心的位置在体轴系的投影；L_{ba} 为从气流轴系转换到体轴系的转换矩阵。

$$L_{\text{ba}} = \begin{bmatrix} \cos\alpha\cos\beta & -\cos\alpha\sin\beta & -\sin\alpha \\ \sin\beta & \cos\beta & 0 \\ \sin\alpha\cos\beta & -\sin\alpha\sin\beta & \cos\alpha \end{bmatrix} \tag{12.23}$$

气动系数进行插值时，采用线性插值方式；如果插值序列超出索引边界，则对于迎角、侧滑角、升降舵、副翼和方向舵均采用线性外插的方式，对于马赫数采用线性内插方式。

气动力模型提供了干净构型、中度结冰、重度结冰三种构型的气动系数，每个构型建模方法和建模思路同上。

3) 风洞模型

风洞试验中对风速的控制一般包含三个过程：起风段、稳定段和停风段，风洞虚拟飞行动力学建模需要考虑起风和停风段的风速变化动态过程。根据风速传感器获得试验过程风速数据，建立风洞起停风模型。由于试验数据噪声较大，不便于分析，首先采用滑动平均滤波对试验数据进行处理，以便提取风速信号的关键特征。图 12-3 给出了目标风速 35m/s 条件下，风速传感器原始信号与滑动平均滤波结果的对比曲线，可以看出，滑动平均滤波对试验数据有较好的平滑效果。

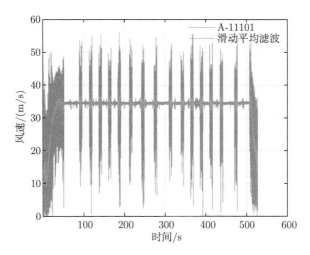

图 12-3　风洞风速原始数据滑动平均滤波

图 12-4 进一步给出了目标风速 35m/s 条件下风洞起风过程和停风过程的风速信号滤波结果。从滤波结果曲线可以看出：

(1) 风速传感器数据存在很大噪声；

(2) 风速传感器在风速大于 15m/s 时，精度较高；

(3) 多次试验起风数据相似，可采用二阶系统进行模拟；

(4) 停风风速数据特性接近线性，线性斜率为 $-1.25\mathrm{m/s}^2$。

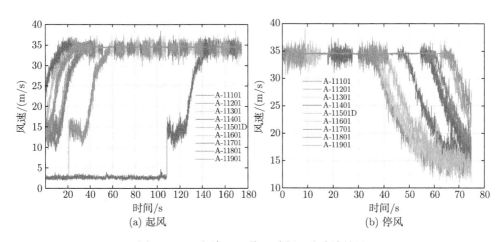

图 12-4　风洞起风、停风过程风速滤波结果

基于以上数据分析，35m/s 风洞起风和停风数据可等效为如图 12-5 所示的模型，即起风过程可等效为频率为 0.2，阻尼比为 0.85 的二阶系统，停风过程采

用线性模拟, 斜率为 $-1.25\mathrm{m/s^2}$。

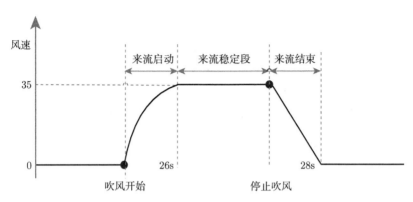

图 12-5　目标风速 35m/s 起风和停风过程模拟

综上所述, 不同风速时起风和停风特性均可近似采用动力学模拟, 设定不同目标风速时的模拟参数如表 12-2 所示。

表 12-2　风洞吹风动力学模拟

风速	起风		停风
	频率/(rad/s)	阻尼比	
35m/s	0.2	0.85	线性模拟, 斜率为 $-1.25\mathrm{m/s^2}$
25m/s	0.2	0.3	线性模拟, 斜率为 $-1.25\mathrm{m/s^2}$
15m/s	0.2	0.25	线性模拟, 斜率为 $-1.25\mathrm{m/s^2}$

4) 支杆力矩建模

本书仅考虑铰支点在对称面内不与重心重合的情况。假设铰支点在飞机对称面内, 建立方程时认为铰支点与重心的距离为小量, 设重心在铰接点前的距离为 ΔL, 如图 12-6 所示, 则可以计算铰接点垂直于 ΔL 的法向力 Fz' 为

$$Fz' = m\Delta L \frac{M}{I_{yy} + m\Delta L^2} + F' - F' \frac{m\Delta L^2}{I_{yy} + m\Delta L^2} \tag{12.24}$$

其中, $F' = Fz\cos\delta + Fx\sin\delta$; m 为飞行器质量; I_{yy} 为俯仰惯性矩。由重心与铰支点不重合而引起的附加俯仰力矩为 $M_{质心} = -Fz'\Delta L$。

设重心与铰支点的位置在体轴系的投影为 $(\Delta x_{Hm}, 0, \Delta z_{Hm})$, 则

$$\Delta L = \sqrt{\Delta x_{Hm}{}^2 + \Delta z_{Hm}{}^2}, \quad \delta = \tan 2^{-1}\left(-\frac{\Delta z_{Hm}}{\Delta x_{Hm}}\right) \tag{12.25}$$

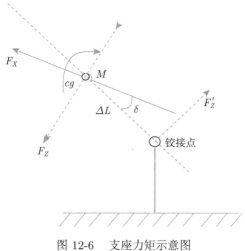

图 12-6   支座力矩示意图

加上支座的摩擦力矩，支座产生的总作用力矩为

$$
\boldsymbol{M}_{支} = \left[\begin{array}{c} L_{MC} \\ M_{MC} + M_{质心} \\ N_{MC} \end{array} \right]
\tag{12.26}
$$

5) 舵机建模

背景飞机舵面驱动舵机的输出速率随载荷接近呈线性变化。根据舵机扫频结果可知：舵机带宽大约为 20Hz，纯延迟 5ms。但考虑到舵机测试较为简单，存在较大偏差，因此将舵机等效为纯延迟、间隙和二阶环节，其中二阶环节还考虑了位置饱和和速率限幅，其中舵机带宽为 12Hz，阻尼比为 0.8，舵机间隙为 0.4°。

12.2   背景飞机动力学特性分析

本节将基于小扰动理论获得的线性化飞行动力学模型，开展背景飞机动力学特性分析，以期获得动力学相似缩比模型在虚拟飞行试验包线范围的配平能力、静动态稳定性，以及运动模态特性等基本信息，为后续进行风洞虚拟飞行控制律设计提供参考信息。

12.2.1   配平特性

1) 纵向配平

纵向配平特性如图 12-7 所示，由配平结果曲线可以看出：

(1) 在使用迎角范围内 ([−9°, 19°])，升降舵配平能力足够；

(2) 结冰对纵向配平影响较小，主要影响集中在负迎角和失速迎角区域；

(3) 侧滑角对纵向配平影响较小，主要影响集中在失速迎角以上区域。

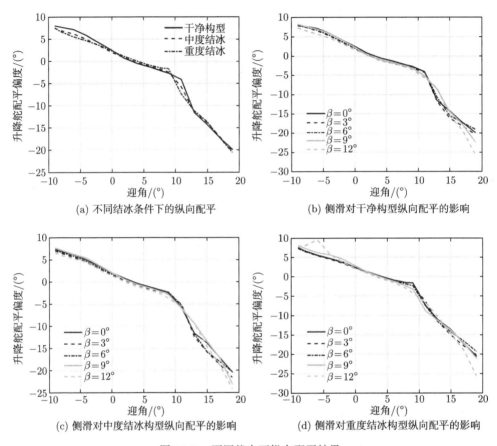

(a) 不同结冰条件下的纵向配平　　　　　　(b) 侧滑对干净构型纵向配平的影响

(c) 侧滑对中度结冰构型纵向配平的影响　　　(d) 侧滑对重度结冰构型纵向配平的影响

图 12-7　不同状态下纵向配平结果

2) 横航向配平

横航向配平特性如图 12-8 和图 12-9 所示，由配平结果曲线可以看出：

(1) 副翼的配平能力较差，若考虑副翼舵偏不超过 ±30°，则侧滑角不能超过 9°；

(2) 在失速迎角以内时，单位侧滑角的横向静稳定力矩至少是副翼舵效的 2 倍；

(3) 方向舵可满足 ±12° 的侧滑角配平要求；

(4) 结冰对副翼配平偏度的趋势影响较大，对方向舵影响相对较小。

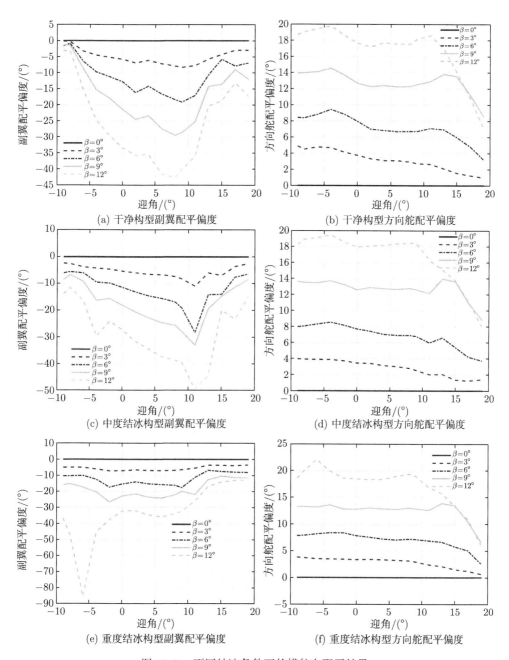

(a) 干净构型副翼配平偏度

(b) 干净构型方向舵配平偏度

(c) 中度结冰构型副翼配平偏度

(d) 中度结冰构型方向舵配平偏度

(e) 重度结冰构型副翼配平偏度

(f) 重度结冰构型方向舵配平偏度

图 12-8 不同结冰条件下的横航向配平结果

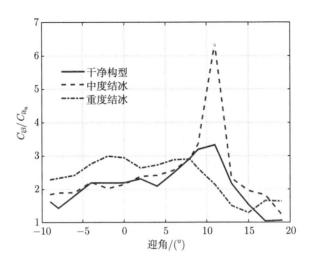

图 12-9　横航向静稳定性/副翼舵效

12.2.2　稳定性分析

1) 纵向稳定性

纵向稳定性一般采用 C_{ma} 度量，$C_{ma}>0$ 代表纵向静不稳定；$C_{ma}<0$ 代表纵向静稳定。本模型的纵向静稳定性导数如图 12-10 所示，可以看出：

(1) 在可用迎角范围，纵向静稳定；

(2) 失速的迎角区域 (9~14°) 纵向静稳定性急剧变化；

(3) 结冰对纵向静稳定性有一定影响，可预期对飞行品质有影响；

(4) 侧滑角对纵向静稳定性有一定影响，但影响有限。

2) 横航向稳定性

现代飞行器设计横侧向一般关注以下稳定性导数：横航向静稳定性导数 $C_{n\beta}$，横航向静稳定性导数 $C_{l\beta}$，航向动稳定性 $C_{n\beta\cdot\text{dyn}}$，以及横向操纵偏航发散参数 LCDP_{δ_a}。$C_{n\beta\cdot\text{dyn}}$ 和 LCDP_{δ_a} 的定义如下式，其中 $C_{l\alpha}$、$C_{n\alpha}$ 分别为由副翼产生的滚转和偏航力矩系数：

$$C_{n\beta\cdot\text{dyn}} = C_{n\beta}\cos\alpha - \frac{I_z}{I_x}C_{l\beta}\sin\alpha \qquad (12.27)$$

$$\text{LCDP}_{\delta_a} = C_{n\beta} - C_{l\beta}\frac{C_{n\delta_a}}{C_{l\delta_a}} \qquad (12.28)$$

飞机横航向稳定性导数如图 12-11 所示，由曲线可以看出：

(1) 在使用迎角范围内，航向静稳定、横向静稳定、航向动稳定且副翼 LCDP 大于 0；

(2) 大于失速迎角后，随着迎角增大，横侧向稳定性迅速减小；

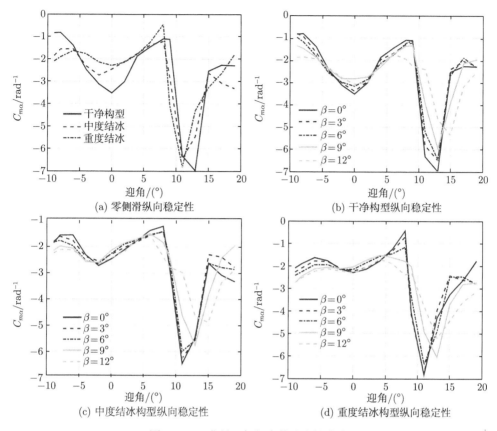

图 12-10　背景飞机纵向静稳定性曲线

(3) 在失速迎角以下时，随着迎角增大，航向动稳定性增强；

(4) $I_z/I_x = 3.2$，在迎角较大时惯量比放大了横向静稳定性的影响；

(5) 副翼方向舵交联值 K_{ari} 较小，可以预期滚转振荡现象较弱。

$$K_{\mathrm{ari}} = -\frac{\bar{N}_{\delta_{\mathrm{a}}} - \bar{L}_{\delta_{\mathrm{a}}} \tan \alpha}{\bar{N}_{\delta_{\mathrm{r}}} - \bar{L}_{\delta_{\mathrm{r}}} \tan \alpha} \tag{12.29}$$

12.2.3　模态特性分析

根据模型真实质量估算，风洞海拔高度约 650m，模拟真机海拔高度为 4375.18m。下面分别分析模型和背景飞机的模态特性，使用的飞行状态如表 12-3 所示。

表 12-3　模态计算飞行状态

飞机类型	马赫数	海拔/m	迎角范围/(°)
模型飞机 (缩比)	0.1036	650	[−9,19]
背景飞机 (全尺寸)	0.4844	4375.18	[−9,19]

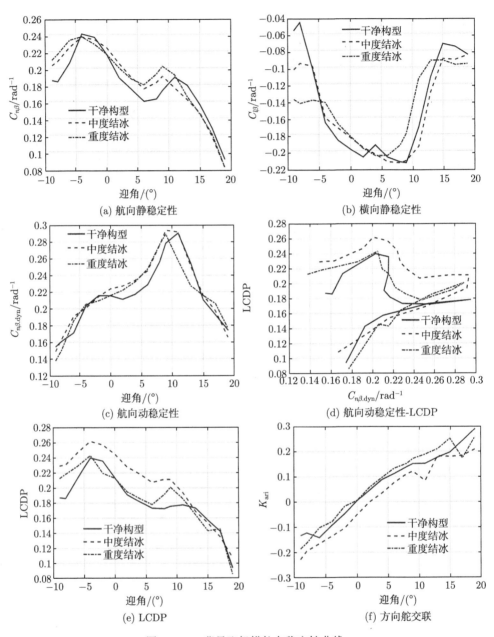

图 12-11　背景飞机横航向稳定性曲线

为分析模态特性，分析方式采用机动配平方式，即油门固定，只配力矩的方式进行。模型飞机与背景飞机满足相似准则，因此只分析模型飞机的特性。模型飞机纵向和横航向根轨迹随迎角变化如图 12-12 所示，纵向和横航向典型模态参数随迎角变化曲线如图 12-13 所示，由曲线可以看出：

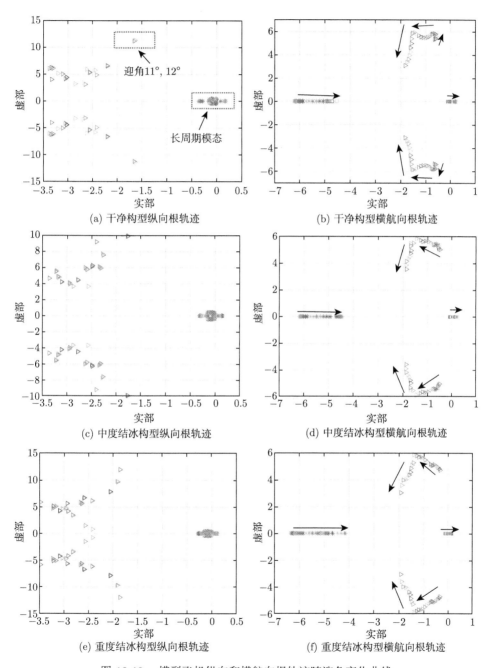

(a) 干净构型纵向根轨迹   (b) 干净构型横航向根轨迹

(c) 中度结冰构型纵向根轨迹   (d) 中度结冰构型横航向根轨迹

(e) 重度结冰构型纵向根轨迹   (f) 重度结冰构型横航向根轨迹

图 12-12　模型飞机纵向和横航向根轨迹随迎角变化曲线

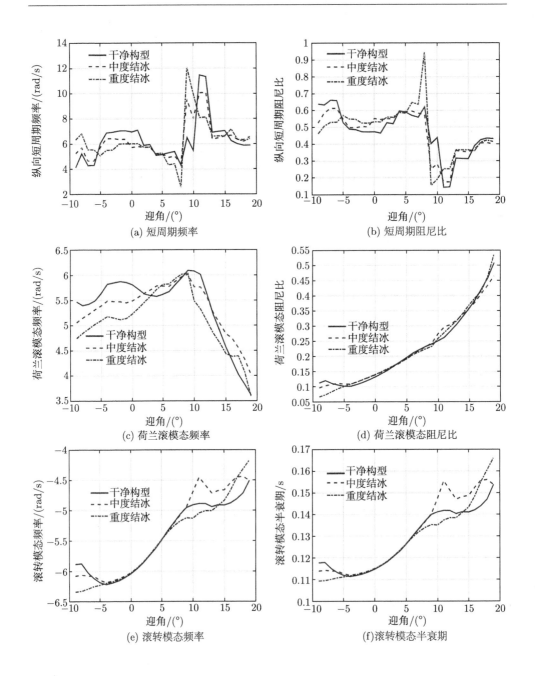

(a) 短周期频率

(b) 短周期阻尼比

(c) 荷兰滚模态频率

(d) 荷兰滚模态阻尼比

(e) 滚转模态频率

(f) 滚转模态半衰期

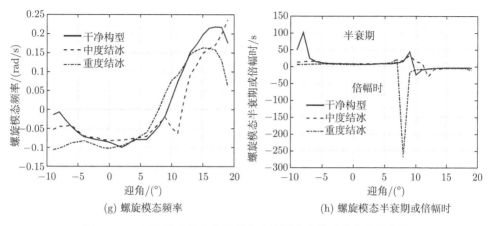

(g) 螺旋模态频率   (h) 螺旋模态半衰期或倍幅时

图 12-13 模型飞机纵向和横航向典型模态参数随迎角变化曲线

(1) 在迎角 $[10°\sim13°]$ 范围内,纵向静稳定性大幅增强,纵向短周期频率大幅增大,阻尼比大幅减小,失速迎角以内时,纵向短周期阻尼比大于 0.45;

(2) 随着迎角增大,滚转模态收敛速度减小,螺旋模态从稳定向轻微发散发展;

(3) 失速迎角以上时,荷兰滚模态自然频率减小,阻尼比增大;

(4) 结冰对荷兰滚模态阻尼比的影响较小,对自然频率存在一定影响,但不是很大;

(5) 结冰对滚转模态收敛速度的影响主要集中在失速迎角以上时。

12.3 风洞虚拟飞行控制律设计

在风洞虚拟飞行试验中,模型由运动关节铰支于风洞中心,其三轴姿态运动自由度不受限制,需要针对模型姿态稳定控制设计控制律,保证模型三轴姿态角稳定在期望的状态或范围内,为实施风洞虚拟飞行试验科目奠定条件。风洞虚拟飞行试验的目的是要探索验证结冰对飞机动力学特性及安全的影响,故控制律设计过程要考虑不同结冰程度的影响,主要考虑了干净、中度结冰和重度结冰三种模型构型。从试验安全的角度出发,还应设计模型运动姿态的边界保护和启停风洞过程中模型姿态稳定等控制需求。

12.3.1 控制律设计输入

1) 模拟飞行条件

模拟飞行速度范围:$\leqslant 0.4Ma$

模拟飞行高度:3000~5000m

2) 飞机构型

模型构型为干净构型、机翼中度结冰构型及机翼重度结冰构型，模型重量为最大起飞重量，模型重心位置为正常重心位置。

3) 功能需求

(1) 飞行控制律主要实现以下功能：

(A) 三轴控制增稳；

(B) 迎角和侧滑角边界保护；

(C) 基本控制律和自适应控制切换；

(D) 试验开始与停止的平稳过渡。

(2) 飞行控制律设计根据相似准则要求进行，将背景飞机低速控制增稳控制律经过相似性变换，获得缩比模型飞机控制律。

(3) 设计起风阶段的控制律和控制切换逻辑，实现起风过程中的模型控制和控制律的平稳过渡。

(4) 对于经典控制和模型参考自适应控制两种方案，飞机纵向上具备俯仰姿态精确保持、控制功能；横航向具备滚转姿态及航向精确保持、控制功能。

(5) 对于经典控制和模型参考自适应控制两种方案，控制律设计具有良好的鲁棒性，并具有足够的增益裕度和相位裕度，满足飞行品质规范的要求。

(6) 对于经典控制和模型参考自适应控制两种方案，保证飞机在中度及重度结冰条件下满足相关飞行品质规范的要求。

(7) 试验中对于操作员任何正常操作和给定的外界扰动作用，均能保证带控制系统的飞机的稳定性。

(8) 在操作员任意正常操纵动作下，按迎角等参数限制机动飞机的极限飞行状态。

(9) 结合试验调试、运行和试验研究需要，预留相关输入、输出及调试接口，满足试验调试、运行及开展相关试验验证研究的要求。

4) 设计状态

根据背景飞机与动力相似模型的质量特性参数 (表 12-4 和表 12-5) 以及风洞海拔约 650m，由相似准则计算得到模拟真机海拔为 4375.18m。

表 12-4　虚拟飞行试验背景飞机质量特性

质量/kg	重心/m			转动惯量/(kg·m^2)		
	X	Y	Z	滚转	俯仰	偏航
72000	17.17	−1	0	1658755	3802630	5306326

表 12-5 虚拟飞行试验模型飞机质量特性

模拟高度 H_{ds}/m	大气密度比	模型质量 /kg	重心位置 /mm	重心高度 /mm	转动惯量/(kg·m²)		
					滚转	俯仰	偏航
3000	0.79	11.389	858.5	−50	0.6559	1.5037	2.0983
4000	0.712	12.640	858.5	−50	0.728	1.6689	2.3288
4500	0.675	13.333	858.5	−50	0.7679	1.7605	2.4566
5000	0.64	14.065	858.5	−50	0.8101	1.8571	2.5915
模型真实质量特性		13.16	858.5	−50	0.762	1.991	2.652

风洞虚拟飞行试验主要模拟巡航状态，为此设计控制律状态点如表 12-6 所示。由于实际试验中存在大气密度等偏差，因此模型和背景飞机设计状态点的海拔分别选取 3 个。

表 12-6 控制律设计状态点

飞机类型	马赫数	海拔/m	迎角/(°)
模型飞机	0.1036	0	[−4,15]
		650	
		1000	
背景飞机	0.4844	3500	[−4,15]
		4375.18	
		5000	

根据相似变换以及空气动力学原理可知，马赫数 0.6 以下，空气动力学特性随马赫数变化较小，主要影响飞行动力学特性的是真空速和大气密度，控制律增益参数可根据真空速和大气密度进行变换。而背景飞机和模型飞机的控制器增益可根据相似准则进行变换得到。

因此，本书线性设计以海高 650m，真空速 35m/s 进行设计，其他高度和马赫数可进行变换得到。

12.3.2 控制律相似变换

1. 相似准则

使模型试验飞行的气动力与真实飞行气动力学相似，则必须满足几何相似，质量特性相似，雷诺数相似，弗劳德数相似以及传感器、舵机等动态环节相似。

1) 几何相似

模型飞机与背景飞机各对应部分的夹角相等，尺寸成比例，即

$$\delta_{\mathrm{m}} = \delta_{\mathrm{a}} \tag{12.30}$$

$$\frac{L_{\mathrm{a}}}{L_{\mathrm{m}}} = K \tag{12.31}$$

其中，L_a 为背景飞机尺寸；L_m 为模型飞机尺寸；K 为缩比倍数。

2) 质量特性相似

模型飞机质心与背景飞机质心的相对位置相等，即

$$\frac{x_{cm}}{b_{Am}} = \frac{x_{ca}}{b_{Aa}} \tag{12.32}$$

其中，$\dfrac{x_{cm}}{b_{Am}}$ 为模型飞机质心在弦线的位置；$\dfrac{x_{ca}}{b_{Aa}}$ 为背景飞机质心在弦线的位置。

模型飞机质量与背景飞机质量的关系如下：

$$M_m = \frac{M_a}{K^3 \Delta} \tag{12.33}$$

$$I_m = \frac{I_a}{K^5 \Delta} \tag{12.34}$$

$$\Delta = \frac{\rho_a}{\rho_m} \tag{12.35}$$

其中，M_m 为模型飞机的质量；M_a 为背景飞机的质量；I_m 为模型飞机的惯量；I_a 为背景飞机的惯量；Δ 为背景飞机典型飞行高度与模型飞机典型飞行高度的密度之比。

3) 雷诺数相似

马赫数相似表征气动压缩性对流动影响的相似影响。雷诺数相似表征气体惯性力与黏性力相对大小。马赫数小于 0.3 则可不考虑马赫数影响，主要关注雷诺数影响；马赫数大于 0.3，则主要关注马赫数相似。

4) 弗劳德数相似

弗劳德数 Fr 表征惯性力和重力之比，即

$$Fr = \frac{V}{\sqrt{lg}} \tag{12.36}$$

其中，l 为特征长度；g 为重力加速度。若要求弗劳德数相同，则模型飞机与背景飞机飞行速度的比例关系为

$$\frac{V_a}{V_m} = \sqrt{K} \tag{12.37}$$

若认为在较大高度范围内，声速变化较小，则模型飞机与背景飞机的马赫数比例关系为

$$\frac{Ma_a}{Ma_m} = \sqrt{K} \tag{12.38}$$

使用气动数据时, 气动导数不变, 但是对应的马赫数插值索引满足相应的条件。

5) 传感器、舵机等动态环节相似

模型飞机为了验证背景飞机的控制系统特性, 要安装与背景飞机相似的控制系统, 因此在保证控制系统在组成、结构上相似之外, 对控制系统通道上的每个部件要求进行相似变换。经过推导得到如下结论:

(1) 模型飞机的动态环节带宽 (舵机、传感器等) 应是背景飞机的 $\sqrt{K}$ 倍;

(2) 模型飞机的采样周期应是背景飞机的 $\sqrt{K}$ 倍。

2. 控制律相似变换

由于模型飞机与背景飞机满足动力学相似准则, 因此模型飞机的控制律可由背景飞机通过相似变换得到。下面推导两者之间的关系。

频率与舵效关系:

对于常规静稳定飞机, 纵向短周期频率可以近似简化为

$$
\begin{cases}
\omega_{n.\,\text{短周期}} = \sqrt{-\left(\bar{M}_\alpha + \bar{M}_q Z_\alpha\right)} \\[2mm]
\xi_{\text{短周期}} = -\dfrac{\bar{M}_q + \bar{M}_{\dot{\alpha}} - Z_\alpha}{2\omega_{n.\,\text{短周期}}} \\[2mm]
\bar{M}_\alpha = C_{m\alpha}\dfrac{q_{\text{bar}}SC}{I_y} \\[2mm]
\bar{M}_q = C_{mq}\left(\dfrac{C}{2V}\right)\dfrac{q_{\text{bar}}SC}{I_y} \\[2mm]
\bar{M}_{\dot{\alpha}} = C_{m\dot{\alpha}}\left(\dfrac{C}{2V}\right)\dfrac{q_{\text{bar}}SC}{I_y} \\[2mm]
Z_\alpha = \dfrac{(C_D + C_{L\alpha})\,q_{\text{bar}}S}{mV}
\end{cases} \tag{12.39}
$$

结合前述弗劳德数相同, 可得到短周期频率与阻尼比的比例关系:

$$
\frac{\omega_{\text{m}}}{\omega_{\text{a}}} = \sqrt{K}, \quad \frac{\xi_{\text{m}}}{\xi_{\text{a}}} = 1 \tag{12.40}
$$

舵效关系与上述同理, 得到

$$
\bar{M}_{\delta_{\text{e}}} = C_{m\delta_{\text{e}}}\frac{q_{\text{bar}}SC}{I_y} \tag{12.41}
$$

$$
\frac{\bar{M}_{\delta_{\text{e}}.\text{m}}}{\bar{M}_{\delta_{\text{e}}.\text{a}}} \approx K \tag{12.42}
$$

其中, 下标 m 代表模型飞机; a 代表背景飞机。

横航向模态推导过程与结论类似。

3. 控制律关系

俯仰速度对舵面的传递函数为

$$\frac{q}{\delta_\mathrm{e}} \approx \frac{\bar{M}_{\delta_\mathrm{e}}\left(s + Z_\alpha\right)}{s^2 + 2\xi_s \omega_{ns} s + \omega_{ns}^2} \tag{12.43}$$

由于模型飞机与背景飞机短周期频率不同，若要求相似的飞行品质，则要求阻尼比相同。设模型飞机和背景飞机反馈俯仰角速度主增益分别为 K_m 和 K_a，则由传递函数推导可知，模型飞机和背景飞机闭环后短周期阻尼比分别为

$$\xi_\mathrm{m}' = 2\xi_\mathrm{m} + K_\mathrm{m}\bar{M}_{\delta_\mathrm{e.m}}/\omega_{n.\mathrm{m}} = \xi_\mathrm{a}' = 2\xi_\mathrm{a} + K_\mathrm{a}\bar{M}_{\delta_\mathrm{e.a}}/\omega_{n.\mathrm{a}} \tag{12.44}$$

由此可得到

$$\frac{K_\mathrm{m}}{K_\mathrm{a}} = \frac{\bar{M}_{\delta_\mathrm{e.a}}}{\omega_{n.\mathrm{a}}} \cdot \frac{\omega_{n.\mathrm{m}}}{\bar{M}_{\delta_\mathrm{e.m}}} = \frac{1}{\sqrt{K}} \tag{12.45}$$

上式表明，模型飞机和背景飞机反馈角速度的主增益之比为 $1/\sqrt{K}$。

12.3.3　PID 控制律设计与仿真

飞机经典比例–积分–微分 (Proportional-Integral-Differential，PID) 控制增益设计采用冻结状态点设计，具体流程原理如图 12-14 所示。增益设计中稳定裕度评价采用开环伯德 (Bode) 图或者尼克尔斯图 (Nichols plot) 评价，需要满足 45° 相位裕度和 6dB 幅值裕度要求，姿态角、迎角和侧滑角控制精度为 0.5。由前述动力学特性可知，模型飞机随迎角存在一定的非线性。考虑到实际背景飞机飞行时，迎角和侧滑角的传感器存在误差，控制律设计应尽量避免随迎角和侧滑角进行调参。因此本书的设计思路为：选取 5° 迎角作为标称设计状态，控制器参数不随迎角调参，检查不同迎角状态时是否能够兼容同一控制器。

1. 纵向 PID 控制

纵向采用 C* 指令 (俯仰角速度和法向过载的混合) 控制方式，增稳控制原理如图 12-15 所示。其中法向过载反馈减 1 的作用是在无驾驶杆或者自动驾驶指令输入时，纵向保持 1g 平飞 (设计基准)。由于模型飞机在风洞中仅进行姿态运动，因此在风洞 3DOF 运动中需要将控制回路中法向过载通路断开，或者法向过载赋值为 1。图中红色虚线为迎角边界保护模块，其原理为在超过边界迎角后，自动减小自动驾驶指令直到迎角回到边界内。

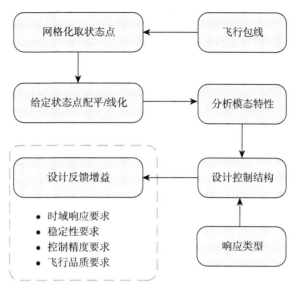

图 12-14 PID 增益设计

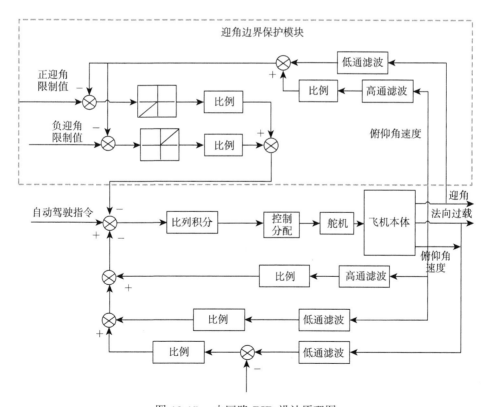

图 12-15 内回路 PID 设计原理图

纵向俯仰角控制原理如图 12-16 所示，其中法向过载项为内回路中补偿法向过载项，使得俯仰角能够精确跟踪，消除静差。俯仰角控制采用经典的 PID 控制方式。

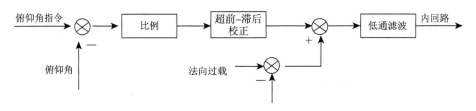

图 12-16　纵向俯仰角控制原理

纵向经典 PID 设计时，搭建如图 12-15 和图 12-16 所示的控制模块用于线性设计与分析，其中飞机本体模块代表线化的状态空间模型，舵机模型采用频率为 60rad/s、阻尼比为 0.8 的二阶惯性环节模拟。非线性仿真时使用的舵机带宽为 75rad/s，考虑到该带宽未考虑载荷影响、速率限制以及响应延迟的影响，因此线性设计时采取保守设计思路，舵机带宽仅取 60rad/s。线性设计时，模拟整个控制律纯延迟 15ms，包括纯延迟、计算周期、舵机纯延迟等。纯延迟使用二阶近似方式，传递函数如下：

$$\frac{t_{\mathrm{s}}^2/12\ s - t_{\mathrm{s}}/2 + 1}{t_{\mathrm{s}}^2/12\ s + t_{\mathrm{s}}/2 + 1}$$

其中，t_{s} 为纯延迟。

在干净和重度结冰条件下，纵向 PID 线性设计的俯仰角仿真结果如图 12-17～图 12-20 所示。由曲线可以看出：

(1) 迎角 5° 的标称迎角状态，PID 控制效果工作良好，稳定裕度符合要求 (幅值裕度 6dB，相位裕度 45°)；

(2) 迎角 −4°～8° 范围，时域跟踪特性良好；

(3) 在失速区迎角为 10°、12° 时，指令跟踪效果较差，但是回路稳定；

(4) 过了失速区，迎角达到 15° 时，指令自适应控制跟踪效果变好。

(5) 正常控制时，迎角建议在 10° 以内飞行。

2. 横航向 PID 控制

横航向增稳控制原理如图 12-21 所示，滚转轴控制滚转角速度，偏航轴控制风轴系偏航角速度，由于飞机一般侧向过载比较小，因此偏航轴以偏航角速度响应为主。脚蹬输入对应于侧滑角响应。由于模型飞机在风洞中仅进行姿态运动，因此在风洞 3DOF 运动中需要将控制回路中的侧向过载通路断开，或者将侧向过载赋值为 0。

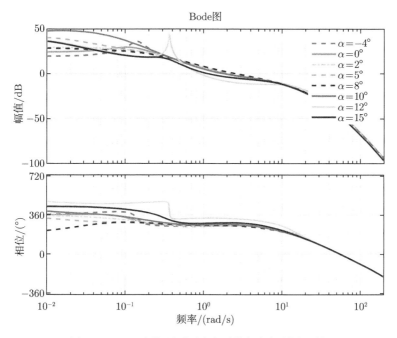

图 12-17 干净构型不同迎角时俯仰角控制稳定性

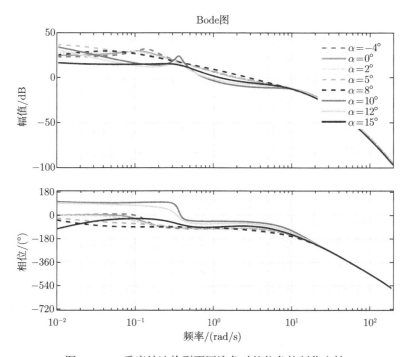

图 12-18 重度结冰构型不同迎角时俯仰角控制稳定性

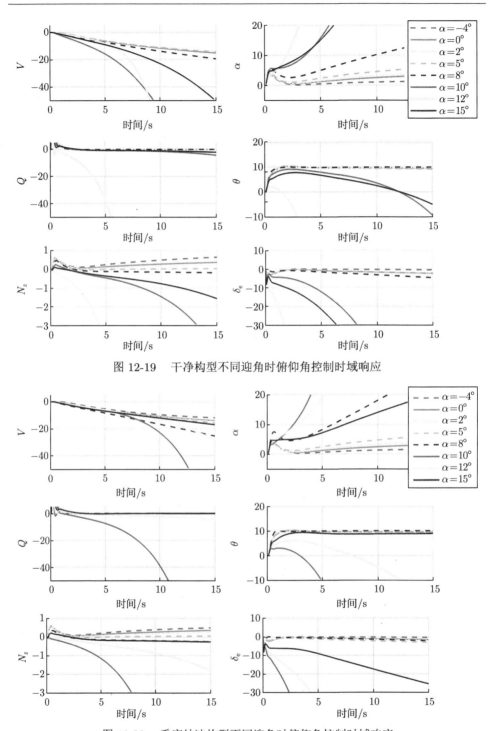

图 12-19　干净构型不同迎角时俯仰角控制时域响应

图 12-20　重度结冰构型不同迎角时俯仰角控制时域响应

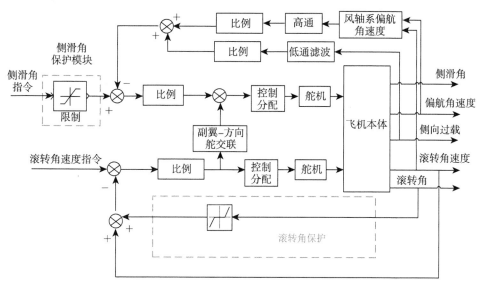

图 12-21 横航向增稳控制原理图

偏航轴风轴系偏航角速度加入高通滤波，是为了避免在定常盘旋时常值偏航角速度带来方向舵常值偏转。副翼–方向舵交联减小转弯过程中的侧滑角，达到协调转弯的目的。

上侧红色虚线内限幅模块实现侧滑角边界保护功能，其原理为：偏航通道指令对应于侧滑角响应，通过对输入指令进行限幅而达到限制侧滑角的目的。注意，由于偏航通道未直接反馈侧滑角，因此偏航通道指令与侧滑角响应的对应关系不是 1:1，需要根据侧滑角限制值以及响应比例关系，调整饱和限幅值，对于本节，限幅值取 $[-7.5, 7.5]$，可实现侧滑角保护在 $[-5°, 5°]$ 以内。

下侧红色虚线为滚转角边界保护模块，其原理为：在滚转角反馈处加入死区环节，当滚转角超过死区阈值后，自动减小滚转角速度指令，直到滚转角和外回路滚转角速度指令达到平衡。滚转角保护阈值为 $20°$。

风轴系偏航角速度 r_s 的计算方法如下：

$$r_s = r \cos \alpha - p \sin \alpha \tag{12.46}$$

其中，r 为偏航角速度；p 为滚转角速度。

滚转角控制原理如图 12-22 所示，采用常规的比例积分与校正的控制方式。

横航向 PID 线性设计的内回路和滚转角仿真结果如图 12-23～图 12-30 所示。其中，图 12-23～图 12-26 为干净和重度结冰条件下的滚转角控制频域稳定性分析

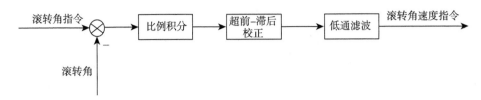

图 12-22　滚转角控制原理图

和时域仿真结果，图 12-27~图 12-30 为干净和重度结冰条件下的侧滑角控制频域稳定性分析和时域仿真结果。由仿真结果可以看出：

(1) 迎角 5° 的标称迎角状态，PID 控制工作良好，对结冰状态不敏感，能够较好地跟踪理想模型输出；

(2) 迎角 −4°~15° 范围，PID 控制工作良好，且稳定裕度满足幅值裕度 6dB 和相位裕度 45° 的要求。

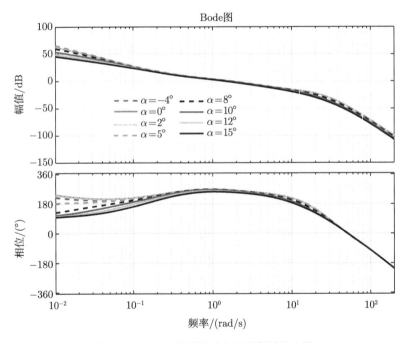

图 12-23　干净构型滚转角控制频域稳定性

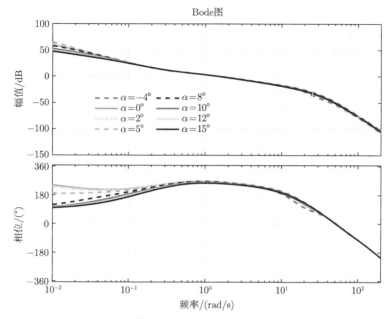

图 12-24 重度结冰构型滚转角控制频域稳定性

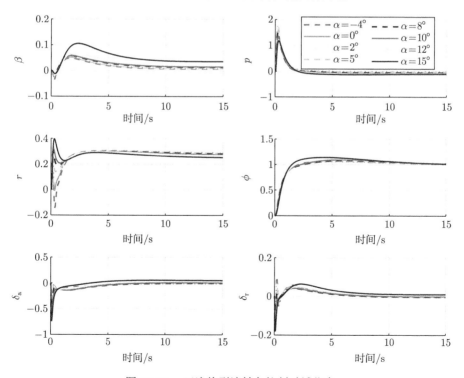

图 12-25 干净构型滚转角控制时域仿真

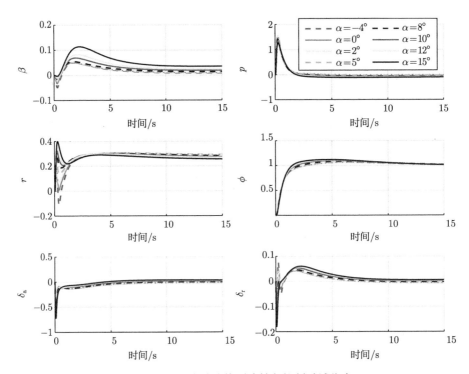

图 12-26　重度结冰构型滚转角控制时域仿真

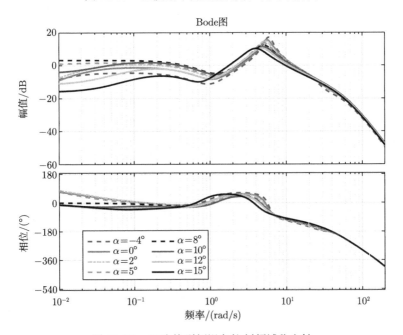

图 12-27　干净构型侧滑角控制频域稳定性

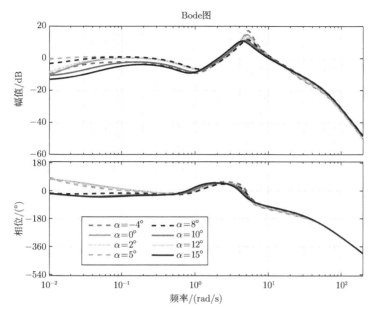

图 12-28 重度结冰构型侧滑角控制频域稳定性

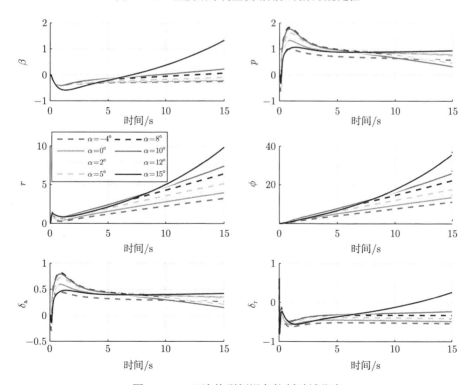

图 12-29 干净构型侧滑角控制时域仿真

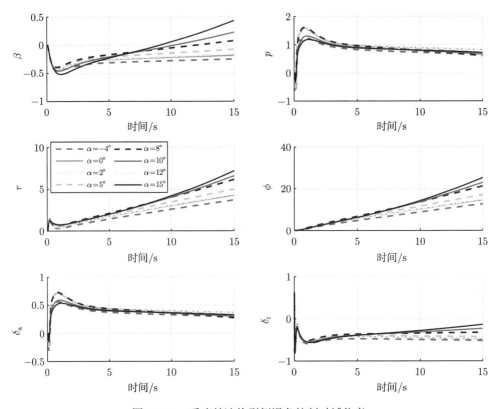

图 12-30 重度结冰构型侧滑角控制时域仿真

12.3.4 L1 控制律设计与仿真

L1 自适应控制方法是在传统的模型中，在引入自适应控制的基础上进行改进演化，通过引入低通滤波器与增大自适应增益来保证系统渐进稳定的同时，具有良好的鲁棒性与系统快速自适应。L1 自适应控制原理图如图 12-31 所示。

其中，控制律为

$$\bar{r} = K_{\mathrm{g}}r - \hat{w}u - \hat{\theta}x - \hat{\delta} \tag{12.47}$$

低通滤波器为

$$u = KD(s)\bar{r} \tag{12.48}$$

由式 (12.47) 看出，$\bar{r} = K_{\mathrm{g}}r$ 为基础控制律，$-\hat{w}u - \hat{\theta}x - \hat{\delta}$ 为由不确定性造成的飞行器响应与参考模型不一致的修正量，即为自适应部分。

本节将 L1 自适应控制作为内回路增稳控制的现代控制方法。非线性仿真时采用离散格式的考虑非匹配不确定性的 L1 自适应控制，控制律设计如下所述。

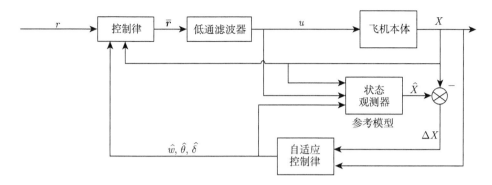

图 12-31 L1 自适应控制原理图

状态预测:

$$\begin{cases} \dot{\hat{x}}(t) = A_m \hat{x}(t) + B_m \left[u(t) + \hat{\sigma}_m(t) \right] + B_{um} \hat{\sigma}(t) \\ \hat{x}(0) = x_0 \\ \hat{y}(t) = C \hat{x}(t) \end{cases} \tag{12.49}$$

自适应律:

$$\hat{\sigma}_m(t) = \hat{\sigma}_m\left(iT_s\right), \quad \hat{\sigma}_{um}(t) = \hat{\sigma}_{um}\left(iT_s\right), \quad t \in [iT_s, (i+1)T_s] \tag{12.50}$$

$$\begin{bmatrix} \hat{\sigma}_m\left(iT_s\right) \\ \hat{\sigma}_{um}\left(iT_s\right) \end{bmatrix} = - \begin{bmatrix} I_m & O \\ O & I_{n-m} \end{bmatrix} \begin{bmatrix} B_m & B_{um} \end{bmatrix}^{-1} \Phi^{-1}\left(T_s\right) \mathrm{e}^{A_m T_s} \tilde{x}\left(iT_s\right)$$

$$i = 1, 2, 3, \cdots \tag{12.51}$$

其中,

$$\Phi\left(T_s\right) = A_m^{-1} \left(\mathrm{e}^{A_m T_s} - I_n \right) \tag{12.52}$$

$$\tilde{x}(t) = \hat{x}(t) - x(t) \tag{12.53}$$

控制律:

$$u(t) = u_m(t) + u_{um}(t) + K_{\mathrm{g}} r(t) \tag{12.54}$$

其中,

$$u_m(s) = -C_1(s) \hat{\sigma}_m(s) \tag{12.55}$$

$$u_{um}(s) = -C_2(s) H_1^{-1}(s) H_2(s) \hat{\sigma}_{um}(s) \tag{12.56}$$

$$\begin{cases} H_1(s) = C \left(sI - A_m\right)^{-1} B_m \\ H_2(s) = C \left(sI - A_m\right)^{-1} B_{um} \\ K_{\mathrm{g}} = - \left(C A_m^{-1} B_m \right)^{-1} \end{cases} \tag{12.57}$$

1. 纵向 L1 自适应控制

根据 L1 自适应的原理建立如图 12-32 所示的纵向内回路 L1 自适应设计仿真环境。其中舵机采用线性舵机模型，带宽为 60rad/s，等效时间延迟取为 10ms。

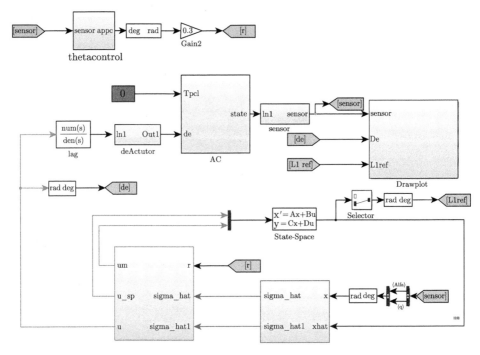

图 12-32　L1 自适应控制纵向俯仰角控制线性设计环境

由于纵向内回路主要关注短周期模态，因此选取理想模型为由迎角和俯仰角速度构成的二阶系统模型：

$$\begin{bmatrix} \Delta\dot{\alpha} \\ \Delta\dot{q} \end{bmatrix} = \begin{bmatrix} -Z_\alpha & 1 \\ \bar{M}_\alpha - \bar{M}_{\dot{\alpha}}Z_\alpha & \bar{M}_q + \bar{M}_{\dot{\alpha}} \end{bmatrix} \tag{12.58}$$

标称 5° 迎角设计状态时，纵向短周期空间模型为

$$A_s = \begin{bmatrix} -2.2112 & 1 \\ -14.7215 & -3.6938 \end{bmatrix}$$

$$B_s = \begin{bmatrix} 0.1768 \\ -41.94 \end{bmatrix}$$

考虑飞行品质要求及计算的简便性，L1 自适应理想模型取为

$$A_{\mathrm{m}} = \begin{bmatrix} -2 \cdot \sqrt{K_v} & 1 \\ -14 \cdot K_v & -5 \cdot \sqrt{K_v} \end{bmatrix}$$

$$B_{\mathrm{m}} = \begin{bmatrix} 0 & 1 \\ -45 \cdot K_v & 0 \end{bmatrix}$$

$$C = \begin{bmatrix} 0 & 1 \end{bmatrix}$$

其中，$K_v = (V_s/35)^2$ 为速度变换因子，对应的设计状态的稳态风速为 35m/s。在速度变换因子的作用下，当实际稳态风速不是 35m/s 时，可直接根据稳态风速进行比例变换即可。稳态风速为 35m/s 时，短周期自然频率为 4.9rad，阻尼比为 0.714。

纵向俯仰角 L1 自适应控制设计环境如图 12-32 所示，其中红色点线标识部分为俯仰角控制，采用 PID 控制方式 (与经典 PID 共用)，俯仰角误差指令进入 L1 内回路控制。

根据 L1 自适应控制，针对干净、中度结冰和重度结冰三种构型设计的俯仰角仿真结果如图 12-33~图 12-35 所示。由仿真结果可以看出：

(1) 迎角 5° 的标称迎角状态，L1 自适应控制工作良好，对结冰状态不敏感，能够较好地跟踪理想模型输出；

(2) 迎角 −4°~8° 范围，L1 自适应控制工作良好；

(3) 在失速区迎角为 10°、12° 时，L1 自适应跟踪效果较差，但是回路稳定；

(4) 过了失速区，迎角达到 15° 时，L1 自适应控制跟踪效果变好。

2. 横航向 L1 自适应控制

根据 L1 自适应的原理建立如图 12-36 所示的横航向内回路 L1 自适应设计仿真环境。其中舵机采用线性舵机模型，带宽为 60rad/s，等效时间延迟取为 10ms。

由于横航向内回路主要关注荷兰滚模态、滚转收敛模态，因此理想模型选择由侧滑角、滚转角速度、偏航角速度组成的状态空间模型。

$$\begin{bmatrix} \dot{\beta} \\ \dot{p} \\ \dot{r} \end{bmatrix} = \begin{bmatrix} \bar{Y}_\beta & \sin\alpha_* + \bar{Y}_p & \bar{Y}_r - \cos\alpha_* \\ \bar{L}_\beta & \bar{L}_p & \bar{L}_r \\ \bar{N}_\beta & \bar{N}_p & \bar{N}_r \end{bmatrix} \begin{bmatrix} \beta \\ p \\ r \end{bmatrix}$$

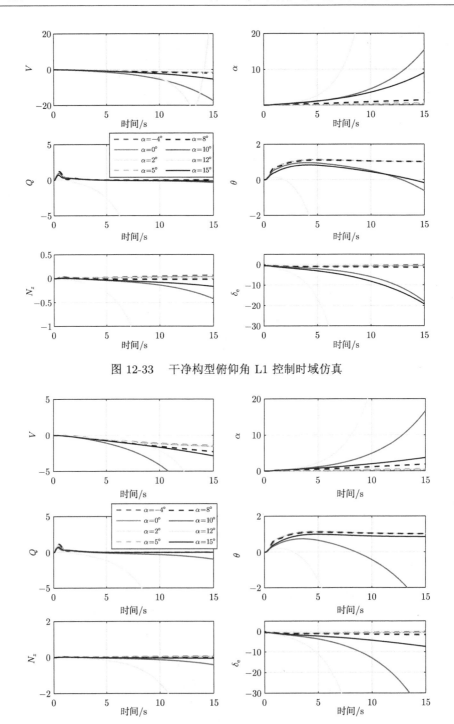

图 12-33　干净构型俯仰角 L1 控制时域仿真

图 12-34　中度结冰构型俯仰角 L1 控制时域仿真

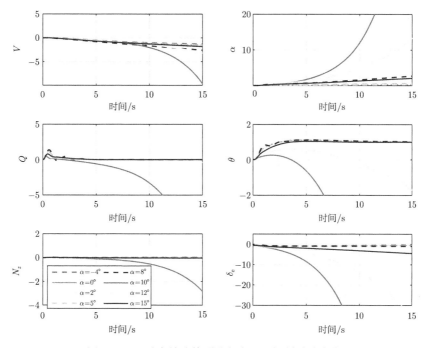

图 12-35   重度结冰构型俯仰角 L1 控制时域仿真

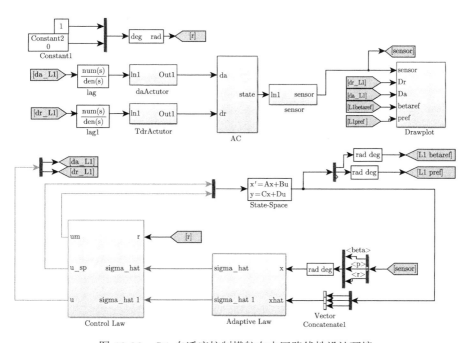

图 12-36   L1 自适应控制横航向内回路线性设计环境

标称 5° 迎角设计状态时，横航向快模态空间模型为

$$A_{\mathrm{s}} = \begin{bmatrix} -0.5031 & 0.0875 & -1 \\ -92.721 & -5.731 & 2.828 \\ 22.433 & 0.0407 & 1.263 \end{bmatrix}$$

$$B_{\mathrm{s}} = \begin{bmatrix} -0.005 & 0.156 \\ -36 & 16.8 \\ -0.5115 & -22.21 \end{bmatrix}$$

考虑飞行品质要求及计算的简便性，L1 自适应理想模型取为

$$A_{\mathrm{m}} = \begin{bmatrix} -0.5031 K_v & 0.0875 & -1 \\ -92.721 K_v & -5.731\sqrt{K_v} & 2.828\sqrt{K_v} \\ 22.433 K_v & 0.0407\sqrt{K_v} & 1.263\sqrt{K_v} \end{bmatrix}$$

$$B_{\mathrm{m}} = \begin{bmatrix} 0 & 0 \\ -36 K_v & 17 K_v \\ -0.5 K_v & -22 K_v \end{bmatrix}$$

$$C = \begin{bmatrix} 0 & 1 & 0 \\ 1 & 0 & 0 \end{bmatrix}$$

其中，$K_v = (V_{\mathrm{s}}/35)^2$ 为速度变换因子，该因子主要作用为：设计状态为稳态风速，为 35m/s，如果实际稳态风速不是 35m/s，可直接根据稳态风速进行比例变换。稳态风速为 35m/s 时，荷兰滚周期自然频率为 5.75rad，阻尼比为 0.71。滚转模态根为 −6.35。

滚转角 L1 自适应控制线性设计环境如图 12-37 所示，采用 PID 控制方式 (与经典 PID 共用)，滚转角误差指令进入 L1 内回路控制。

根据 L1 自适应控制，针对干净、中度结冰和重度结冰三种构型设计的横航向控制仿真结果如图 12-38~图 12-43 所示。图 12-38~图 12-40 分别为三种构型条件下的侧滑角控制仿真结果，图 12-41~图 12-43 分别为三种构型条件下的滚转角控制仿真结果。由仿真结果可知：

(1) 迎角 5° 的标称迎角状态，L1 自适应控制工作良好，对结冰状态不敏感，能够较好地跟踪理想模型输出；

(2) 迎角 −4°~15° 范围，L1 自适应控制工作良好。

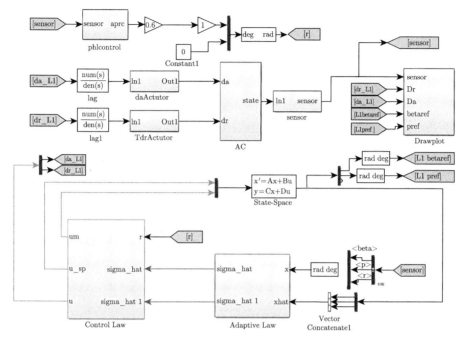

图 12-37 滚转角 L1 自适应控制线性设计环境

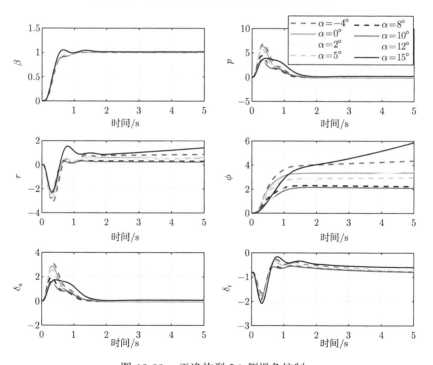

图 12-38 干净构型 L1 侧滑角控制

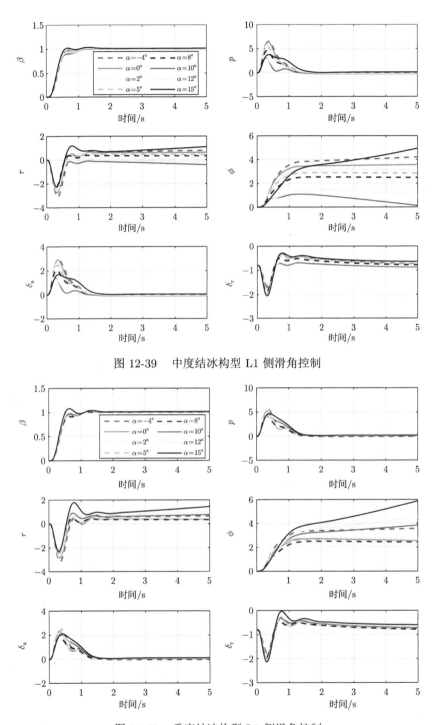

图 12-39 中度结冰构型 L1 侧滑角控制

图 12-40 重度结冰构型 L1 侧滑角控制

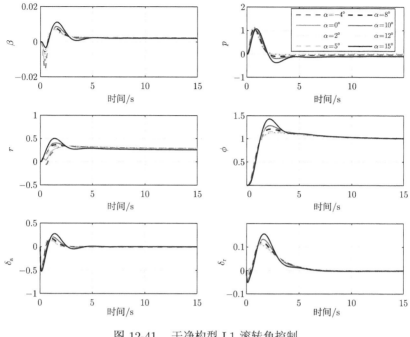

图 12-41　干净构型 L1 滚转角控制

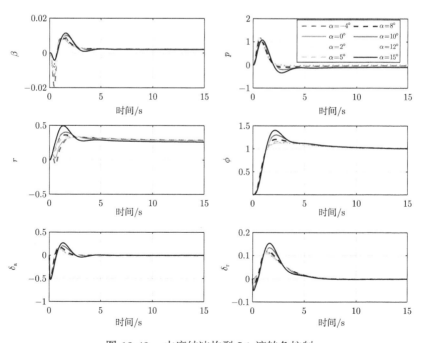

图 12-42　中度结冰构型 L1 滚转角控制

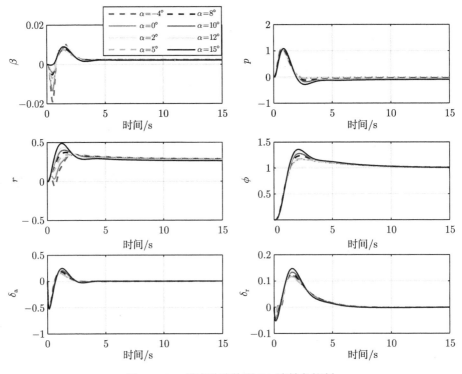

图 12-43　重度结冰构型 L1 滚转角控制

12.4　本 章 小 结

　　本章针对风洞虚拟飞行试验中动力学相似模型的控制问题,介绍了动力学建模需求、总体方案和实现途径,从配平计算、稳定分析及模态分析三个方面开展了动力学特性分析,并分别基于经典 PID 设计理论和 L1 现代控制方法给出了缩比风洞模型虚拟飞行控制设计结果。

第 13 章　模拟结冰条件下操稳特性风洞
虚拟飞行验证

为了深入研究和探索结冰对飞机操稳特性的影响，可基于风洞虚拟飞行试验技术，以带模拟冰形的动力学相似模型为对象，开展 3DOF 运动与控制特性试验，获得不同结冰条件下的模型飞机运动/控制响应特性数据，用于分析结冰对飞机操稳特性的影响机理。通过风洞虚拟飞行试验研究结冰影响，实际上是在风洞环境下构建虚拟飞行场景，并通过在机翼和平尾前缘加装模拟冰形而改变其几何型面，模拟不同程度的飞机结冰状态。完整的风洞虚拟飞行试验系统是由动力学相似试验模型、模型支撑系统、实时飞控计算机系统、机载姿态测量传感器、舵面驱动机构和地面飞行操纵试验台构成。试验过程中，完全约束模型的质心运动自由度，放开模型三轴角运动，通过地面试验操纵台发送操纵指令来控制飞机姿态运动，从而获得飞机气动/控制响应特性数据。本章将详细介绍在 FL-14 风洞开展结冰特性风洞虚拟飞行试验的系统、内容与方法，以及典型试验结果。

13.1　风洞虚拟飞行试验系统

风洞虚拟飞行试验系统主要由试验风洞、模型支撑系统、虚拟飞行控制系统组成。

13.1.1　风洞及虚拟飞行试验能力

风洞虚拟飞行验证试验与测力试验一样，仍然在 FL-14 风洞开展。2013 年，中国空气动力研究与发展中心低速空气动力研究所在该风洞建成了风洞虚拟飞行试验系统，经过多年的改进和发展，试验设备和技术不断完善，相继完成了大型民机操稳特性研究、飞翼布局横航向增稳控制方法验证、倾转旋翼飞机倾转过程控制、运输机极限飞行状态姿态控制、战斗机大迎角尾旋模拟、射流环量控制技术验证、推力矢量控制方法验证等风洞虚拟飞行试验，获得了满意的飞行器动态特性试验结果。图 13-1 为在 FL-14 风洞开展结冰背景飞机风洞虚拟飞行试验的照片，下文将详细介绍相关情况。

图 13-1　带模拟冰形的民机风洞虚拟飞行试验照片

13.1.2　模型支撑系统

在风洞虚拟飞行试验中，支撑装置的作用是为模型提供运动支撑，使模型位于风洞试验段中心，同时实现绕质心的三轴姿态运动。设计研制模型支撑装置，需综合考虑模型姿态运动范围和承载要求。承载能力设计一般考虑模型质量和气动载荷，支撑装置的强度校核按照安全系数不小于 3.0 进行。对于在 FL-14 风洞开展试验的民机构型，模型翼展一般设计在 2m 以内，按照动力学相似缩比以后，模型质量一般在 20kg 以内。民用飞机的风洞虚拟飞行试验主要开展基本操稳特性测试科目，模型试验迎角通常在 −10°～20° 以内，侧滑角在 −10°～10° 以内，模型滚转角在 −30°～30° 范围内。背景飞机结冰特性虚拟飞行试验中，模型由支撑装置从腹部支撑，支撑装置主要由主支杆、小支杆和球铰组成，如图 13-2 所示。安装模型时，主支杆固定安装在 FL-14 风洞转盘上，小支杆连接主支杆和球铰，连接时由小支杆上的螺纹孔与球柄上的螺杆配合，球铰的轴承座与试验模型连接，球铰的转动中心与模型的质心重合。通常，模型质心与球铰转动中心重合通过质量块配重实现。当试验需要模拟飞机重心变化时，球铰在模型上的安装位置也会在轴向变化，因此模型设计时要将安装底座设计为可移动的形式。

本次试验采用一种 3DOF 球面轴承作为模型运动支撑部件，由轴承座、球头、保持架、行星球等部件组成，球头为球柄和恒星球一体设计，如图 13-3 所示。球柄相对轴承座的摆动锥角为 ±30°，轴向受压极限载荷为 2272N、轴向受拉极限载荷为 852N、径向极限载荷为 1420N。为实现模型姿态运动，需要破坏模型腹部蒙皮和骨架，留出足够空间以保证支杆与模型不发生运动干涉，破坏面积大小根据试验需要模拟的俯仰和滚转运动角度决定。本次试验中，模型实际俯仰运动角

度为 $-14°\sim21°$，滚转运动角度为 $-22°\sim22°$，偏航运动角度限制在 $-45°\sim45°$。球面轴承可动部分采用预压的滚珠轴承构造，实现了低阻力零间隙的高精度运动，摆动精度为 $\pm1.0\mu m\sim\pm2.5\mu m$。需要说明的是，球铰是实现模型运动支撑的常用部件，但其摆动角度有限，最大只能实现 $30°$ 的俯仰和滚转运动。当需要模拟更大范围的模型姿态运动时，需要专门设计加工运动关节，必要时也可调整模型支撑形式。

图 13-2 模型支撑示意图

图 13-3 3DOF 运动轴承

13.1.3　虚拟飞行控制系统

在风洞虚拟飞行试验中，飞行控制系统主要由飞控计算机、舵机、航姿传感器、试验操纵台、大气传感器、试验操纵台、电源和通信线缆等部件组成。飞行控制系统的结构如图 13-4 所示。试验中，舵机、航姿传感器、大气传感器等安装在模型上，属于机载设备，飞控计算机、试验操纵台和电源等设备位于试验段侧面的平台上。航姿参考系统和大气传感器为系统的测量设备，用于获得模型姿态信息；飞控计算机和控制律构成控制器，舵机是驱动舵面偏转的执行机构；飞控计算机与机载设备通过线缆连接，实时传输由传感器测量获得的模型状态参数和由飞控控制律解算获得的舵面控制指令，构成闭环的模型飞行控制系统。

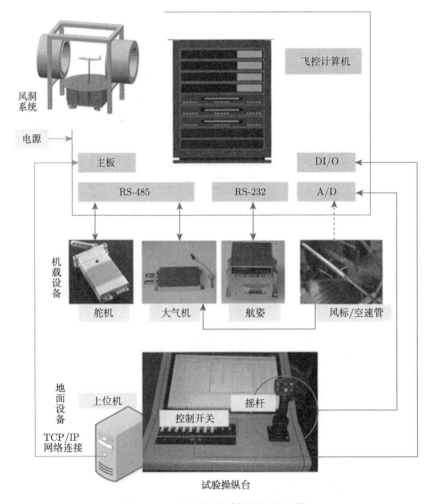

图 13-4　飞行控制系统总体布局图

1. 飞控计算机

飞控计算机采用上下位机模式，上位机为普通计算机，下位机为实时目标机，上位机与下位机通过以太网进行通信，如图 13-5 所示。

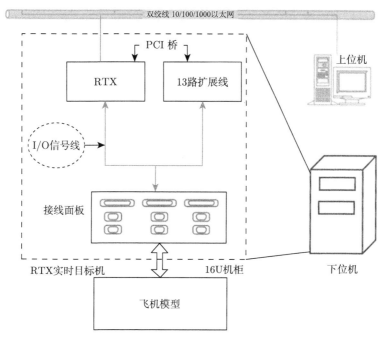

图 13-5 飞控计算机系统构架图

上位机用于完成操纵信号采集、在线调参、飞行参数记录和状态显示。下位机采用实时硬件系统，允许将最先进的计算机技术用于飞控任务的实施中。该系统采用模块化结构，扩展能力强，配备了多种通信板卡，如串口通信、模数 (AD) 转换、数字输入输出 (I/O) 等，能够应用于大型复杂项目的测试。飞控计算机软件系统是一套开放结构的一体化开发与集成仿真环境，可以在同一环境中完成软件在回路仿真、实时硬件在回路仿真、分布式实时仿真和系统集成。该环境还支持不同类型的模型混合仿真，很容易将仿真任务分配到不同的目标机，可对不同应用场景的仿真项目进行管理。

2. 舵面驱动舵机

动力学相似试验模型的舵面偏转控制由舵机实现。舵机类型为位置控制型，能够根据控制律解算给出的控制指令精确控制舵面的偏转角度。舵机选型时需要考虑控制力矩、偏转速率、控制周期、带宽、几何尺寸和质量等技术指标。动力学相似模型的运动频率为全尺寸飞机的 $\sqrt{K}$ 倍，对舵机的动态响应特性要求更高，因此需要选用高频响的舵机。动力学相似模型的几何尺寸小,模型内部空间有限,并且需要对质量分布特性进行精确模拟,故舵机选型时还需要尽量选择体积小、质量轻的产品,否则舵面传动系统的部署与模型质量特性模拟将十分困难。表 13-1 给出了结冰特性风洞虚拟飞行试验选用的舵机指标参数。

表 13-1　舵机指标参数

额定扭矩	1.2N·m
最大扭矩	3.5N·m
额定转速	180(°)/s
最高转速	250(°)/s
最小帧周期	2.6~7ms
供电电压	12V
控制方式	RS485/PWM
尺寸和质量	41.6mm×66.0mm×22.0mm, 132g

3. 航姿参考系统

航姿参考系统属于机载电子设备,用于测量模型的欧拉姿态角 (滚转角、俯仰角和偏航角)、三轴角速率和三轴线加速度信息。航姿选型时需要考虑量程、数据更新率、测量精度、尺寸及质量等技术指标。量程主要包括姿态角测量范围、姿态角速率测量范围,需要根据试验中模型的实际运动范围进行选择。由于姿态角速率信号常用于控制增稳,因此更新太慢会影响控制响应效果。某型战斗机模型风洞虚拟试验中,机载设备可提供更新率为 100Hz 和 180Hz 的角速率信号,当控制增稳信号由 180Hz 切换到 100Hz 时,原本保持稳定姿态飞行的模型开始出现振荡,进一步优化控制参数也无法达到理想效果。模型姿态角测量精度一般要求优于 0.5°。表 13-2 给出了结冰特性风洞虚拟飞行试验选用的姿态航向参考系统主要参数。

表 13-2　姿态航向参考系统主要参数

尺寸	76.2mm×95.3mm×76.2mm
质量	<580g
工作温度	−40~71°C
数据接口	RS-232
带宽	25Hz
最大更新率	100Hz
过载最大量程	4g
角速率测量范围	200(°)/s
静态精度 (纵倾横滚,RMS)	<0.5°
静态精度 (航向角,RMS)	<2.0°

4. 大气数据传感器系统

大气数据传感器系统包含风标、空速管、温度传感器和大气机等元件, 风标、空速管、温度传感器用于获得迎角、侧滑角、静压、动压和温度等信息, 大气机用于算得多种有价值的飞行参数, 包括飞行高度和速度、静压、动压、迎角、侧滑角和静温等。试验使用的空速管和风标测量组件 (图 13-6) 的性能指标参数: 供电电压 8V, 标准输出为迎角和侧滑角信号; 迎角测量范围 $-45°\sim135°$, 线性度 $-1.42\%\sim0.791\%$; 侧滑角测量范围 $-90°\sim90°$, 线性度 $-2.6\%\sim1.182\%$; 空速管可提供总压和静压输出物理接口; 组件质量 215g; 空速管长度 420mm。试验使用的大气计算机 (图 13-7) 的性能参数如下: 静压量程为 $238\sim1050\mathrm{hPa}(-540\sim+10600\mathrm{m})$, 动压量程 <174KCAS(校准空速)(648km/h), 供电电压为 +24V, 通信方式为 RS-485, 波特率为 115200, 数据刷新频率为 50Hz。该设备的特点是可输出完全校准的大气数据参数, 结构紧凑、尺寸小、质量轻。

图 13-6　空速管及风标传感器

图 13-7　大气计算机 (ADC)

5. 试验操纵台

试验操纵台的主要功能是提供试验控制输入控件和试验状态显示监测窗口, 具体由 1 台显示器、12 个控制开关、4 个旋钮和 1 个三轴飞行摇杆组成, 如图

13-8 所示。显示器显示上位机运行软件界面，实现对试验模型状态的控制与监测。开关及旋钮控制用于提供控制模态切换及配平指令信号。飞行摇杆可提供试验模型三轴操纵输入信号，实现模型滚转、俯仰和偏航运动操纵，其主要资源配置包括：3 个旋转轴、4 个按钮、模拟量输出 0~5V，以及配套 A/D 转换与供电模块。

图 13-8　试验操纵台及飞行摇杆

13.2　风洞虚拟飞行试验内容与方法

13.2.1　试验内容

针对背景飞机开展虚拟飞行试验，研究干净构型、中度结冰构型和重度结冰构型条件下飞机的姿态运动响应特性，对比分析结冰对典型民机操纵特性的影响，试验内容包含以下三个方面。

1. 大迎角非定常气动特性试验

在开环条件下，给定斜坡形式的升降舵指令，调整升降舵偏转速率，观察模型飞机俯仰角响应情况，运动范围覆盖线性迎角和失速迎角区域，探索研究典型民机大迎角非定常气动现象。

2. 俯仰极限环振荡抑制控制试验

针对模型飞机大迎角俯仰极限环振荡这一非定常现象，采用 PID 方法设计姿态稳定控制律，抑制或消除姿态振荡现象。

3. 姿态稳定/跟踪控制试验

给定俯仰角、滚转角和偏航角阶跃指令，分别采用 PID 控制器和 L1 控制器进行姿态控制，分析其姿态响应特性。

13.2.2 试验方法

1. 数据采集和传输

操纵员的操纵指令信号的采样频率为 200Hz，速压传感器的采样频率为 50Hz，航姿参考系统的采样频率为 100Hz，飞行控制周期为 5ms。主控计算机 (上位机) 与飞控计算机 (下位机) 之间通过以太网通信。

2. 全数字/半实物仿真

在开展风洞试验之前，开展数学仿真和地面半实物仿真测试，进行虚拟飞行试验流程演练和优化，并对飞控系统的稳定性和控制律的可行性进行初步验证。

全数字仿真中，飞机动力学和控制律模型进行实时代码生成和改造后，编译并下载到实时仿真机运行，同时读取和接收人工/自动、试验开始、舵面解锁等开关状态与摇杆三轴操纵信号进行解算，得到飞机状态和舵偏信息，并进行数据存储、显示与分析。

地面半实物仿真时，在全数字仿真的基础上，将舵机接入控制闭环，构成硬件在环的半物理仿真系统。仿真运行时，将飞行控制律解算得到的舵偏指令转换为舵机指令，发送给舵机驱动器驱动舵机偏转，进而带动舵面偏转；然后将舵机位置反馈信号转换为舵面位置信息，传递给动力学计算模型进行状态解算。

开展地面半实物仿真试验，对控制流程及控制律功能进行检验。地面半实物仿真试验结果表明：虚拟飞行试验控制流程及控制律能够满足本期虚拟飞行风洞试验的要求。

3. 试验方式

采用 3DOF 球铰装置支撑背景飞机模型，在模型上安装姿态测量传感器、舵机和风标等仪器，并连接飞控计算机和电源；操纵员按照预定试验流程拨动开关或操纵飞行摇杆向飞控计算机发送操控指令，运行于飞控计算机中的飞行控制律根据反馈状态参数及操纵信号解算出舵偏指令，指令通过串口卡发送到舵机以驱动其偏转，从而形成虚拟飞行系统的闭环控制，进而实现模型姿态的三轴增稳控制。

13.2.3 试验条件

试验名义风速为 30m/s，试验过程风洞实际以 518Pa 目标速压值、按照稳速压方式运行。以背景飞机模型平均气动弦长 (0.2075m) 参考长度计算的试验雷诺数为 $0.4×10^6$。

13.2.4 试验步骤

当虚拟飞行试验系统完全具备试验条件以后，即可按照试验计划开展正式吹风试验。按照风洞试验惯例，开展正式试验之前往往先进行试吹风，即首次试验，以检验系统是否完全达到试验要求的技术状态，经试验委托方与试验承担方共同确认后开展正式试验。虚拟飞行首次试验一般选择较小的试验风速开展，以此初步检验模型安装、飞控硬件以及飞行控制律是否满足试验安全性要求。

虚拟飞行试验基本流程框图如图 13-9 所示，详细介绍如下。

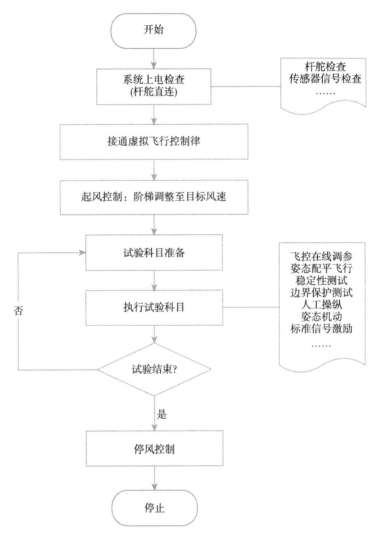

图 13-9　虚拟飞行试验基本流程框图

(1) 模型机械检查：每车次吹风试验前，例行检查模型结构是否完好，舵面是否松动，模型支撑装置是否安全可靠。

(2) 系统上电检查 (杆舵检查)：每车次吹风试验前，例行检查杆舵操纵是否正常。

(3) 接通控制律: 在起风前接通控制律, 保证起风过程模型姿态稳定。

(4) 起风控制: 将风洞控制到设定的试验风速, 并在此过程中保证模型三轴姿态稳定。

(5) 试验科目准备: 待风速稳定后, 设定控制参数, 并通过地面站控制开关或在线参数设置切换试验状态, 进入正式试验状态。

(6) 试验科目实施: 通过飞行摇杆操纵模型或者发送遥控指令控制模型运动, 以获得期望的模型响应特性数据。

(7) 停风控制: 将风速从试验风速降为零, 并在停风过程中保证模型姿态稳定。

(8) 试验数据分析与记录。

13.3 虚拟飞行试验结果与分析

13.3.1 大迎角非定常气动特性试验

本节介绍不同模拟冰形条件下的俯仰极限环振荡特性试验结果。图 13-10 给出了不同模拟冰形条件下模型的纵向斜坡输入开环响应特性曲线, 图 13-11 给出了基本构型 (干净构型) 和拆除短舱后模型的纵向斜坡输入开环响应特性曲线, 表 13-3 给出了不同构型条件下模型迎角进出极限环振荡的特征参数。升降舵偏度随时间的变化率约为 $0.1(°)/s$。

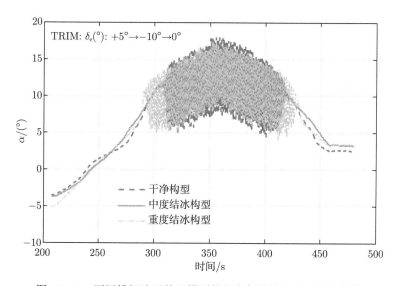

图 13-10   不同模拟冰形件下模型的纵向斜坡输入开环响应特性

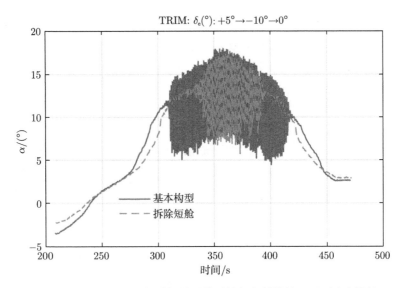

图 13-11　基本构型和拆除短舱后模型的纵向斜坡输入开环响应特性

表 13-3　不同构型条件下模型迎角进出极限环振荡的特征参数

模型构型	进入极限环迎角/(°)	退出极限环迎角/(°)	振荡幅值/(°)
干净构型	11.7	10.1	11.0
中度结冰构型	11.4	10.4	7.3
重度结冰构型	10.0	8.8	9.2
拆除短舱	13.0	12.8	11.0

　　从试验结果可以看出，干净构型和中度结冰构型条件下模型迎角进入和退出极限环振荡的迎角相当，而重度结冰构型条件下模型进入和退出极限环振荡的迎角降低约 1.2°，模型进入极限环的迎角与静态测力获得的模型失速迎角相吻合；干净构型极限环振荡幅值最大，中度结冰构型最小，两者差值约为 3.7°。

　　拆除短舱后，模型进入俯仰极限环振荡的迎角为 13.0°，模型退出俯仰极限环振荡的迎角为 12.8°，与干净构型相比，模型进入俯仰极限环振荡的迎角推后约 1.3°、退出极限环振荡的迎角提前约 2.7°，振荡幅值基本不变。

　　图 13-12 为不同模拟结冰条件下模型的纵向斜坡输入响应与静态配平计算结果对比曲线。

　　试验过程中，升降舵缓慢偏转，模拟的是一个准静态的配平过程。从试验结果可以看出，试验结果与根据静态测力数据计算得到的配平结果存在一定差异，静态配平迎角大于试验配平迎角，模型抬头情况与模型低头时的情况相比，前者差异更大；不同模拟结冰条件下，重度结冰时静态配平迎角与试验配平迎角差异最大，干净构型次之，中度结冰构型最小，相同舵偏条件下，重度结冰构型的配平迎角最大相差约 4.8°，中度结冰构型相差约 2.6°，干净构型相差约 3.0°。

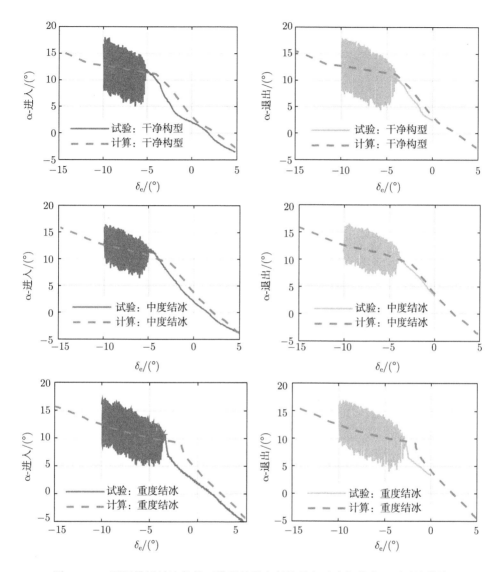

图 13-12　不同模拟结冰条件下模型的纵向斜坡输入响应与静态配平对比曲线

13.3.2　俯仰极限环振荡抑制试验

针对试验中出现的大迎角俯仰极限环振荡试验，开展了模型飞机姿态振荡抑制控制方法研究和试验。试验中模型迎角限制范围为 $-4° \sim 15°$，为获得完整的俯仰极限环振荡曲线，在试验最后将迎角限制器上限修改为 $18°$，升降舵偏度输入为 $0° \sim 18°$。图 13-13 和图 13-14 分别为纵向升降舵偏斜坡信号输入时模型的开环和闭环响应特性曲线。

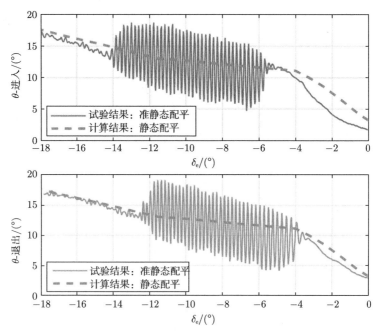

图 13-13　干净构型斜坡输入开环响应特性

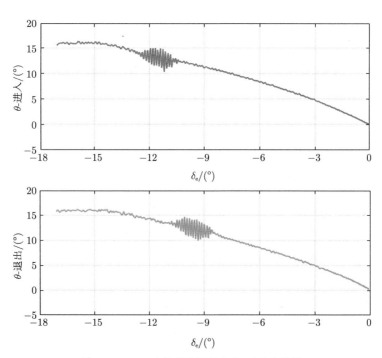

图 13-14　干净构型斜坡输入闭环响应特性

从图 13-13 中可以看出，开环时模型抬头过程中俯仰极限振荡的舵偏范围是 $-5.3° \sim -14.0°$，模型低头过程中俯仰极限振荡的舵偏范围是 $-13.3° \sim -3.4°$；进一步观察极限环图像可知，本试验中仅出现稳定的极限环，即模型进入和退出极限环都是直接从稳定平衡点逐渐过渡到稳定极限环，而没有出现跳跃点 (有的文献称之为超临界点)。

闭环时，在 PID 控制律作用下，模型俯仰极限环振荡现象得到一定程度的抑制，最大幅值控制在 4° 左右，极限环振荡没有得到完全抑制，这主要是由于试验前进行控制律设计时没有获得完整的动导数信息，要想完全抑制极限环，可进一步优化控制参数。

13.3.3 三轴姿态稳定/跟踪控制试验

首先介绍基于干净构型开展风洞试验与数值仿真对比试验结果，然后考察模拟冰形对模型操稳特性影响的虚拟飞行试验结果，最后介绍控制律作用下模型俯仰极限环的抑制情况。

1. 试验结果与仿真结果对比

在风洞虚拟飞行试验的基础上，将试验记录的试验输入数据 (包括开关状态和摇杆状态) 导入虚拟仿真系统进行仿真计算，并将试验结果与之对比。模型采用干净构型，模型飞行控制分别采用经典 PID 控制律和 L1 自适应控制律两种方法，模型迎角为 5°。图 13-15 给出了纵向连续对偶方波输入时的模型状态响应曲线。

试验结果表明：在经典 PID 控制律的作用下，试验结果与仿真结果吻合，对比可知，虚拟飞行试验中模型迎角在波峰与波谷存在不同程度的振荡，干净构型条件下幅值约为 0.1°，模型能够较好地实现对迎角指令的跟踪；在 L1 控制律的作用下，试验结果与仿真结果基本吻合，但是模型抬头或低头响应较慢，到达指令角度的时间基本接近半个方波周期，干净构型条件下超调约 0.4°，模型基本能实现迎角指令的跟踪。总体来讲，经典 PID 的控制效果优于 L1 的控制效果。

2. 不同模拟结冰构型试验结果对比

分别在干净构型、中度结冰构型和重度结冰构型条件下开展风洞虚拟飞行验证试验，模型控制分别采用经典 PID 方法和 L1 自适应控制方法，模型迎角为 5°。图 13-16 分别给出了不同构型、不同控制条件下，模型纵向、横向和航向连续对偶方波指令的跟踪响应曲线。

纵向：在经典 PID 控制律的作用下，对比试验结果可知，重度结冰构型模型的迎角振荡最明显，干净构型次之，中度结冰构型最弱，但总体上振荡幅值较小，

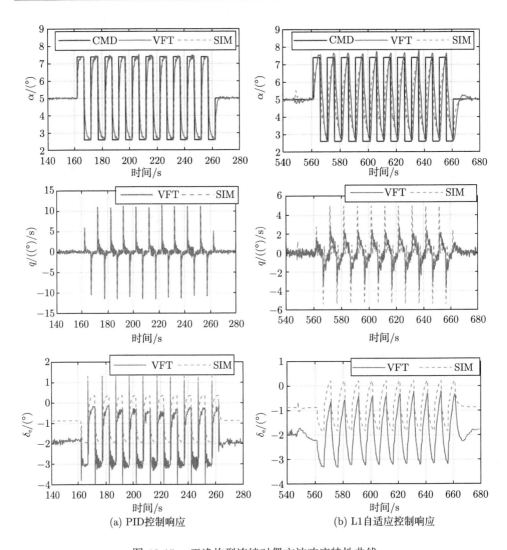

图 13-15　干净构型连续对偶方波响应特性曲线

不超过 0.2°。在现代控制律作用下，模型迎角超调量也是重度结冰构型最大，干净构型次之，中度结冰构型最小，总体上超调量在 0.5° 以内。总地来说，不同冰形条件下响应差别不大。

　　横向：试验结果表明，无论是 PID 控制，还是 L1 控制，干净构型条件下模型右滚时的超调较中度结冰和重度结冰情况更加明显，左滚时均存在一定量的超调。相比之下，L1 跟踪指令时的超调量大于 PID 控制的超调量，前者最大超调约 1°，后者最大超调约 0.6°。

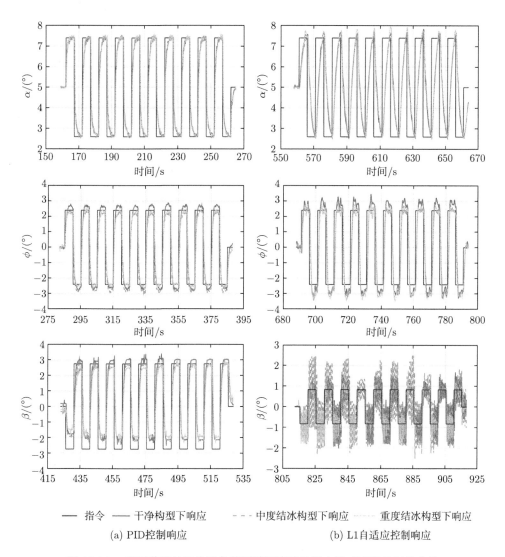

— 指令　—— 干净构型下响应　--- 中度结冰构型下响应　…… 重度结冰构型下响应

(a) PID控制响应　　　　　　　(b) L1自适应控制响应

图 13-16　不同模拟结冰构型条件下模型连续对偶方波响应特性对比曲线

航向：试验结果表明，在 PID 控制作用下，三种构型条件下模型对指令角度的跟踪均存在一定的静差，干净构型条件下侧滑角响应幅值与指令幅值差异最小，中度结冰构型次之，重度结冰构型最大；在 L1 控制作用下，模型侧滑角出现严重振荡现象，尽管这一结果在数值仿真结果中也预料到，分析可知其是由舵机间隙导致，但是试验中振荡表现更为剧烈，三种构型条件下侧滑角振荡情况稍有差异。

13.4　本 章 小 结

本章基于风洞虚拟飞行试验平台，在干净、中度结冰和重度结冰三种构型条件下开展了背景飞机动力学相似模型的大迎角非定常气动特性试验、俯仰极限环振荡抑制控制试验和姿态稳定/跟踪控制试验。从试验结果可知，试验流程控制逻辑正确，状态切换过程平稳，为试验科目的实施创造了条件；模型本体特性在失速迎角附近出现俯仰极限环振荡现象，不同模拟冰形条件下极限环形态存在一定差异，主要表现在振幅和进、出极限环的迎角位置；闭环试验姿态响应曲线与仿真结果基本一致，经典 PID 控制律能够较好地实现模型姿态增稳与操控，L1 控制律能够基本实现模型纵向和横向增稳与操控，但航向对舵机间隙敏感，出现较明显的振荡现象。总体看来，不同模拟冰形条件下，经典控制作用时模型三通道的姿态响应差异较小；现代控制作用时俯仰和滚转通道的姿态响应差异较小，而偏航通道的姿态响应有比较明显的差异，主要表现为左、右侧滑时侧滑角振荡曲线的形态差异较大。本次试验捕捉到一些值得关注的动态气动现象，并获得大量虚拟飞行试验数据，达到了预期研究效果，可为飞机结冰条件下的动力学特性及安全研究提供参考。

参 考 文 献

[1] Lynch F T, Khodadoust A. Effects of ice accretions on aircraft aerodynamics[J]. Progress in Aerospace Sciences, 2001, 37(8): 669-767.

[2] Cebeci T, Kafyeke F. Aircraft icing[J]. Annual review of fluid mechanics, 2003, 35(1): 11-21.

[3] Cao Y H, Tan W, Wu Z L. Aircraft icing: an ongoing threat to aviation safety[J]. Aerospace Science and Technology, 2018, 75: 353-385.

[4] Aviation Safety Network[DB]. Flight Safety Foundation, 2022.

[5] Joint Aviation Requirements (JAR)-25: Large Aeroplanes[S]. Joint Aviation Authorities, 2022.

[6] Federal Aviation Regulations (FAR) Part 25: Airworthiness Standards Transport Category Airplanes [S]. Federal Aviation Administration, 2022.

[7] 运输类飞机适航标准 (CCAR-25-R4) [S]. 中国民用航空局, 2016.

[8] 赵克良. 大型客机结冰计算、风洞试验及试飞验证 [D]. 南京: 南京航空航天大学, 2017.

[9] 赵宾宾, 黎先平, 李杰, 等. 基于容冰概念的民机结冰保护系统设计方法研究综述 [J]. 西北工业大学学报, 2021, 39(4):731-738.

[10] Thomas S K, Cassoni R P, MacArthur C D. Aircraft anti-icing and de-icing techniques and modeling[J]. Journal of Aircraft, 1996, 33(5): 841-854.

[11] 常士楠, 杨波, 冷梦尧, 等. 飞机热气防冰系统研究 [J]. 航空动力学报, 2017, 32(5): 1025-1034.

[12] Cober S G, Isaac G A, Strapp J W. Characterizations of aircraft icing environments that include supercooled large drops[J]. Journal of Applied Meteorology, 2001, 40(11): 1984-2002.

[13] Bragg M, Basar T, Perkins W, et al. Smart icing systems for aircraft icing safety[C]// 40th AIAA Aerospace Sciences Meeting & Exhibit. 2002: 813.

[14] Hossain K, Sharma V, Bragg M, et al. Envelope protection and control adaptation in icing encounters[C]//41st Aerospace Sciences Meeting and Exhibit. 2003: 25.

[15] 王良禹, 徐浩军, 李颖晖, 等. 结冰条件下的飞行控制律重构设计方法 [J]. 北京航空航天大学学报, 2019, 45(3):606-613.

[16] 魏扬, 徐浩军, 薛源, 等. 基于神经网络自适应动态逆的结冰飞机飞行安全边界保护方法 [J]. 航空学报, 2019, 40(5):17-30.

[17] Diebold J M, Monastero M, Bragg M. Aerodynamics of a swept wing with ice accretion at low Reynolds number[C]//30th AIAA Applied Aerodynamics Conference. 2012: 2795.

[18] Broeren A P, Potapczuk M, Riley J, et al. Swept-wing ice accretion characterization and aerodynamics[C]//5th AIAA Atmospheric and Space Environments Conference. 2013: 2824.

[19] Diebold J M, Broeren A P, Bragg M. Aerodynamic classification of swept-wing ice accretion[C]//5th AIAA Atmospheric and Space Environments Conference. 2013: 2825.

[20] Broeren A, Diebold J, Bragg M. Aerodynamic classification of swept-wing ice accretion[R]. NASA/TM-2013-216381, 2013.

[21] Fujiwara G E, Bragg M B, Camello S, et al. Computational and experimental ice accretions of large swept wings in the icing research tunnel[C]//8th AIAA Atmospheric and Space Environments Conference. 2016: 3734.

[22] Camello S, Bragg M B, Broeren A P, et al. Effect of ice shape fidelity on swept wing aerodynamic performance[C]//9th AIAA Atmospheric and Space Environments Conference. 2017: 4373.

[23] Woodard B S, Broeren A P, Lee S, et al. Summary of ice shape geometric fidelity studies on an iced swept wing[C]//2018 Atmospheric and Space Environments Conference. 2018: 3494.

[24] Broeren A P, Lee S, Woodard B S, et al. Effect of geometric fidelity on the aerodynamics of a swept wing with glaze ice accretion[C]//AIAA Aviation 2020 Forum. 2020: 2846.

[25] Gent R W, Dart N P, Cansdale J T. Aircraft icing[J]. Philosophical Transactions of the Royal Society of London. Series A: Mathematical, Physical and Engineering Sciences, 2000, 358(1776): 2873-2911.

[26] 易贤. 飞机积冰的数值计算与积冰试验相似准则研究 [D]. 绵阳: 中国空气动力研究与发展中心,2007.

[27] Bragg M B, Hutchison T, Merret J. Effect of ice accretion on aircraft flight dynamics[C]//38th Aerospace Sciences Meeting and Exhibit. 2000: 360.

[28] Cao Y H, Wu Z L, Su Y, et al. Aircraft flight characteristics in icing conditions[J]. Progress in Aerospace Sciences, 2015, 74:62-80.

[29] Ignatyev D I, Khrabrov A N, Kortukova A I, et al. Interplay of unsteady aerodynamics and flight dynamics of transport aircraft in icing conditions[J]. Aerospace Science and Technology, 2020, 104: 105914.

[30] 魏扬, 徐浩军, 薛源, 等. 机翼前缘积冰对大飞机操稳特性的影响 [J]. 北京航空航天大学学报,2019,45(6):1088-1095.

[31] Bragg M B, Broeren A P, Blumenthal L A. Iced-airfoil aerodynamics[J]. Progress in Aerospace Sciences, 2005, 41(5): 323-362.

[32] Bragg M B, Gregorek G M, Lee J D. Airfoil aerodynamics in icing conditions[J]. Journal of Aircraft, 1986, 23(1): 76-81.

[33] Kiya M, Sasaki K. Structure of a turbulent separation bubble[J]. Journal of Fluid Mechanics, 1983, 137: 83-113.

[34] Bragg M B, Khodadoust A, Spring S A. Measurements in a leading-edge separation bubble due to a simulated airfoil ice accretion[J]. AIAA Journal, 1992, 30(6): 1462-

1467.

[35] De Gregorio F, Ragni A, Airoldi M, et al. PIV investigation on airfoil with ice accretions and resulting performance degradation[C]//ICIASF 2001 Record, 19th International Congress on Instrumentation in Aerospace Simulation Facilities (Cat. No. 01CH37215). IEEE, 2001: 94-105.

[36] Mccullough G B, Gault D E. Examples of three representative types of airfoil-section stall at low speed[R]. 1951.

[37] Jacobs J, Bragg M B. Particle image velocimetry measurements of the separation bubble on an iced airfoil[C]//24th AIAA Applied Aerodynamics Conference. 2006: 3646.

[38] Jacobs J, Bragg M B. Two-and three-dimensional iced airfoil separation bubble measurements by particle image velocimetry[C]//45th AIAA Aerospace Sciences Meeting and Exhibit. 2007: 88.

[39] Neto A S, Grand D, Métais O, et al. A numerical investigation of the coherent vortices in turbulence behind a backward-facing step[J]. Journal of Fluid Mechanics, 1993, 256: 1-25.

[40] Broeren A P, Bragg M B, Addy H E Jr. Flowfield measurements about an airfoil with leading-edge ice shapes[J]. Journal of Aircraft, 2006,43(4): 1226-1234.

[41] Gurbacki H M, Bragg M B. Unsteady flowfield about an iced airfoil[C]//42nd AIAA Aerospace Sciences Meeting and Exhibit. 2004: 0562.

[42] Xiao M C, Zhang Y F. Improved prediction of flow around airfoil accreted with horn or ridge ice[J]. AIAA Journal, 2021, 59(6): 2318-2327.

[43] Mirzaei M, Ardekani M A, Doosttalab M. Numerical and experimental study of flow field characteristics of an iced airfoil[J]. Aerospace Science and Technology, 2009, 13(6): 267-276.

[44] Pouryoussefi S G, Mirzaei M, Nazemi M M, et al. Experimental study of ice accretion effects on aerodynamic performance of an NACA 23012 airfoil[J]. Chinese Journal of Aeronautics, 2016, 29(3): 585-595.

[45] Ribeiro A F, Konig B, Fares E. On the stall characteristics of iced wings[C]//55th AIAA Aerospace Sciences Meeting. 2017: 1426.

[46] Kim H, Bragg M B. Effects of leading-edge ice accretion geometry on airfoil performance[C]//17th Applied Aerodynamics Conference. 1999: 3150.

[47] Lee S, Bragg M B. Experimental investigation of simulated large-droplet ice shapes on airfoil aerodynamics[J]. Journal of Aircraft, 1999, 36(5): 844-850.

[48] Lee S, Bragg M B. Investigation of factors affecting iced-airfoil aerodynamics[J]. Journal of Aircraft, 2003, 40(3): 499-508.

[49] 朱东宇, 张付昆, 裴如男, 等. 临界冰形确定方法及其对气动特性影响研究 [J]. 空气动力学学报,2016,34(6):714-720.

[50] Prince Raj L, Yee K, Myong R S. Sensitivity of ice accretion and aerodynamic performance degradation to critical physical and modeling parameters affecting airfoil icing[J]. Aerospace Science and Technology, 2020, 98: 105659.

[51] Khodadoust A, Bragg M. Measured aerodynamic performance of a swept wing with a simulated ice accretion[C]//28th Aerospace Sciences Meeting. 1990: 490.

[52] Khodadoust A, Bragg M B. Aerodynamics of a finite wing with simulated ice[J]. Journal of Aircraft, 1995, 32(1): 137-144.

[53] Bragg M, Khodadoust A, Soltani R, et al. Effect of a simulated ice accretion on the aerodynamics of a swept wing[C]//29th Aerospace Sciences Meeting. 1991: 442.

[54] Bragg M, Kerho M, Khodadoust A. LDV flowfield measurements on a straight and swept wing with a simulated ice accretion[C]//31st Aerospace Sciences Meeting. 1993: 300.

[55] Papadakis M, Yeong H W, Vargas M, et al. Aerodynamic performance of a swept wing with ice accretions[C]//41st Aerospace Sciences Meeting and Exhibit. 2003: 731.

[56] Kwon O, Sankar L. Numerical simulation of the flow about a swept wing with leading-edge ice accretions[J]. Computers & Fluids, 1997, 26(2): 183-192.

[57] Broeren A P, Lee S, Shah G H, et al. Aerodynamic effects of simulated ice accretion on a generic transport model[C]//International Conference on Aircraft and Engine Icing and Ground Deicing. 2012.

[58] Ratvasky T, Van Zante J. In-flight aerodynamic measurements of an iced horizontal tailplane[C]//37th Aerospace Sciences Meeting and Exhibit. 1999: 638.

[59] Bragg M B, Gregorek G M, Lee J D. Airfoil aerodynamics in icing conditions[J]. Journal of Aircraft, 1986, 23(1): 76-81.

[60] Stebbins S J, Loth E, Broeren A P, et al. Review of computational methods for aerodynamic analysis of iced lifting surfaces[J]. Progress in Aerospace Sciences, 2019, 111: 100583.

[61] Potapczuk M G. Numerical analysis of an NACA 0012 airfoil with leading-edge ice accretions[J]. Journal of Aircraft, 1988, 25(3): 193-194.

[62] Shim J, Chung J, Le K. A computational investigation of ice geometry effects on airfoil performances[C]//39th Aerospace Sciences Meeting and Exhibit. 2001: 540.

[63] Chi X, Zhu B, Shih T, et al. CFD analysis of the aerodynamics of a business-jet airfoil with leading-edge ice accretion[C]//42nd AIAA Aerospace Sciences Meeting and Exhibit. 2004: 560.

[64] Pan J, Loth E. Reynolds-averaged Navier-Stokes simulations of airfoils and wings with ice shapes[J]. Journal of Aircraft, 2004, 41(4): 879-891.

[65] Marongiu C, Vitagliano P L, Zanazzi G, et al. Aerodynamic analysis of an iced airfoil at medium/high Reynolds number[J]. AIAA Journal, 2008, 46(10): 2469-2478.

[66] 桑为民, 李凤蔚, 施永毅. 结冰对翼型和多段翼型绕流及气动特性影响研究 [J]. 西北工业大学学报,2005(6):729-732.

[67] 陈科, 曹义华, 安克文, 等. 应用混合网格分析复杂积冰翼型气动性能 [J]. 航空学报,2007(S1):87-91.

[68] 陈科, 曹义华, 安克文, 等. 复杂积冰翼型气动性能分析 [J]. 航空动力学报,2007(6):986-990.

[69] 李焱鑫, 张辰, 刘洪, 等. 大粒径过冷水溢流结冰的翼型气动影响分析 [J]. 空气动力学学报,2014,32(3):376-382.

[70] Li H R, Zhang Y F, Chen H X. Aerodynamic prediction of iced airfoils based on modified three-equation turbulence model[J]. AIAA Journal, 2020, 58(9): 3863-3876.

[71] Li H R, Zhang Y F, Chen H X. Numerical simulation of iced wing using separating shear layer fixed turbulence models[J]. AIAA Journal, 2021, 59(9): 3667-3681.

[72] 黄冉冉, 李栋, 刘藤, 等. 冰形表面粗糙度对翼型的失速特性影响分析 [J]. 空气动力学学报,2021,39(1):59-65.

[73] Chung J, Reehorst A, Choo Y, et al. Navier-Stokes analysis of flowfield characteristics of an ice-contaminated Aircraft wing[J]. Journal of Aircraft, 2000, 37(6): 947-959.

[74] Wynn A K, Cao Y H. Computation of aerodynamic performance about a swept wing with simulated rime ice accretion[C]//2010 International Conference on Mechanical and Electrical Technology. IEEE, 2010: 50-54.

[75] 桑为民, 李凤蔚, 施永毅. 翼面结冰对翼身组合体气动特性影响研究 [J]. 西北工业大学学报,2008(4):409-412.

[76] Sang W M, Shi Y, Xi C. Numerical simulation of icing effect and ice accretion on three-dimensional configurations[J]. Science China Technological Sciences, 2013, 56(9): 2278-2288.

[77] Stebbins S, Loth E, Broeren A, et al. Aerodynamics of a common research model wing with leading-edge ice shape[J]. Journal of Aircraft, 2021, 58(4): 894-906.

[78] Stebbins S, Loth E. Computational analysis of the wake structure of a swept-wing[C]// AIAA SCITECH 2022 Forum. 2022: 1170.

[79] Frink N T, Murphy P C, Atkins H L, et al. Computational aerodynamic modeling tools for aircraft loss of control[J]. Journal of Guidance, Control, and Dynamics, 2017, 40(4): 789-803.

[80] 张锡金, 张淼, 宋文滨. 型号空气动力学设计 [M]. 上海: 上海交通大学出版社,2021.

[81] 张淼, 刘铁军, 马涂亮, 等. 基于 CFD 方法的大型客机高速气动设计 [J]. 航空学报,2016,37(1):244-254.

[82] 阎超, 于剑, 徐晶磊, 等.CFD 模拟方法的发展成就与展望 [J]. 力学进展,2011,41(5):562-589.

[83] Moin P, Mahesh K. Direct numerical simulation: a tool in turbulence research[J]. Annual Review of Fluid Mechanics, 1998, 30(1): 539-578.

[84] Piomelli U. Large-eddy simulation: achievements and challenges[J]. Progress in Aerospace Sciences, 1999, 35(4): 335-362.

[85] 崔桂香, 许春晓, 张兆顺. 湍流大涡数值模拟进展 [J]. 空气动力学学报, 2004(2):121-129.

[86] Bose S T, Park G I. Wall-modeled large-eddy simulation for complex turbulent flows[J]. Annual Review of Fluid Mechanics, 2018, 50: 535-561.

[87] Brown C M, Kunz R F, Kinzel M P et al. RANS and LES simulation of airfoil ice accretion aerodynamics[R]. AIAA 2014-2203, 2014.

[88] Xiao M C, Zhang Y F, Zhou F. Numerical study of iced airfoils with horn features using large-eddy simulation[J]. Journal of Aircraft, 2019, 56(1): 94-107.

[89] Spalart P R. Detached-eddy simulation[J]. Annual Review of Fluid Mechanics, 2009, 41: 181-202.

[90] Spalart P R. Comments on the feasibility of LES for wings, and on a hybrid RANS/LES approach[C]// Proceedings of First AFOSR International Conference on DNS/LES. Greyden Press, 1997.

[91] Menter F R, Kuntz M. Adaptation of eddy-viscosity turbulence models to unsteady separated flow behind vehicles[R].Symposium on the Aerodynamics of Heavy Vehicles: Trucks, Buses and Trains, 2004.

[92] Spalart P R, Deck S, Shur M et al. A new version of detached-eddy simulation, resistant to ambiguous grid densities[J]. Theoretical and Computational Fluid Dynamics, 2006, 20(3): 181-195.

[93] Deck S. Recent improvements in the zonal detached eddy simulation (ZDES) formulation[J]. Theoretical and Computational Fluid Dynamics, 2012, 26(6): 523-550.

[94] Travin A K, Shur M L, Spalart P R et al. Improvement of delayed detached-eddy simulation for LES with wall modelling[R]. Delft University of Technology; European Community on Computational Methods in Applied Sciences (ECCOMAS), 2006.

[95] Shur M L, Spalart P R, Strelets M K, et al. A hybrid RANS-LES approach with delayed-DES and wall-modelled LES capabilities[J]. International Journal of Heat and Fluid Flow, 2008, 29(6): 1638-1649.

[96] Kumar S, Loth E. Detached eddy simulations of an iced-airfoil[C]//39th Aerospace Sciences Meeting and Exhibit. 2001: 678.

[97] Pan J, Loth E. Detached eddy simulations for iced airfoils[J]. Journal of Aircraft, 2005, 42(6): 1452-1461.

[98] Thompson D S, Mogili P. Detached-eddy simulations of separated flow around wings with ice accretions: year one report[R]. NASA CR-2004-213379, 2004.

[99] Mogili P, Thompson D, Choo Y, et al. RANS and DES computations for a wing with ice accretion[C]//43rd AIAA Aerospace Sciences Meeting and Exhibit. 2005: 1372.

[100] Lorenzo A, Valero E, De-Pablo V. DES/DDES post-stall study with iced airfoil[C]//49th AIAA Aerospace Sciences Meeting Including the New Horizons Forum and Aerospace Exposition. 2011: 1103.

[101] Lakshmipathy S, Togiti V. Assessment of alternative formulations for the specific-dissipation rate in RANS and variable-resolution turbulence models[C]//20th AIAA Computational Fluid Dynamics Conference. 2011: 3978.

[102] Alam M F, Thompson D S, Walters D K. Hybrid Reynolds-Averaged Navier–Stokes/Large-Eddy simulation models for flow around an iced wing[J].Journal of Aircraft, 2015, 52(1): 244-256.

[103] Molina E S, Silva D M, Broeren A P, et al. Application of DDES to iced airfoil in Stanford university unstructured (SU2)[M]//Progress in Hybrid RANS-LES Modelling.

Springer, 2020: 283-293.

[104]   Duclercq M, Brunet V, Moens F. Physical analysis of the separated flow around an iced airfoil based on ZDES simulations[C]//4th AIAA Atmospheric and Space Environments Conference. 2012: 2798.

[105]   Zhang Y, Habashi W G, Khurram R A. Zonal detached-eddy simulation of turbulent unsteady flow over iced airfoils[J]. Journal of Aircraft, 2016, 53(1): 168-181.

[106]   Costes M, Moens F, Brunet V. Prediction of iced airfoil aerodynamic characteristics[C]//54th AIAA Aerospace Sciences Meeting. 2016: 1547.

[107]   Costes M, Moens F. Advanced prediction of iced airfoil aerodynamics[C]//2018 AIAA Aerospace Sciences Meeting. 2018: 0782.

[108]   Costes M, Moens F. Advanced numerical prediction of iced airfoil aerodynamics[J]. Aerospace Science and Technology, 2019, 91: 186-207.

[109]   Xiao Z X, Liu J, Luo K Y, et al. Investigation of flows around a rudimentary landing gear with advanced detached-eddy-simulation approaches[J]. AIAA Journal, 2013, 51(1): 107-125.

[110]   Wang L, Fu S. Detached-eddy simulation of flow past a pitching NACA 0015 airfoil with pulsed actuation[J]. Aerospace Science and Technology, 2017, 69: 123-135.

[111]   肖志祥, 罗堃宇, 刘健. 宽速域 RANS-LES 混合方法的发展及应用 [J]. 空气动力学学报,2017,35(3):338-353.

[112]   Wang G, Xiao Z, Chen L. Simultaneous simulation of transition and massive separation by RANS-LES-Tr model[J]. Aerospace Science and Technology, 2020, 105: 106026.

[113]   Zhang H, Li J, Jiang Y X, et al. Analysis of the expanding process of turbulent separation bubble on an iced airfoil under stall conditions[J]. Aerospace Science and Technology, 2021, 114: 106755.

[114]   Hu S F, Zhang C, Liu H, et al. IDDES simulation of flow separation on an 3-D NACA23012 airfoil with spanwise ridge ice[C]//2018 Atmospheric and Space Environments Conference. 2018: 2862.

[115]   Hu S F, Zhang C, Liu H, et al. Study on vortex shedding mode on the wake of horn/ridge ice contamination under high-Reynolds conditions[J]. Proceedings of the Institution of Mechanical Engineers, Part G: Journal of Aerospace Engineering, 2019, 233(13): 5045-5056.

[116]   Bao S Y, Shi Y, Song W. Numerical study of iced airfoil aeroacoustics using IDDES[C]// AIAA Aviation 2020 Forum. 2020: 2510.

[117]   谭雪, 张辰, 徐文浩, 等. 近失速形态下冰脊分离非定常流的 IDDES 和模态分析 [J]. 上海交通大学学报,2021,55(11):1333-1342.

[118]   Tan X, Zhang C, Wang F. Analysis of ridge ice induced unsteadiness flow under post-stall condition[J]. Aerospace Systems, 2022.

[119]   Stebbins S, Loth E, Qin C. Computations of swept wing icing aerodynamics[C]//AIAA Scitech 2019 Forum. 2019: 0328.

[120]   Melody J W, Hlillbrand T, Basar T, et al. H∞ parameter identification for inflight

detection of aircraft icing: the time-varying case[J]. Control Engineering Practice, 2001, 9(12):1327-1335.

[121] Pokhariyal D, Bragg M, Hutchison T, et al. Aircraft flight dynamics with simulated ice accretion[C]// 39th Aerospace Sciences Meeting and Exhibit, AIAA-2001-0541, Reno, NV, 2001.

[122] Bragg M, Hutchison T, Merret J, et al. Effect of ice accretion on aircraft flight dynamics[C] //38th Aerospace Sciences Meeting and Exhibit, AIAA-2000-0360, Reno, NV, 2000.

[123] Lampton A, Valasek J. Prediction of icing effects on the coupled dynamic response of light airplanes[J]. Journal of Guidance, Control, and Dynamics, 2008, 31(3): 656-673.

[124] Lampton A, Valasek J. Prediction of icing effects on the lateral/directional stability and control of light airplanes[J]. Aerospace Science and Technology, 2012, 23(1): 305-311.

[125] Cunningham M A. A simplified icing model for simulation and analysis of dynamic effects[D]. Morgantown, West Virginia: West Virginia University, 2012.

[126] Sharma V, Voulgaris P. Effects of ice accretion on aircraft autopilot stability and performance[R]. AIAA-2002-0815, 2002.

[127] Sibilski K, Lasek M, Ladyzynska-Kozdras E, et al. Aircraft climbing flight dynamics with simulated ice accretion[R]. AIAA 2004-4948, 2004.

[128] 袁坤刚, 曹义华. 结冰对飞机飞行动力学特性影响的仿真研究 [J]. 系统仿真学报, 2007(9): 1929-1932.

[129] 王明丰, 王立新, 黄成涛. 积冰对飞机纵向操稳特性的量化影响 [J]. 北京航空航天大学学报, 2008, 34(5): 592-595.

[130] 张强, 高正红. 基于六自由度方程的飞机结冰问题仿真 [J]. 飞行力学, 2013, 31(1):1-4.

[131] 张强, 刘艳, 高正红. 结冰条件下的飞机飞行动力学仿真 [J]. 飞行力学, 2011, 29(3):4-7.

[132] 车竞, 邵元培, 丁娣. 大飞机机翼结冰条件下的纵向飞行动力学特性研究 [J]. 飞行力学, 2018, 36(3):1-4.

[133] 邵元培, 车竞, 丁娣. 大飞机机翼结冰对飞行动力学特性影响研究 [J]. 飞行力学, 2018, 36(1): 12-15.

[134] 王健名, 徐浩军, 裴彬彬, 等. 平尾结冰对飞机动力学特性影响的仿真研究 [J]. 飞行力学, 2016, 34(1): 18-21.

[135] 陈威, 徐浩军, 王小龙, 等. 非对称结冰条件下的飞机飞行动力学仿真 [J]. 飞行力学, 2015, 33(6): 491-494.

[136] 裴彬彬, 徐浩军, 薛源, 等. 飞机结冰后非线性气动力建模及动态响应特性研究 [J]. 空气动力学学报, 2016, 34(3): 317-321.

[137] Guo L L, Zhu M H, Nie B W, et al. Initial virtual flight test for a dynamically similar aircraft model with control augmentation system[J]. Chinese Journal of Aeronautics, 2017, 30(2): 602-610.

[138] Murri D G, Nguyen L T, Grafton S B. Wind tunnel free-flight investigation of a model of a forward swept-wing fighter configuration[R]. NASA TP-2230, 1984.

[139] Salas M D. Digital flight: the last CFD aeronautical grand challenge[J]. Journal of Scientific Computing, 2006, 28: 479-505.

[140] Henshaw M J de C, Badcock K J, Vio G A, et al. 2007. Non-linear aeroelastic prediction for aircraft applications[J]. Progress in Aerospace Sciences, 2007, 43: 65-137.

[141] Yang G W. Transonic aeroelastic numerical simulation in aeronautical engineering[J]. International Journal of Computational Fluid Dynamics, 2006, 20: 339-347.

[142] 杨国伟. 计算气动弹性若干研究进展 [J]. 力学进展, 2009, 39: 406-420.

[143] Rendall T C S, Allen C B. An efficient fluid-structure interpolation and mesh motion scheme for large aeroelastic simulations[C]// 26th AIAA Applied Aerodynamics Conference, AIAA paper 2008-6235, 2008.

[144] Wang Z J, Parthasarathy V. A fully automated chimera methodology for multiple moving body problems[J]. International Journal for Numerical Methods in Fluids, 2000, 33(7): 919-938.

[145] Prewitt N C, Belk D M, Shyy W. Parallel computing of overset grids for aerodynamic problems with moving objects[J]. Progress in Aerospace Sciences, 2000, 36: 117-172.

[146] 刘君, 白晓征, 郭正, 等. 有相对运动多体动力学系统流动计算方法若干问题讨论 [J]. 空气动力学学报, 2008, 26: 14-18.

[147] 田书玲, 伍贻兆, 夏健. 用动态非结构重叠网格法模拟三维多体相对运动绕流 [J]. 航空学报, 2007, 28: 46-51.

[148] 张玉东, 纪楚群. 多体分离非定常气动特性数值模拟 [J]. 空气动力学学报, 2006, 24: 1-4.

[149] Morton S A, McDaniel D R, Sears D R, et al. Rigid, maneuvering, and aeroelastic results for Kestrel-a CREATE simulation tool[C]// AIAA paper 2010-1233, 2010.

[150] Dean J P, Clifton J D, Bodkin D J, et al. High resolution CFD simulations of maneuvering aircraft using the CREATE/AV-Kestrel solver[C]// Aiaa Aerospace Sciences Meeting Including the New Horizons Forum & Aerospace Exposition, AIAA paper 2011-1109, 2011.

[151] Allan M R, Badcock K J, Richards B E. CFD based simulation of longitudinal flight mechanics with control[C]// 43rd AIAA Aerospace Sciences Meeting and Exhibit, 2005, Reno, Nevada , AIAA paper 2005-0046.

[152] Schütte A, Einarsson G, Raichle A, et al. Numerical simulation of maneuvering aircraft by aerodynamic, flight-mechanics, and structural-mechanics coupling[J]. Journal of Aircraft, 2009, 46: 53-64.

[153] 刘伟, 张涵信. 细长机翼摇滚的数值模拟及物理特性分析 [J]. 力学学报,2005(4):385-392.

[154] 杨小亮. 飞行器多自由度耦合摇滚运动数值模拟研究 [D]. 长沙: 国防科学技术大学,2012.

[155] 黄宇, 阎超, 席柯, 等. 基于数值虚拟飞行技术的飞行器动态特性分析 [J]. 航空学报, 2016, 37(8): 2525-2538.

[156] 杨云军, 崔尔杰, 周伟江. 细长三角翼滚转/侧滑耦合运动的数值研究 [J]. 航空学报, 2007(1):14-19.

[157] 张来平, 马戎, 常兴华, 等. 虚拟飞行中气动、运动和控制耦合的数值模拟技术 [J]. 力学进展, 2014, 44: 376-417.

[158] 马戎. 基于动态混合网格的气动/运动耦合一体化计算方法研究 [D]. 绵阳: 中国空气动力研究与发展中心, 2015.

[159] 陈琦. 飞行器气动/控制一体化机动飞行的数值模拟研究 [D]. 绵阳: 中国空气动力研究与发展中心, 2016.

[160] 王晓冰. 高机动飞行器气动/运动耦合特性数值模拟研究 [D]. 绵阳: 中国空气动力研究与发展中心, 2015.

[161] 马戎, 常兴华, 赫新, 等. 流动/运动松耦合与紧耦合计算方法及稳定性分析 [J]. 气体物理, 2016, 1(6):36-49.

[162] Zhang L P, Chang X H, Ma R, et al. A CFD-based numerical virtual flight simulator and its application in control law design of a maneuverable missile model[J]. Chinese Journal of Aeronautics, 2019, 32(12): 2577-2591.

[163] Ghisu T, Jarrett J P, Parks G T. Robust design optimization of airfoils with respect to ice accretion[J]. Journal of Aircraft, 2011, 48(1): 287-304.

[164] SAE ARP 4761. Guidelines and methods for conducting the safety assessment process on civil airborne systems and equipment[S]. Warrendale, PA, USA. 1996.

[165] SAE ARP 4754A. Guidelines for development of civil aircraft and systems[S]. Warrendale, PA, USA. 2010.

[166] MIL-HDBK-516B. Department of Defense Handbook: Airworthiness Certification Criteria[S]. U.S. Department of Defense, 2005.

[167] MIL-STD-882E. Standard practice for system safety[S]. U.S. Department of Defense, 2012.

[168] Brajou F, Ricco P. The Airbus A380—an AFDX-based flight test computer concept[J]. IEEE Autotestcon, 2004:460-463.

[169] Иванов В С, Воробьёв В В. Безопасность полетов летательных аппаратов[M]. Москва: ВВИА, 2003.

[170] Burdun I Y. Prediction of aircraft safety performance in complex flight situations[R]. SAE Technical paper 2003-01-2988, 2003.

[171] 陈康. 基于贝叶斯网络的飞行控制系统安全性分析方法研究 [D]. 南京: 南京航空航天大学,2015.

[172] 孟庆贺. 基于正向推理的航空工程系统故障树建模理论与方法 [D]. 西安: 西北工业大学,2017.

[173] 高扬, 王向章. 基于 SPA-Markov 的飞行安全态势评估与预测研究 [J]. 中国安全生产科学技术,2016,12(08):87-91.

[174] Zeppetelli D , Habashi W G. In-flight icing risk management through computational fluid dynamics-icing analysis[J]. Journal of Aircraft, 2012, 49(2):611-621.

[175] 徐浩军, 刘东亮, 孟捷. 基于系统仿真的飞行安全评估理论与方法 [M]. 北京：国防工业出版社, 2011.

[176] 徐浩军, 李颖晖, 李哲, 等. 飞行安全理论与分析 [M]. 北京：科学出版社, 2017.

[177] 刘东亮, 徐浩军, 李嘉林, 等. 飞行结冰后复杂系统动力学仿真与风险评估 [J]. 系统仿真学报. 2011, 23(4): 643-647.

[178] 薛源, 徐浩军, 胡孟权. 结冰条件下人–机–环系统的飞行风险概率 [J]. 航空学报. 2016, 37(11): 3328-3339.

[179] 王健名, 徐浩军, 薛源, 等. 基于极值理论的平尾结冰飞行风险评估 [J]. 航空学报. 2016, 37(10): 3011-3022.

[180] Lawrence F C, Mills B H. Status update of the AEDC wind tunnel virtual flight testing development program[C]// 40th AIAA Aerospace Sciences Meeting and Exhibit, 2002, AIAA 2002-0168:1-12.

[181] Lowenberg M H, Kyle H L. Development of a pendulum support rig dynamic wind tunnel apparatus[C]// AIAA Atmospheric Flight Mechanics Conference and Exhibit, 2002, AIAA 2002-4879:1-10.

[182] Richardson T S, Dubs A, Lowenberg M H, et al. Wind-tunnel testing of a dynamic state-feedback gain scheduled control system[C]// AIAA Guidance, Navigation, and Control Conference and Exhibit, 2005, AIAA 2005-5976:1-14.

[183] Gatto A, Lowenberg M H. Evaluation of a three-degree-of-freedom test rig for stability derivative estimation[J]. Journal of Aircraft, 2006, 43(6):1747-1761.

[184] Pattinson J, Lowenberg M H, Goman M G. Multi-degree-of-freedom wind-tunnel maneuver rig for dynamic simulation and aerodynamic model identification[J]. Journal of Aircraft, 2013, 50(2): 551-566.

[185] Sen A, Bhange N, Wahi P, et al. 5-degree-of-freedom dynamic rig for wind tunnel tests of aerospace vehicles[J]. AIAA Atmospheric Flight Mechanics Conference and Exhibit, 2009, AIAA 2009-5605:1-25.

[186] Sohi N P. Modeling of spin modes of supersonic aircraft in horizontal wind tunnel[C]// 24th International Congress of the Aeronautical Science, 2004: 1-9.

[187] Ignatyev D I, Sidoryuk M E, Kolinko K A, et al. Dynamic rig for validation of control algorithms at high angles of attack[J]. Journal of Aircraft, 2017, 54(5): 1760-1771.

[188] Hinson M L. A series of airfoils designed by transonic drag minimization for Gates Learjet aircraft[J]. Transonic aerodynamics, 1982: 489-509.

[189] Addy H, Broeren A, Zoeckler J, et al. A wind tunnel study of icing effects on a business jet airfoil[C]//41st Aerospace Sciences Meeting and Exhibit. 2003: 727.

[190] Spalart P R. Young-person's guide to detached-eddy simulation grids[R]. NASA CR-2001-211032, 2001.

[191] Liu J, Xiao Z X. Low-frequency oscillation over NACA0015 airfoil near stall at high Reynolds number[J]. AIAA Journal, 2020, 58(1): 53-60.

[192] 胡如云, 王亮, 符松. 后台阶流动及其控制述评 [J]. 中国科学: 物理学 力学 天文学,2015,45 (12):44-53.

[193] Troutt T R, Scheelke B, Norman T R. Organized structures in a reattaching separated flow field[J]. Journal of Fluid Mechanics, 1984, 143: 413-427.

[194] Doligalski T L, Smith C R, Walker J D A. Vortex interactions with walls[J]. Annual Review of Fluid Mechanics, 1994, 26(1): 573-616.

[195] Zhou J, Adrian R J, Balachandar S, et al. Mechanisms for generating coherent packets of

hairpin vortices in channel flow[J]. Journal of Fluid Mechanics, 1999, 387: 353-396.

[196] Adrian R J. Hairpin vortex organization in wall turbulence[J]. Physics of Fluids, 2007, 19(4): 041301.

[197] 许春晓. 壁湍流相干结构和减阻控制机理 [J]. 力学进展,2015,45:111-140.

[198] 杨强, 袁先旭, 陈坚强, 等. 不可压壁湍流中基本相干结构 [J]. 空气动力学学报,2020,38(1): 83-99.

[199] Bolgar I, Scharnowski S, Kähler C J. The effect of the Mach number on a turbulent backward-facing step flow[J]. Flow, Turbulence and Combustion, 2018, 101(3): 653-680.

[200] Jagger D. New technology in the A320[C]//Aircraft Design Systems and Operations Meeting. 1984: 2444.

[201] 陈迎春, 张美红, 张淼, 等. 大型客机气动设计综述 [J]. 航空学报,2019,40(1):35-51.

[202] Obert E. Aerodynamic Design of Transport Aircraft[M]. IOS Press, 2009.

[203] 易贤, 郭龙, 周志宏, 等. 基于等 Weber 数的结冰外形修正 [J]. 空气动力学学报,2016,34(6): 697-703.

[204] 孙海生, 祝明红, 黄勇, 等.Φ3.2m 风洞战斗机大迎角试验关键技术研究 [J]. 实验流体力学,2011,25(3):50-55.

[205] 朱正龙, 郭林亮, 祝明红, 等. 结冰条件下大型民机操稳特性研究与风洞虚拟飞行验证 [C]//中国力学大会论文集 (CCTAM 2019), 2019.

[206] Guo L L, Zhu M, Nie B, et al. Initial virtual flight test for a dynamically similar aircraft model with control augmentation system[J]. Chinese Journal of Aeronautics, 2017, 30(2): 602-610.

[207] 郭林亮, 祝明红, 傅澔, 等. 一种低速风洞虚拟飞行试验装置的建模与仿真 [J]. 空气动力学学报,2017,35(05):708-717, 726.

[208] Yamamoto K, Ochi A, Shima E, et al. CFD sensitivity of drag prediction on DLR-F6 configuration by structured method and unstructured method[C]//42nd AIAA Aerospace Sciences Meeting and Exhibit. 2004: 398.

[209] Tinoco E N, Brodersen O P, Keye S, et al. Summary data from the sixth AIAA CFD drag prediction workshop: CRM cases[J]. Journal of Aircraft, 2018, 55(4): 1352-1379.

[210] Broeren A P, Lee S, Woodard B, et al. Independent effects of Reynolds and Mach numbers on the aerodynamics of an iced swept wing[C]//2018 Atmospheric and Space Environments Conference. 2018: 3492.

[211] 孔满昭, 段卓毅, 马玉敏. 机翼展向不同部位结冰对飞机气动力特性影响研究 [J]. 实验流体力学,2016,30(2):32-37.

[212] McRuer D. Human dynamics in man-machine systems[J]. Automatica, 1980,16:237-253.

[213] 屈香菊, 魏宏, 官建成. 驾驶员结构模型中感受机构的数学模型化 [J]. 航天医学与医学工程, 2001, 14(2):123-126.

[214] Kleinman D L, Baron S, Levison W H. An optimal control model of human response. Part I: theory and validation[J]. Automatica, 1970,6(3):357-369.

[215] Kleinman D L, Baron S. A control theoretic model for piloted approach to landing[J]. Automatica, 1973, 9:339-347.

[216] 葛志浩, 徐浩军. 基于最优控制的 ANN 驾驶员模型与仿真分析 [J]. 信息与控制, 2004, 33(6):698-671.

[217] 王涛, 方振平, 谷雷. 驾驶员模糊控制模型与仿真分析 [J]. 飞行力学, 2000, 18(2):35-38.

[218] 谭文倩, 屈香菊, 王维军. 驾驶员神经网络模型与频域拟线性模型的比较研究 [J]. 航空学报, 2003, 24(6):481-485.

[219] 宋晓通. 基于蒙特卡罗方法的电力系统可靠性评估 [D]. 济南：山东大学，2003.

[220] 雷桂媛. 关于蒙特卡罗及拟蒙特卡罗方法的若干研究 [D]. 杭州：浙江大学，2003.

[221] 方振平, 陈万春, 张曙光. 航空飞行器飞行动力学 [M]. 北京：北京航空航天大学出版社，2005.

[222] Jun G R, Oliden D. Computational aerodynamic analysis of three-dimensional ice shapes on a NACA 23012 airfoil[R]. AIAA-2015-0895, 2015.

[223] Papadakis M, Rachman A. Water impingement experiments on a NACA 23012 airfoil with simulated glaze ice shapes[R]. AIAA-2004-0565, 2004.

[224] Ratvasky T P. Aircraft icing and its effects on performance and handling[R]. www.docstoc.com/docs/7232686/Tom-Ratvasky, NASA Glenn Research Center, Cleveland, Ohio 44135, December 2008.

[225] Ansell P J, Bragg M B, Kerho M F. Envelope protection system for iced airfoils using flap hinge moment [R]. SAE International, 2011-38-0066,2011.

[226] Ansell P J, Bragg M B, Kerho M F. Envelope protection system using flap hinge moment measurements [R].AIAA-2010-4225,2010.

[227] Ansell P J, Kerho M F, Bragg M B. Envelope protection for contaminant-induced adverse aerodynamics on a wing using flap hinge moment measurements [R]. AIAA-2013-2654,2013.

[228] 耿玺, 史志伟. 面向过失速机动的风动动态试验相似准则探讨 [J]. 试验流体力学, 2011, 25(3): 41-45.